高等职业教育铁道工程技术专业"十二五"规划教材

工程力学（上）

主　编　杨树宇　王秀丽

副主编　张超平　万宝衡

主　审　白春海

中国铁道出版社有限公司

2021年·北京

内 容 简 介

本教材适用于土建类专业及相近专业的高职高专教学，也可作为中等专业学校的辅助教材。

全书分上下两册，共三篇。上册为第一篇静力学和第二篇材料力学，内容包括静力学基本知识、静力学计算分析基础、平面力系、空间力系；轴向拉伸和压缩、剪切、扭转、截面的几何性质、弯曲内力、弯曲强度计算、梁的弯曲变形和刚度计算、应力状态分析、组合变形、压杆稳定。下册为第三篇结构力学，内容包括体系的几何组成、静定结构内力计算、静定结构位移计算、力法、位移法、力矩分配法、影响线及其应用。为便于学习，每章首有知识目标、能力目标、素质目标概述，章末有小结，并配有复习思考题以启发读者分析、思考和研究问题，便于课后复习。

本书内容如有不符最新规章标准之处，以最新规章标准为准。

图书在版编目(CIP)数据

工程力学.上/杨树宇，王秀丽主编.—北京：中国铁道出版社，2013.6(2021.9重印)

全国铁道职业教育教学指导委员会规划教材 高等职业教育铁道工程技术专业"十二五"规划教材

ISBN 978-7-113-15714-2

Ⅰ.①工… Ⅱ.①杨… ②王… Ⅲ.①工程力学-高等职业教育-教材 Ⅳ.①TB12

中国版本图书馆 CIP 数据核字(2013)第 299573 号

书　　名：工程力学（上）
作　　者：杨树宇　王秀丽

责任编辑：李丽娟	电话：(010)51873240	电子信箱：992462528@qq.com
封面设计：崔　欣		
责任校对：王　杰		
责任印制：高春晓		

出版发行：中国铁道出版社有限公司(100054，北京市西城区右安门西街 8 号)
网　　址：http://www.tdpress.com
印　　刷：三河市兴达印务有限公司
版　　次：2013 年 6 月第 1 版　2021 年 9 月第 5 次印刷
开　　本：787 mm×1 092 mm　1/16　印张：16.25　字数：408 千
书　　号：ISBN 978-7-113-15714-2
定　　价：45.00 元

前言

　　工程力学是土建类专业的一门重要技术基础课。本教材涵盖了静力学、材料力学和结构力学的主要内容。

　　本教材的编写努力适应面向国家"十二五"规划,具有中国职业教育特色的力学课程体系。在教材编写中,充分考虑土建类职业教育的特点,以应用为目的,基本理论以"必需"、"够用"为度,强化力学概念,向实用性靠拢,以满足培养职业技术工程人才的需要。

　　为方便读者学习,每一章均安排有相关案例,以工程实际问题引导和启发读者的求知欲;概念学习配合相关例题进行解析;章末有小结,并配有复习思考题以启发读者分析、思考和研究问题,方便课后复习,最终增强实践技能的培养。

　　本教材精选教学内容,改革力学课程体系,既保证原静力学、材料力学和结构力学中主要的经典内容,又侧重基础理论和工程实用的需要。对原本科教学内容进行必要的删减和拆分,加强概念的理解、基本计算的掌握和工程中力学的实际应用。

　　本书分上下两册,上册内容讲述静力学和材料力学两部分,下册内容讲述结构力学。上册由包头铁道职业技术学院杨树宇、西安铁路职业技术学院王秀丽任主编,郑州铁路职业技术学院张超平、西安铁路职业技术学院万宝衡任副主编,杨树宇负责全书的统稿工作。绪论由杨树宇编写,第一篇第1、3章由郑州铁路职业技术学院董天立编写,第2、4章由张超平编写,第二篇第5、6、7章及附录部分由王秀丽编写,第8、9章由天津铁道职业技术学院于磊编写,第10章由天津铁道职业技术学院张红梅编写,第11、12、13章由西安铁路职业技术学院高永刚编写,第14、15章由万宝衡编写。本书由包头铁道职业技术学院白春海主审。

　　本书在编写过程中得到了包头铁道职业技术学院梁涛老师的协助,同时也得到包头铁道职业技术学院、西安铁路职业技术学院、天津铁道职业技术学院等相关院校领导及老师的大力支持,在此一并表示感谢。

编　者

2012 年 10 月

 **目录**

第二篇　材 料 力 学

绪　　论

一、工程力学的研究对象

工程力学是工程类专业的一门重要基础课,其研究对象是运动速度远小于光速的宏观物体。工程类专业则以工程中的结构和构件为研究对象,研究它们的受力、平衡、运动、变形等方面的基本规律,并掌握相关计算方法,为后续专业课程的学习奠定基础。

所谓**结构**,是指在构筑物中承受和传递荷载,起着骨架作用的部分。比如房屋建筑中的墙、立柱、梁、楼板等就构成了建筑的结构,而门、窗等起到围护或划分空间的部分则不能称为结构。构件是指结构的组成部分,比如一根梁、一个立柱或一块楼板就是一个构件。

构件的形状是多种多样的,根据其几何形状可分为杆件[构件一个方向的尺寸远大于另外两个方向的尺寸,见图 0.1(a)、(b)]、薄壁构件[构件两个方向的尺寸远大于另外一个方向,也称为壳体或薄壳,见图 0.1(c)]和实体构件[三个方向的尺寸相差不多,见图 0.1(d)]。如果结构中的构件均为杆件,则称为杆系结构。

对于土建类专业来讲,杆系结构是工程力学的主要研究对象。

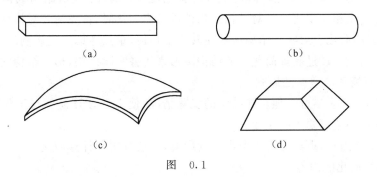

图　0.1

二、工程力学的主要任务和内容

工程中的结构或杆件体系,在荷载作用下,一方面会引起周围物体对它们的反作用。例如,桥梁架在桥墩上,桥梁对桥墩有作用力,而桥墩对桥梁也起支撑作用。这样,任何一个构件在设计、施工时,首先要弄清楚它们受到哪些荷载的作用以及周围物体对它们有些什么反作用力。另一方面,当构件受到各种作用力的同时,构件本身还会发生变形,并且存在着失效的可能。在工程中,为了保证每一构件和结构始终能够正常地工作而不致失效,在使用过程中,要求构件和结构不发生破坏,即具有足够的强度;要求构件和结构的变形在工程允许的范围内,即具有足够的刚度;要求构件和结构维持其原有的平衡形式,即具有足够的稳定性。结构构件本身具有的这种能力,称为构件的**承载能力**。这种承载能力的大小与构件的材料性质、截面的几何形状及尺寸、受力性质、工作条件、结构的几何组成等情况有着密切的关系。在结构和构件的设计中,首先要保证其具有足够的承载能力。同时,还要选用合适的材料,以尽可能地少用材料,节省资金或减轻自重,达到既安全、实用又经济的目的。工程力学的任务就是为结构和构件的设计提供必要的理论基础和计算方法。

依据知识的传继性和学习规律,工程力学将所研究的内容分为静力学、材料力学、结构力学三个部分来讨论。

静力学以刚体为研究对象,主要研究结构中各构件及构件之间作用力的问题。因为土建类工程中的结构或构件几乎都是相对地球处于静止不动的平衡状态,因此构件上所受到的各种力都要符合使物体保持平衡状态的条件。在静力学中,便是以研究力之间的平衡关系作为主题,并把它应用到结构的受力分析中去。

材料力学则是以变形固体为研究对象,主要研究构件受力后发生变形时的承载能力问题。在明确了力之间的平衡关系后,进一步对构件变形大小问题及构件会不会破坏的问题深入讨论,并为设计既安全又经济的结构构件选择适当的材料、截面形状和尺寸,使我们掌握构件承载能力的计算。

结构力学的研究对象是平面杆件结构体系,主要研究其合理组成及在外力作用下杆系结构的内力、变形计算,以便在后续课程中对工程结构进行强度、刚度计算,以使结构安全经济地工作。

三、结构的计算简图

工程实践中的结构形式繁多,受力复杂,如果完全按照实际情况进行分析,不仅非常困难和繁杂,而且也没有必要。因此在满足工程计算精度的前提下,应对结构或构件进行合理简化,进而使其理论化和模型化。在对结构或构件进行模型化时,首先需要对构件、约束、支座及荷载等进行必要的简化。对实际结构应抓住其主要特征,重点考虑产生影响的主要因素,忽略某些次要问题,用一个经过提炼简化了的结构图形来代替实际结构,形成结构的计算简图。

1. 结构计算简图应遵循的原则

结构的计算简图应尽可能地反映结构的实际情况,使力学计算模型与工程结构具有一致性,从而使计算结果达到要求的精度。

忽略某些次要因素,重点考虑主要因素的影响,以使分析和计算简化。

2. 结构计算简化的内容

(1)构件及节点的简化;

(2)支座的简化;

(3)荷载的简化。

如图 0.2(a)中一根梁架设在两个砖柱上,其上作用一重物。进行简化时,梁以其轴线代替;重物的作用范围相对于梁的长度很小,故可视为一个点,重物的作用效果就简化为一集中力;综合考虑砖柱与梁端的摩擦和梁沿轴线方向的伸长或缩短,将一端视为可动铰支座,另一端视为固定铰支座,便可得到图 0.2(b)所示的计算简图。

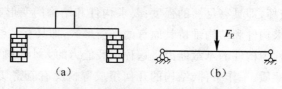

　　　　　(a)　　　　　　　　　　　　　(b)

图　0.2

又如图 0.3(a)所示的工厂厂房,其主要构件是梁、柱、基础等,其中每一横排的梁、柱、基础处于同一平面内,梁与柱、柱与基础的联结都非常牢固,可以把梁与柱的联结看成是刚性结点,柱与基础的联结看成是固定端支座,梁上的荷载简化为均布荷载,从而得到如图 0.3(b)所示的计算简图。

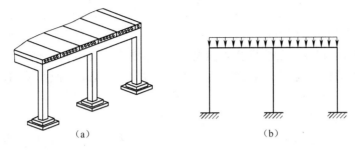

图　　0.3

再如图 0.4(a)所示,为一钢筋混凝土屋架,考虑到杆件的主要受力特点,计算时可以采用图 0.4(b)所示的计算简图,即假定每个杆件的联结均为铰结。这样虽然与实际情况不太符合,但可以使计算大大简化,而且计算结果的精度能满足工程所需。如果将杆件间的联结改为刚结,如图 0.4(c)所示,虽然计算结果非常精确,但这样就会使得计算变得十分复杂。

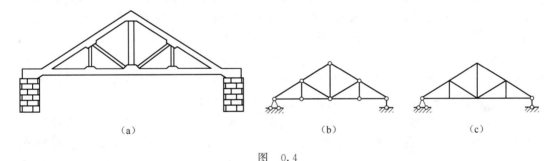

图　　0.4

四、工程力学的发展概况、研究方法

1. 工程力学的发展概况

力学是物理学中发展最早的一个分支,而物理科学的建立则是从力学,也就是从人类对力的认识开始的。它和人类的生活与生产联系最为密切。

力学知识最早起源于人类对自然现象的观察和在生产劳动中的经验。有关静力学的知识主要是从杠杆的平衡开始的。人们在建筑、灌溉等劳动中使用杠杆、斜面、汲水器具,逐渐积累起对平衡物体受力情况的认识。古希腊的阿基米德对杠杆平衡、物体重心位置、物体在水中受到的浮力等作了系统研究,确定了它们的基本规律,虽然这些知识尚属力学科学的萌芽,但它初步奠定了静力学即平衡理论的基础。

古代人还从对日、月运行的观察和弓箭、车轮等的使用中了解一些简单的运动规律,如匀速的移动和转动。但是对力和运动之间的关系,只是在欧洲文艺复兴时期以后才逐渐有了正确的认识。16 世纪以后,由于航海、战争和工业生产的需要,力学的研究得到了真正的发展。如钟表工业促进了匀速运动的理论,水磨机械促进了摩擦和齿轮传动的研究,火炮的运用推动了抛射体的研究。特别是天体运行的规律提供了机械运动最单纯、最直接、最精确的数据资料，使得人们有可能排除摩擦和空气阻力的干扰，得到运动规律的认识。天文学的发展为力学找到了一个最理想的"试验室"——天体，牛顿继承和发展前人的研究成果，提出物体运动三定律。而伽利略在试验研究和理论分析的基础上，最早阐明自由落体运动的规律，提出加速度的概念。牛顿、伽利略奠定了动力学的基础，形成了系统的理论，取得了广泛的应用并发展出了流体力学、弹性力学和分析力学等分支，使得力学逐渐脱离物理学而成为独立学科。

此后，力学与数学以及工程实践更加紧密地结合，创立了许多新的理论，同时也解决了工程技术中大量的关键性问题，力学得到了蓬勃发展。到 20 世纪 60 年代，随着电子计算机的应用使力学无论在应用上或理论上都有了新的进展。

力学在中国的发展经历了一个特殊的过程。与古希腊几乎同时，中国古代对平衡和简单的运动形式就已进行了相当水平的研究，不同的是没有建立起像阿基米德那样的理论系统。在文艺复兴前的约一千年时间内，整个欧洲的科学技术进展缓慢，而中国科学技术的综合性成果堪称卓著，其中有些在当时的世界居于领先地位。这些成果反映出丰富的力学知识，但终未形成系统的力学理论。到明末清初，中国科学技术已显著落后于欧洲。经过曲折的过程，到19 世纪中叶，牛顿力学才由欧洲传入中国。以后，中国力学的发展便随同世界潮流前进。

2. 力学的研究方法

力学研究方法遵循认识论的基本法则：实践—理论—实践。从观察、实践出发，经过抽象、概括、综合、归纳、建立公理，再应用数学演绎和逻辑推理的方法得到定理和结论，形成理论体系，然后再回到实践中去解决实践问题并验证理论的正确性。

力学的研究经历了漫长的过程。从希腊时代算起，整个过程几乎长达两千年之久。其所以会如此漫长，一方面是由于人类缺乏经验，弯路在所难免，只有在研究中自觉或不自觉地摸索到了正确的研究方法，才有可能得出正确的科学结论。再就是生产水平低下，没有适当的仪器设备，无从进行系统的试验研究，难以认识和排除各种干扰。例如，摩擦力和空气阻力对力学试验来说恐怕是无处不在的干扰因素。如果不加以分析，只凭直觉进行观察，往往得到的是错误结论。而伽利略和牛顿对物理学的功绩，就是把科学思维和试验研究正确地结合在一起，从而为力学的发展开辟了一条正确的道路。

同时力学与数学在发展中始终相互推动，相互促进。一种力学理论往往和相应的一个数学分支相伴产生；如运动基本定律和微积分，运动方程的求解和常微分方程，弹性力学及流体力学的基本方程和数学分析理论等。

3. 学习方法

工程力学的理论概念性较强，分析方法典型，解题思路清晰，在学习力学时，要重点理解基本概念，对每一理论的各细节都要搞懂吃透。注意理论与实践相结合，注意观察生活。力学渗透在我们日常生活和工作的方方面面，它所研究的问题其实也是我们生活体验的一部分，一定要将"学以致用"作为学习的原则和动力。

（1）首先要深刻理解力学的基本概念，基本概念是一切理论推导与演绎分析的基础。

（2）要结合例证，深入掌握并灵活应用力学的定理、定律和计算方法，逐步培养解决工程实际中力学问题的能力。

（3）注意领悟理论之间的逻辑关系，培养严谨求实的科学作风，锻炼应用理论知识分析问题和解决问题的能力。

（4）数学是研究力学不可缺少的工具，在学习中要做到数学推理严谨，数值计算准确。

第一篇 静 力 学

1 静力学基本知识

本章描述

本章讲述静力学中的一些概念、静力学公理、工程上常见的几种约束及约束反力的确定，并在此基础上进行物体的受力分析。受力分析不仅是静力学和工程力学中最关键、最基本的内容，而且是工程结构和机器零部件的设计基础。

教学目标

1. 知识目标

(1)正确理解和掌握力的概念、平衡的概念、刚体的概念；

(2)正确理解和掌握二力平衡公理、作用与反作用公理、加减平衡力系公理、力的平行四边形公理；

(3)正确理解和掌握约束与约束反力的概念以及常见约束类型约束反力的表示方法；

(4)熟练物体受力分析。

2. 能力目标

能够建立起力的概念，对生产实践中力作用的性质有所掌握，能熟练分析物体间相互作用的力及物体所受的力。

3. 素质目标

(1)培养学生科学严谨的学习态度，并把所学知识灵活应用于实践的能力；

(2)培养学生在错综复杂的问题当中，能够去粗取精、去伪存真，抓住主要矛盾，最终正确解决矛盾的力学素养。

相关案例——桥梁的力学模型

工程中的结构和机器都是由若干构件或零件通过相互接触和相互连接构成，构件的连接方式多种多样，把其连接方式按照限制构件运动的特性抽象为理想化的力学模型，是对构件进行受力分析和设计的基础。

在对桥梁进行设计时，首先应根据桥梁的约束特点、支承方式，抽象出桥梁的力学模型，为桥梁的受力分析提供基础。梁的力学模型如图1.1所示，

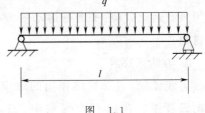

图 1.1

梁的支座一端简化为固定铰链支座，另一端简化为可动铰链支座。桥梁为什么这样设计，为什么这样简化，约束反力如何作用等问题都是本章要讨论的内容。

1.1　力的概念、静力学公理

1.1.1　刚体的概念

在介绍力的概念之前我们先要了解一下刚体的概念。

所谓**刚体**是指在受力情况下其几何形状和尺寸保持不变的物体，亦即受力后物体内任意两点之间的距离保持不变的物体。显然，这只是一种理想化了的模型，实际上并不存在这样的物体。任何物体受力后都将或多或少地发生变形。对于这种受力后发生变形的物体称为**变形体**。但是工程实际中构件的变形通常是非常微小的，在许多情况下研究其平衡或运动规律时，变形只是次要因素，因而可以忽略不计视其为刚体。例如，一根直梁，当其受力产生弯曲变形时，由于变形很小，两支点之间距离（跨度）的变化量也很小，在求支承反力时若考虑小变形的影响，不仅十分复杂，而且没有必要，直接采用刚体模型（认为梁不发生形变）进行计算，完全能够满足工程需要。

对刚体这种抽象简化的方法，虽然在研究许多问题时是必要的，而且也是许可的，但它是有条件的。在材料力学中我们将会看到，在研究物体的变形以及与变形有关的截面内力分布时，即使变形很小，也必须考虑物体的变形情况，即把物体视为变形体而不能再看作刚体。

1.1.2　力的概念

人们在日常生活中经常使用"力"这个词，力的概念是人们在生活和生产实践中，通过长期、大量地观察和分析而逐步形成的。当人们用手握、推、拉物体时，将使该物体从静止开始运动或使其运动状态发生改变，而手臂上肌肉的紧张和收缩使人感到了力的作用。这种作用不仅存在于人与物体之间，而且广泛地存在于物体与物体之间。以这种直接的感觉和对机械运动变化的现象长期观察的结果为基础，经过科学的抽象，最终得到了力的概念。大量事实说明，力不可能离开物体而存在。力虽然看不见，但它的作用效应完全可以直接观察到或用仪器测量出来。实际上，人们正是从力的作用效应来认识力本身的。

1. 力的定义

力是物体之间的相互机械作用。这种作用有两种效应，即使物体产生运动状态变化和尺寸及形状变化，前者称为运动效应（外效应），后者称为变形效应（内效应）。力对刚体的作用只有运动效应（平衡是运动效应的特例）。力的变形效应将在研究变形体的材料力学中讨论。

2. 力的三要素

实践证明，力对物体作用的效应取决于**力的大小、方向和作用点**三个因素，通常称为力的**三要素**。在这三个要素中，如果改变其中任何一个，也就改变了力对物体的作用效应。

在国际单位制中,力的单位用牛顿(中文代号为牛,国际代号为 N)或千牛顿(中文代号为千牛,国际代号为 kN)表示。

力的方向包含方位和指向两个意思,如铅直、向下,水平、向右等。

力的作用点指的是力在物体上的作用位置。一般说来,力的作用位置并不是一个点而是一定的面积,应该为分布力。但是,当作用面积很小以至可以忽略不计其大小时,就抽象为一个点,认为力集中作用于这一点,这种力称为集中力。集中力在实际中是不存在的,它是分布力的理想化模型。通过力的作用点作一条直线,使直线的方位代表力的方位,则该直线称为力的作用线。

力具有大小和方向,所以力是矢量(也称向量)。

3. 力的图示

力的三要素可以用有向线段来表示,称为力的图示。线段的长度(按一定比例)表示力的大小,线段的方位和箭头的指向表示力的方向,线段的起点或终点表示力的作用点,如图1.2所示。

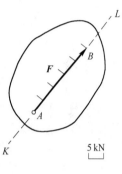

4. 力系

作用在物体上的若干力称为**力系**。对同一物体产生相同效应的两个力系互称为**等效力系**。如果一个力与一个力系等效,则此力称为该力系的**合力**,而力系中的各力则称为该合力的分力。

图 1.2

1.1.3 平衡的概念

我们知道,所谓**物体的平衡**是指物体相对于地面保持静止或做匀速直线运动的状态。作用于物体上使之保持平衡的力系称为**平衡力系**。平衡力系所应满足的条件称为平衡条件。例如,房屋、桥梁、在直线轨道上匀速运动的火车等,都是物体平衡的实例。

静力学研究物体的平衡问题,实际上就是研究作用于物体上的力系的平衡条件,并利用这些条件解决物体受力的问题。

1.1.4 静力学公理

所谓公理,就是符合客观现实的真理。静力学公理是人类从长期实践中总结出来的,它的正确性已被人们所公认而不必进行证明。静力学的全部理论,都是以静力学公理为依据导出的,所以,它是静力学的基础。

1. 二力平衡公理

作用于同一刚体上的两个力,使刚体处于平衡状态的充分和必要条件是:此两力的大小相等、方向相反、作用线沿同一直线(简称等值、反向、共线),如图1.3所示。

这个公理揭示了作用于刚体上的最简单的力系在平衡时所必须满足的条件,它是静力学中最基本的平衡条件。对同一刚体来说,这个条件既是必要的又是充分的;但对于变形体,这个条件是不充分的。例如,一条柔软的绳子受两个等值、反向、共线的拉力作用可以平衡,而受两个等值、反向、共线的压力作用就不能平衡,如图1.4所示。

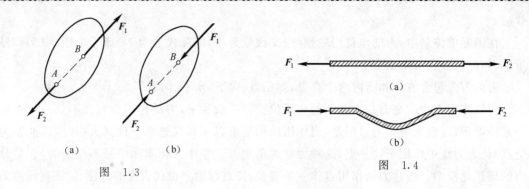

图　1.3　　　　　　　　　图　1.4

2. 加减平衡力系公理

在作用于刚体的已知力系中，加上或减去任意一个平衡力系后所构成的新力系与原力系等效。这是因为平衡力系对刚体的作用总效应等于零，它不会改变刚体的平衡或运动的效应。这个原理常被用来简化某一已知力系，是力系等效代换的重要理论依据。

与二力平衡公理相同，加减平衡力系公理只适用于同一刚体。对于需要考虑变形的物体，加减任何平衡力系，都将会改变物体的变形效应。例如，图 1.5 所示的杆 AB，在平衡力系（F_1，F_2）的作用下会产生拉伸变形，如果去掉该平衡力系，则杆就没有变形；若将二力反向后再加到杆端，如图 1.6 所示，则该杆就要产生压缩变形。拉伸与压缩是两种不同的变形效应。但如果将该杆件视为刚体，则该杆件均处于平衡状态。两种力系的作用等效。

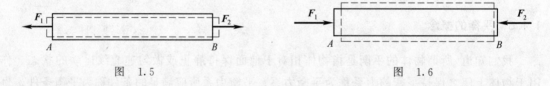

图　1.5　　　　　　　　　　　　　图　1.6

实践经验表明，作用于刚体上的力可沿其作用线任意移动而不改变其对于刚体的运动效应。例如，用小车运送物品时（图 1.7），不论在车后 A 点用力 **F** 推车，或是在车前同一直线上的 B 点用力 **F** 拉车，对于车的运动状态而言，其效果都是一样的。力的这种性质称为**力的可传性原理**。

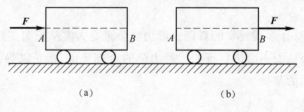

（a）　　　　　　　　　　（b）

图　1.7

由此可见，就力对于刚体的运动效应来说，力的作用点已不再是重要因素，也就是说，我们只需知道力的作用线，至于作用线上的哪一点是力的作用点，则无关紧要。因此，作用于刚体上的力的三要素又可以说是：力的大小、方向和作用线。

应当指出的是，力的可传性原理只适用于同一刚体，即只有在研究同一刚体的平衡或运动时才是正确的。

3. 力的平行四边形公理

作用于物体上同一点的两个力,可以合成为作用于该点的一个合力,合力的大小和方向可以由两力为邻边所构成的平行四边形的对角线确定,如图 1.8(a)所示,也称为力的平行四边形法则。如果将原来的两个力叫做分力,则此性质可简述为:合力等于两分力的矢量和。写成矢量式为:

$$\boldsymbol{F}_R = \boldsymbol{F}_1 + \boldsymbol{F}_2$$

根据平行四边形公理用作图法求合力时,通常只需画出半个平行四边形就够了。如图 1.8(b)所示,从 A 点开始先画矢量 $\overrightarrow{AB} = \boldsymbol{F}_1$,从 B 点再画矢量 $\overrightarrow{BD} = \boldsymbol{F}_2$。连接起点 A 与终点 D,合力 $\boldsymbol{F}_R$ 就由封闭边的矢量 $\overrightarrow{AD}$ 来确定。这称为求两汇交力合力的**三角形法则**。

平行四边形公理可以推广到作用在同一点的 n 个力 $\boldsymbol{F}_1$、$\boldsymbol{F}_2\cdots\boldsymbol{F}_n$ 作用的情况:

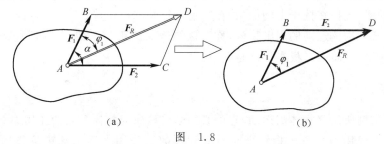

(a)　　　　　　　　　　　　　　　(b)

图　1.8

$$\boldsymbol{F}_R = \boldsymbol{F}_1 + \boldsymbol{F}_2 + \cdots + \boldsymbol{F}_n = \sum \boldsymbol{F}$$

力的平行四边形公理是研究力系合成与简化问题的重要根据。

利用平行四边形公理,也可以把一个力分解为相交的两个分力,分力与合力作用于同一点。如果不附加其他条件,一个力分解为相交的两个分力可以有无穷多个解。在工程实际中,往往将一个力沿两垂直方向分解为两个互相垂直的分力。

应该指出,力的这一性质无论对刚体或变形体都是适用的。但对于刚体来说,并不要求两力的作用点相同,只要两力的作用线相交,就可以根据力的可传性,分别把两力的作用点移到交点上,然后再应用力的平行四边形公理求合力。

4. 作用与反作用公理

两个物体间的作用力与反作用力总是同时存在,大小相等,指向相反,沿同一直线分别作用在两个不同的物体上。这个公理说明,力总是成对出现的,有作用力必有一反作用力,这是分析物体之间相互作用力的一条重要规律。

作用力与反作用力,一般用同一字母表示。为了便于区别,在其中一个字母的右上角加一小撇"′",如 $\boldsymbol{F}$ 表示作用力,则 $\boldsymbol{F}'$ 便表示反作用力。

应该指出,力的上述性质无论对刚体或变形都是适用的。应当注意:不要把二力平衡条件与力的作用和反作用性质弄混淆了。对二力平衡条件来说,两个力作用在同一刚体上,而作用力和反作用力则是分别作用在两个不同的物体上。

如图 1.9 所示的绳索下端系一重物,其重量为 $\boldsymbol{G}$,上端固定在天花板上,绳索的重量不计。各力之间的关系

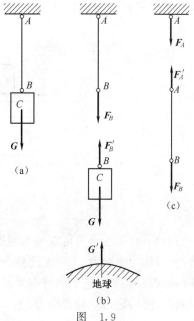

图　1.9

为：F'_A 与 F_B 作用在绳子上，F'_B 与 G 作用在重物上，它们是两对平衡力；F_A 与 F'_A、F_B 与 F'_B、G 与 G' 分别作用在不同物体上，所以，它们是三对作用力与反作用力。

1.2 约束和约束反力

1.2.1 约　束

在工程实际中，一些物体可以在空间自由运动，获得任何方向的位移，这些物体称为**自由体**。例如，在空中飞行的飞机和小鸟等。另一些物体在空间的运动受到其他物体的限制，使其在某些方向上不能发生位移，这些物体称为**非自由体或受约束物体**。例如，用绳索悬挂的重物，架在墙上的梁，支撑在柱子上的屋架，在轨道上行驶的机车等。

凡是限制某一物体运动的周围物体，称为该物体的**约束**。例如，上面所说的绳索对重物、墙对梁、柱子对屋架、轨道对机车等都是约束。

1.2.2　约束反力

约束既然限制所研究物体的运动，它就必须承受该研究物体对它的作用力。同样，约束也对研究物体有反作用力。我们将约束对研究物体的反作用力称为**约束反作用力**，简称约束反力。

谈到每一个力，我们自然想到力的大小、方向、作用点这三个要素，约束反力的大小一般是未知的，需根据研究物体（即研究对象）的受力情况和运动情况进行分析计算。约束反力的作用点，则在研究物体上与约束的接触处。

1.2.3　约束反力的方向

约束总是限制研究物体的运动，故约束反力的方向总是与该约束所限制的运动方向相反。如图 1.10(a)所示，当我们研究放在桌面上的重量为 G 的物体 A 时，桌面便是物体 A 的约束。桌面限制物体 A 向下运动，桌面必然给它一个向上的约束反力 F，如图 1.10(b)所示。

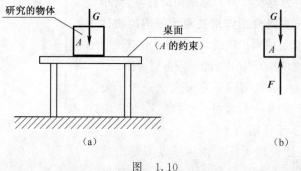

图　1.10

通常，物体的受力可以分为两类，即主动力和约束反力，能主动地使物体运动或有运动趋势的力，称为**主动力**，工程上也称为**荷载**。例如，物体的重力，结构承受的风力，水压力，机械零件所受的荷载等。它们的特点是其大小可以独立地测定。一般情况下，约束反力是由主动力引起的，所以它是一种被动力。

1.3 物体的受力分析和受力图

1.3.1 物体受约束的类型

工程中不同类型的约束,其约束反力也不相同,根据约束的特征可以确定其约束反力的特征。下面主要介绍在工程实际中,常见的几种类型约束与约束反力的特征。

1. 柔体约束

工程上常用的钢丝绳、皮带、链条等柔性索状物体统称为**柔体约束**,也称为柔索约束。这类约束只能承受拉力而不能承受压力和弯曲。由于柔体约束只能限制物体沿柔体中心线伸长方向的运动,所以柔体的约束反力方向一定是沿着柔体中心线,而背离物体,作用在柔体与物体的连接点(为拉力)。柔体的约束反力通常用符号 F_T 表示。图 1.11(a)表示用钢丝绳悬挂一重物,钢丝绳对重物的约束反力如图 1.11(b)所示。

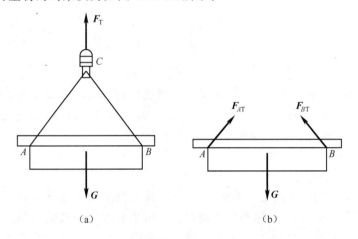

(a)　　　　　　　　　　　　　(b)

图　1.11

当柔性的绳索、链条或皮带绕过轮子时[图 1.12(a)],它们给轮子的约束反力沿着柔索中心线,指向则背离轮子,如图 1.12(b)所示。

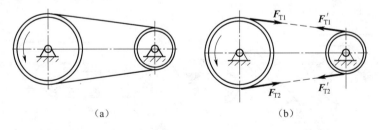

（a）　　　　　　　　　　　　　（b）

图　1.12

2. 光滑接触面约束

两物体相互接触,如果接触面非常光滑,摩擦力可以忽略不计,这种约束称为**光滑接触面约束**。

光滑接触面约束限制物体沿接触面公法线压入接触面,而不能限制被约束物体沿接触面的切线方向运动。要保证两物体相互接触,接触面间只能承受压力,而不能承受拉力。因此,光滑接触面对物体的约束反力作用在接触点,沿接触面的公法线,指向受力物体[图 1.13(a)]。这种约束反力也常称作法向反力,一般用符号 F_N 表示。直杆在接触点 A、B、C 三处所受的约束反力为 F_{NA}、F_{NB}、F_{NC},如图 1.13(b)所示。

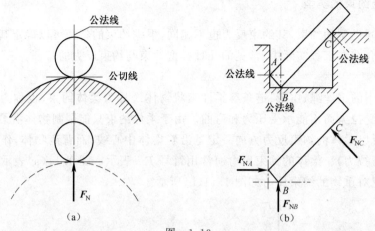

图 1.13

3. 光滑圆柱形铰链约束

光滑圆柱形铰链(简称铰链或铰),是用一个圆柱形销钉将两个或更多个构件连接在一起的常见约束方式,采取的办法是在它们的连接处各钻一个直径相同的孔,用销钉穿起来,如门、窗的合页,活塞与连杆的连接,起重机动臂与机座的连接等。

如图 1.14(a)、(b)所示,用销钉穿入带有圆孔的构件 A、B 的圆孔中,即构成中间铰,通常用简图 1.14(c)、(d)表示。

如果销钉与圆孔的接触面是光滑的,则销钉只能限制被约束构件在垂直于销钉轴线的平面内沿径向的相对移动,而不能限制物体绕销钉轴线的相对转动或沿其轴线方向移动。中间铰所连接的两个构件互为约束,两者本质上属于光滑面约束。因此,铰链的约束反力作用在圆孔与销钉的接触点 K,通过销钉中心,作用线沿接触点处的公法线,如图 1.14(e)所示的反力 F_{CR}。由于接触点 K 的位置一般不能预先确定,因此 F_{CR} 的方向也不能预先确定。但知道 F_{CR} 一定通过销钉中心 C。在实际计算中,通常用过铰链中心的两个互相垂直的分力 F_{Cx}、F_{Cy} 代替 F_{CR},如图 1.14(f)所示。

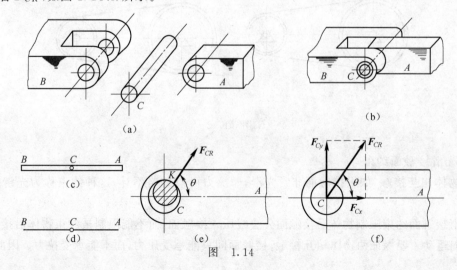

图 1.14

4. 链杆约束

链杆是两端用铰链与其他构件连接,不计自重而且中间不受力的杆件,如图 1.15(a)中的 AB 杆和图 1.16(a)中的 BC 杆均为链杆。由于链杆只在两个铰链处受力,因此称为**二力构件**。由二力平衡条件可知,链杆所受的两个力沿两铰链中心的连线。所以,链杆对物体的约束反力作用于与物体的铰链连接处,并沿链杆两铰链中心的连线,指向待定,如图 1.15(b)、图 1.16(b)所示。

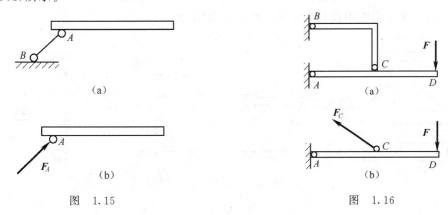

图 1.15   图 1.16

以上只介绍了几种常见的约束类型,但是在工程实际中连接部位的连接方式是复杂的,必须根据问题的性质将实际约束抽象为上述相应的典型约束。

1.3.2 各种支座的类型

将构件与基础连接的装置称为**支座**,根据连接的形式不同,支座可分成不同的类型。

1. 固定铰链支座

将结构或构件用铰链与基础或与其他固定的结构物连接,这样构成的约束称为**固定铰链支座**,简称固定铰支座,其结构简图如图 1.17(a)所示,计算简图如图 1.17(b)、(c)、(d)、(e)所示。显然,固定铰链支座是圆柱形铰链的一种特殊情况,故其约束反力的确定原则与圆柱形铰链约束的反力确定原则相同,一般也分解为两个正交分力,如图 1.17(f)所示。

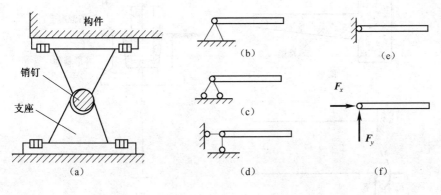

图 1.17

2. 可动铰链支座

在铰链支座与支承面之间装上辊轴,就成为**可动铰链支座**(或辊轴铰链支座),简称为可动铰支座,如图 1.18(a)、(b)所示。如略去摩擦,这种支座不限制构件沿支承面的移动和绕销钉轴线的转动,只限制构件沿支承面法线方向的移动。因此,可动铰链支座的约束反力 F 必垂直于支承面,通过铰链中心,指向待定。在力学计算中,常用图 1.18(c)、(d)、(e)所示的简图来表示可动铰链支座。由于此支座反力为一个方向的约束,同链杆约束反力相近,所以计算简图中也常用链杆支座的形式表达可动铰支座,如图 1.18(e)和图 1.19(b)所示。当然用链杆表示的支座的支反力方向为沿着链杆轴线方向,指向待定,如图 1.18(f)和图 1.19(c)所示。可动铰链支座的约束反力常用符号 F 表示,如图 1.18(d)所示。

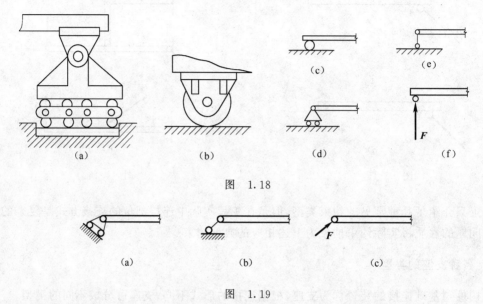

图　1.18

图　1.19

3. 固定端支座

固定端支座与构件坚固地连接在一起,不允许结构在支座处产生任何的移动和转动,如阳台的挑梁与圈梁的联结。如图 1.20(a)所示,当只分析挑梁的受力时,其计算简图如图 1.20(b)所示;柱与基础的联结大多也属于此类型,如图 1.20(c)所示。当只分析柱的受力时,计算简图如图 1.20(d)所示。

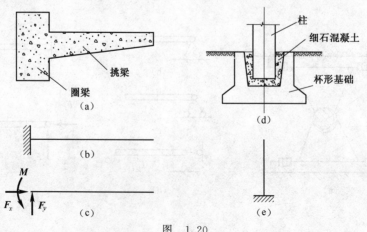

图　1.20

固定端支座的约束反力有三个:两个为正交分力,一个为力偶,其中力的指向和力偶的转向均可任意假设,如图 1.20(c)所示。该支座的支反力详细分析将在第 3 章 3.1.3 中讲解。

1.3.3　受力图

在解决力学问题时,首先要根据问题的已知条件和待求量从有关物体中选择某一物体(或由几个物体组成的部分)作为研究对象,并分析研究对象的受力情况,即进行受力分析。为了清晰地表示物体的受力情况,可设想将研究对象的约束全部解除,并把它从周围物体中分离出来,在解除约束处代之以相应的约束反力。解除约束后的物体称为**分离体**;在分离体上画上所受全部外力(包括主动力和约束反力)的简图,称为**受力图**。画物体受力图是解决力学问题的一个重要步骤。

画受力图的几个步骤:

(1)选取恰当的研究对象;

(2)取出分离体;

(3)受力分析,先分析主动力(包括自重、荷载),再分析约束反力。

很显然,约束反力的分析是画受力图的重点,对约束反力的分析主要是把握住约束反力的作用点、作用线方位及指向三个关键点。下面举例说明物体受力图的画法。

【例1.1】　重量为 G 的梯子 AB,放在水平地面和铅直墙壁上。在 D 点用水平绳索 DE 与墙相连,如图1.21(a)所示。若略去摩擦,试画出梯子的受力图。

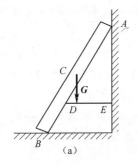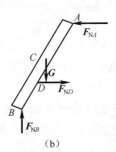

图　1.21

【解】　(1)选取研究对象,对于本题来说,梯子为研究对象。

(2)单独画出梯子。

(3)分析梯子受到的力。梯子受到的主动力为重力 G,作用于其重心,方向铅直向下。再分析约束反力,根据光滑接触面约束的特点,墙壁和地面作用于梯子的反力 F_{NA} 和 F_{NB} 应分别作用在 A 点和 B 点,并分别为垂直于墙壁和地面的压力。绳索 DE 作用于梯子的反力 F_{DE} 是沿着 DE 方向的拉力,作用在 D 点。梯子的受力如图1.21(b)所示。

【例1.2】　简易起重机如图1.22(a)所示。重量为 G 的水平梁 AB 用斜杆 CD 支撑,A、C、D 三处均为光滑铰链连接。梁上放置一重量为 W 的电动机,不计 CD 杆的自重,试分别画出 CD 和梁 AB(包括电动机)的受力图。

【解】　(1)CD 杆的受力图。由于该杆件没有主动力故直接分析 CD 杆所受到约束反力。根据链杆约束的概念分析,CD 杆为链杆,它只在 F_C 和 F_D 两个力作用下处于平衡,力 F_C 和 F_D 是一对平衡力,所以这两个力必定沿同一直线,且等值、反向。由此可以确定 F_C 和 F_D 的作用线必在 C 和 D 两点的连线上。可以假设 CD 杆受压力,如图1.22(c)所示。

(2)AB 梁的受力图。梁受有 G、W 两个主动力的作用。取水平梁 AB(包括电动机)为分

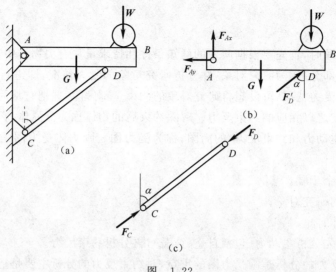

图 1.22

离体时,需在 A、D 两处解除约束,而代之以相应的约束反力。链杆 CD 通过铰链 D 对水平梁 AB 的约束反力是 F_D',力 F_D' 和 F_D 互为作用力与反作用力,故 F_D' 应与 F_D 等值、反向、共线。固定铰链支座 A 的约束反力则用两个正交分力 F_{Ax}、F_{Ay} 表示,其指向可任意假设,梁 AB 的受力图如图 1.22(b)所示。

　　注意:在结构中如果有链杆或二力构件时,一定要先将其受力分析出来,特别是链杆的两端均为铰链联结,分析受力时千万不要以铰约束的两个互相垂直的约束反力来表达,而是要以二力杆的受力状态来表达。

　　【**例 1.3**】　某桥梁结构中的组合梁,由梁 AB 和 BC 在 B 处铰接而成,所受载荷和约束如图 1.23(a)所示。自重不计,试分别作出梁 AB、BC 和整体受力图。

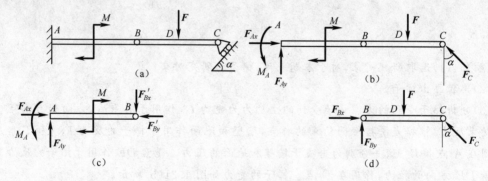

图 1.23

　　【**解**】　先作梁 BC 的受力图。取梁 BC 的分离体,梁 BC 在 D 点受主动力 F 作用,方向铅直向下。梁 BC 分别在 B、C 两处解除了约束,因此必须在这两处画上相应的约束反力,可动铰链支座 C 的反力 F_C 垂直于支承面,故与铅垂线成 α 角;梁 AB 通过铰链 B 对梁 BC 的反力则可用两个正交分力 F_{Bx}、F_{By} 表示,梁 BC 的受力图如图 1.23(d)所示,图上所有约束反力的指向都是假设的。

　　再作梁 AB 的受力图。梁 AB 受已知力偶 M 的作用。取梁 AB 为分离体时,需在 A、B 两处解除约束,而代之以相应的约束反力。梁 BC 通过铰链 B 对梁 AB 的反力是 F_{Bx}'、F_{By}',它们

与 F_{Bx}、F_{By} 互为作用与反作用力,其方向应分别与 F_{Bx}、F_{By} 相反。固定端 A 的约束作用可用两个正交分力 F_{Ax}、F_{Ay} 和力偶 M_A 表示。梁 AB 的受力图如图 1.23(c)所示。

　　由若干个物体通过适当的约束组成的结构,称为**物体系统**,简称物系。在分析力学问题时,有时需要对几个物体所组成的系统进行受力分析,这时必须注意区分内力和外力。系统内部各物体之间的相互作用力是系统的**内力**;系统外部物体对系统内物体的作用力是系统的外力。但是,必须指出,内力与外力的区分不是绝对的,在一定的条件下,内力与外力是可以相互转化的。例如,在图 1.23 中,若分别以梁 AB、梁 BC 为研究对象,则力 F_{Bx}'、F_{By}' 和 F_{Bx}、F_{By} 分别是这两部分的外力。如果将这两部分合为一个系统来研究,即以整个组合梁为研究对象,则力 F_{Bx}'、F_{By}' 和 F_{Bx}、F_{By} 属于系统内两部分之间的相互作用力,成为系统的内力。由牛顿第三定律可知,内力总是成对出现的,且彼此等值、反向、共线。对整个系统来说,内力对整体的外效应没有影响。因此,在作系统整体的受力图时,只需画出全部外力,不必画出内力。组合梁整体受力图如图 1.23(b)所示。

　　注意:在分析物体系统的受力时,当只分析其中部分杆件受力时,各部分杆件之间的作用力与反作用力要正确分析出来其相互关系;而当分析整体结构的受力时,各部分杆件之间的相互作用力为内力,是不用分析的。

　　对物体进行受力分析,恰当地选取分离体并正确地画出受力图是解决力学问题的基础,不能有任何错误,否则以后的分析计算将会得出错误的结论。为使读者能正确地画出受力图,要注意以下几点:

　　(1)要明确哪个物体是研究对象,并将研究对象从它周围的约束中分离出来,单独画出分离体图(正确选取分离体)。

　　(2)受力图上要画出研究对象所受的全部主动力和约束反力,并用习惯使用的字母加以标记。为了避免漏画某些约束反力,要注意分离体在哪几处被解除约束,在相应处必作用着相应的约束反力。

　　(3)每画一个力要有依据,要能指出它是哪个物体(施力物体)施加的,不要臆想一些实际上并不存在的力加在分离体上,尤其不要把其他物体所受的力画到分离体上。

　　(4)约束反力的方向要根据约束的性质来判断,切忌单凭直观任意猜想。

　　(5)在画物体系统的受力图时,系统内任何两物体间相互作用的力(内力)不应画出。当分别画两个相互作用物体的受力图时,要特别注意作用力与反作用力的关系,作用力的方向一经设定,反作用力的方向就应与之相反。

　　【例 1.4】　某隧道中的钢架结构如图 1.24(a)所示,由构件 AB 和 CD 用铰链 C 连接,A 处是固定铰链支座,B、D 处是可动铰链支座,在 E 点受已知力 F 作用。试画出构件 AB、CD 及构架整体的受力图。

　　【解】　(1)取构件 CD 为分离体,所受主动力为 F,D 处是可动铰链支座,其约束反力 F_D 垂直于支承面,指向假设向上,C 处为铰链约束,其约束反力可由两个正交分力 F_{Cx}、F_{Cy} 表示,构件 CD 的受力图如图 1.24(d)所示。

　　(2)取构件 AB 为分离体,A 处是固定铰链支座,其约束反力可用两个正交分力 F_{Ax}、F_{Ay} 表示,B 处是可动铰链支座,其约束反力 R_B 垂直于支承面,指向假设向上,C 处为铰链约束,其约束反力 F_{Cx}'、F_{Cy}' 和作用在构件 CD 的力 F_{Cx}、F_{Cy} 是作用与反作用的关系,其指向不能再任意假设,构件 AB 的受力图如图 1.24(c)所示。

　　(3)取钢架整体为分离体,注意 C 处为内力,不能画力,其受力图如图 1.24(b)所示。

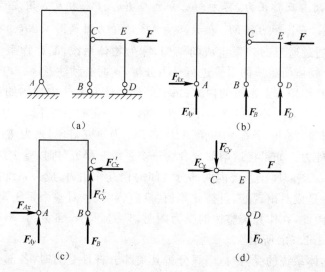

图　1.24

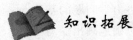知识拓展

　　随着社会的发展，科技的不断进步，建筑屋的高度纪录不断被刷新。高耸结构主要指高层建筑和塔桅结构。建造于 1889 年的巴黎埃菲尔铁塔高 321 m，而现代的高层建筑早已超过了这一高度。例如 1974 年建成的芝加哥西尔斯塔楼，110 层，高 443 m；1996 年建成的吉隆坡双塔大厦，88 层，高 452 m；2010 年建成的"迪拜塔"，总高度超过 800 m、楼体 169 层是目前世界上最高的高层建筑。

　　东方明珠塔如图 1.25 所示，高 467.9 m，亚洲第一、世界第三高塔，仅次于加拿大的 CN 电视塔（553.3 m）及俄罗斯的奥斯坦金诺电视塔（540.1 m），是上海的地标之一。东方明珠塔最有特色的是把 11 个大小不一、高低错落的球体串联在一起，两个大的球体直径分别为 50 m（下球体）和 45 m（上球体），最高处球体直径是 14 m，连接它们的是三根直径为 9 m 的擎天立柱。其天线桅杆高118 m，重达 450 t，成为世界建筑史上的奇迹。

　　高耸结构由于相对细长而显得更加具有柔性，导致结构对于地震和风的激励有更大的响应，其结果可能会造成结构破坏，这些问题都给力学提出了更高的要求和挑战。

图　1.25

本章小结

1.1　力是物体间相互的机械作用，它对物体的作用外效应是使物体的机械运动状态发生变化。力的三要素是：力的大小、力的方向、力的作用线的位置。力是矢量。

1.2　静力学公理阐明物体受力的一些基本性质,它们是整个静力学的理论基础。二力平衡公理是最基本的力系平衡条件。

加减平衡力系公理是力系等效代换和简化的理论基础。

力的平行四边形公理说明力的运算符合矢量运算法则,是力系的简化基本规则之一。

作用与反作用公理说明了力是物体间相互的机械作用,揭示了力的存在形式与力在物系内部的传递方式。

1.3　作用在物体上的力可分为主动力与约束反力。约束反力是限制被约束物体运动的力,它作用于物体的约束接触处,其方向与约束所限制的运动方向相反,约束反力是被动力。工程中常见的约束类型有:

(1)柔索约束。只能承受沿柔索的拉力。

(2)光滑接触面约束。只能承受位于接触面的法向压力。

(3)铰链约束。能限制物体任何方向的移动。

(4)链杆约束。

1.4　有些约束可以支座的形式表现出来,如:①可动铰支座;②固定铰支座;③固定端支座。

1.5　在解除约束的分离体简图上,画出它所受的全部外力的图形称为受力图;画受力图时应注意:①只画受力,不画施力;②只画外力,不画内力;③解除约束后才能画上约束反力。

所谓外力是研究对象以外的物体作用于研究对象的力,包括主动力和约束反力。外力与内力是两个相对概念,外力和内力的区分不是绝对的,有时可以相互转化,它们与所取的研究对象有关,画受力图时必须审慎研究。

复习思考题

1.1　试判断以下说法是否正确:

(1)物体的平衡就是指物体静止不动。　　　　　　　　　　　　　　　　(　　)

(2)力的作用效果就是使物体改变运动状态。　　　　　　　　　　　　　(　　)

(3)在任意力的作用下,其内部任意两点之间的距离始终保持不变的物体称为刚体。
　　　　　　　　　　　　　　　　　　　　　　　　　　　　　　　　(　　)

(4)两个力等效的条件是大小相等,方向相反,且作用在同一物体上的同一点。(　　)

(5)在两个力的作用下处于平衡的物体称为二力构件。　　　　　　　　　(　　)

(6)作用在物体上某点的力,可沿其作用线移到物体上任一点而不改变其作用效果。
　　　　　　　　　　　　　　　　　　　　　　　　　　　　　　　　(　　)

(7)平衡力系中的任意一个力对于其余的力来说都是平衡力。　　　　　　(　　)

(8)无论两个相互接触的物体处于何种运动状态,作用与反作用公理永远成立。(　　)

(9)凡是作用在物体上的两个力,大小相等、方向相反且在同一直线上时,则物体一定平衡。　　　　　　　　　　　　　　　　　　　　　　　　　　　　　(　　)

1.2　如题1.2图所示的曲杆,能否在其上的 A、B 两点上各施一力,使曲杆处于平衡状态?

1.3　三角支架如题1.3图所示,能否将作用于三角支架 AB 杆上的力 F 沿其作用线移到 BC 杆上,而使 A、B、C 铰链处的约束反力保持不变?

1.4 如题1.4图所示,哪些构件是二力构件?(凡未画出重力的物体其重量忽略不计。)

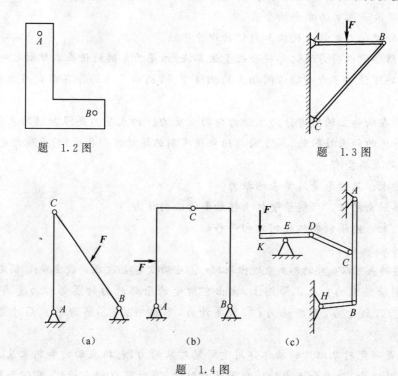

题 1.2 图　　　　　　　　　　　题 1.3 图

(a)　　　　　　　　(b)　　　　　　　(c)

题 1.4 图

1.5 如题1.5图所示,各受力图是否有错误? 如有,请改正。

1.6 拔桩结构如题1.6图所示,试画出图示中C、E点的受力图。

1.7 分别画出题1.7图示各圆柱体的受力图。

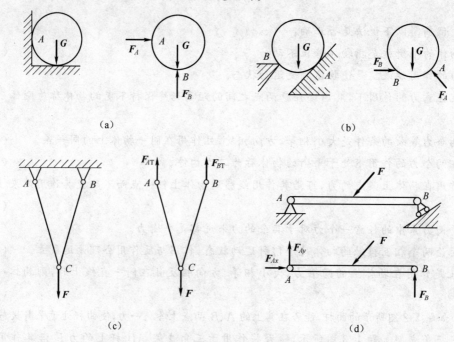

(a)　　　　　　　　　　　　　　(b)

(c)　　　　　　　　　　　　　　(d)

题 1.5 图

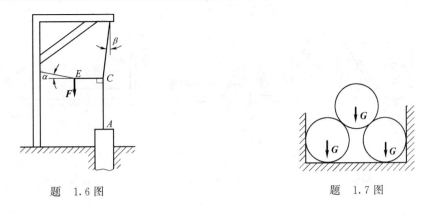

题 1.6 图   题 1.7 图

1.8 画出图示各托架中各构件的受力图。

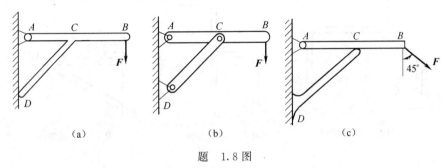

(a)   (b)   (c)

题 1.8 图

1.9 画出题 1.9 图所示指定物体的受力图。假定所有接触面都是光滑的,图中凡未画重力的物体,自重不计。

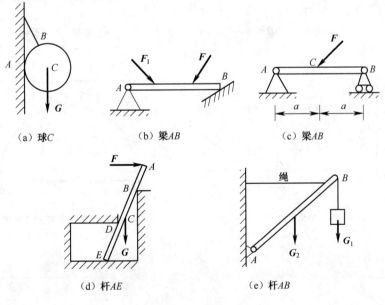

(a) 球C   (b) 梁AB   (c) 梁AB

(d) 杆AE   (e) 杆AB

题 1.9 图

1.10 画出图示各构件及整体的受力图。未画重力的物体,均不计重量,所有接触处均为光滑接触。

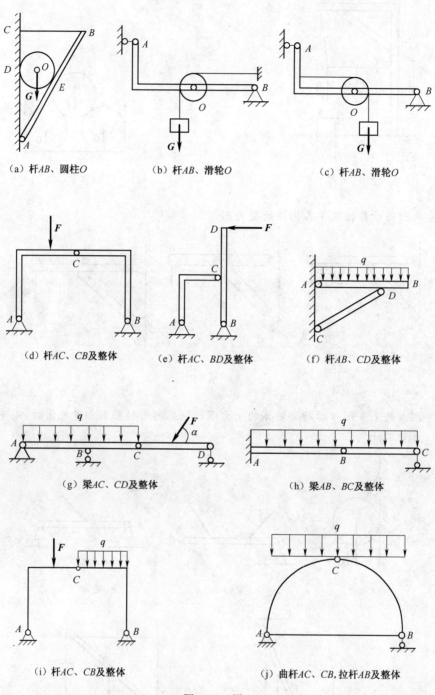

（a）杆AB、圆柱O　　　（b）杆AB、滑轮O　　　　（c）杆AB、滑轮O

（d）杆AC、CB及整体　　（e）杆AC、BD及整体　　（f）杆AB、CD及整体

（g）梁AC、CD及整体　　　　　　　（h）梁AB、BC及整体

（i）杆AC、CB及整体　　　　　（j）曲杆AC、CB,拉杆AB及整体

题　1.10 图

2 静力学计算分析基础

本章描述

本章讲述在静力学计算中应用到的力在坐标轴上的投影,力对点之矩及力偶等概念及计算,它们是力学计算中最基础的关于力的数学分析方法,只有正确理解和掌握它们,才能顺利完成今后的学习乃至将来的实际工作。

教学目标

1. 知识目标

(1)正确理解和掌握力在直角坐标轴上的投影、合力投影定理、平面汇交力系合成的解析法;

(2)正确理解和掌握力对点之矩、合力矩定理、力偶的概念和性质、力的平移定理;

(3)正确理解和掌握平面力偶系的合成结果及平衡方程的应用。

2. 能力目标

通过对力在坐标轴上的投影,力对点之矩及力偶等概念的理解和相应运算,为后续力学问题的分析计算打下扎实的基础。

3. 素质目标

(1)培养认真、严谨、灵活、一丝不苟、实事求是的学习、工作作风;

(2)培养辩证的分析问题、解决问题的方法。

相关案例——厂房立柱受力

工厂厂房立柱如图 2.1(a)所示,其地基基础可看成固定端约束,立柱的最上端受到房顶重量的压力 F_1,牛腿部分受到吊车梁的压力 F_2,立柱外侧受到室外风荷载作用(可视为均布荷载 q),立柱自重为 G,如图 2.1(b)所示。在工程实际中为了确定立柱的承载能力,常常要用解析法分析和计算立柱根部固定端的约束反力,这样就要用到本章中所要介绍的力在直角坐标轴上的投影、力矩、力偶、力的平移定理等相关理论分析和计算方法。

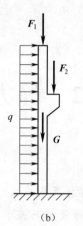

(a)　　　　　　　　(b)

图　2.1

2.1　平面汇交力系合成的解析法

平面汇交力系合成的解析法是静力学计算最基础的知识和技能,而静力学又是整个工程力学的基础。因此,本节的内容对于学习工程力学有着重要的意义。

2.1.1　力在平面直角坐标轴上的投影

1. 已知力求投影

已知力 F 作用于刚体平面内 A 点,且与水平线成 α 夹角。建立平面直角坐标系 Oxy,如图 2.2 所示。过力 F 的两端点 A、B 分别向 x、y 轴作垂线,垂足在 x、y 轴上截下的线段 ab、a_1b_1 分别称为力 F 在 x、y 轴上的投影,以 F_x、F_y 表示。

力在坐标轴上的投影是代数量,其正负规定为:**若力起点的投影到终点的投影指向与坐标轴的指向相同时,则力在该坐标轴上的投影为正,反之为负。**一般的,有

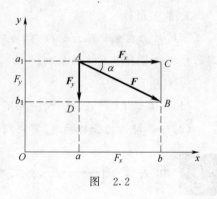

图　2.2

$$F_x = \pm F\cos\alpha$$
$$F_y = \pm F\sin\alpha \tag{2.1}$$

式中 α 表示力 F 与 x 轴所夹的锐角。

如图 2.2 中,力 F 的投影为

$$F_x = F\cos\alpha, \quad F_y = -F\sin\alpha$$

2. 已知投影求作用力 F

如果已知一个力的投影 F_x、F_y,则这个力 F 的大小和方向分别为

$$F = \sqrt{F_x^2 + F_y^2} \tag{2.2a}$$

$$\tan\alpha = \left| \frac{F_y}{F_x} \right| \tag{2.2b}$$

式中 α 表示力 F 与 x 轴所夹的锐角。

力的指向由投影 F_x、F_y 的"+、−"符号来确定,见表2.1。

必须注意,力在坐标轴上的投影 F_x、F_y 与力沿坐标方向上的分力 F_x、F_y 是两个不同的概念,力在坐标轴上的投影 F_x、F_y 是只有大小和"+、−"号的代数量,而力沿坐标方向上的分力 F_x、F_y 是满足力的三要素的矢量。

表 2.1　力的投影正负号

F_x	+	+	−	−
F_y	+	−	+	−
F 指向	↗	↘	↖	↙

2.1.2　合力投影定理

各个力的作用线都作用在同一平面内且都汇交于一点的力系称为**平面汇交力系**。

1. 平面汇交力系合成的几何法

设平面汇交力系 F_1,F_2,$\cdots$,F_n 作用在刚体的 O 点处,其合力 F_R 可以连续使用力的三角形法则求得,如图2.3所示。其数学表达式为

$$F_R = F_1 + F_2 + \cdots + F_n = \sum F_i \tag{2.3}$$

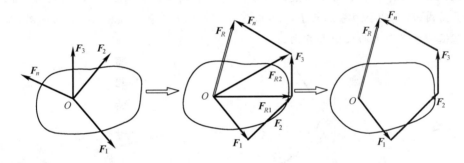

图　2.3

由此可得:平面汇交力系合成的结果是一个作用在汇交点的合力,此合力的大小和方向可以用以平面汇交力系中各个力为邻边依次首尾相接,所得到的力多边形的封闭边表示。这就是平面汇交力系合成的几何法——力多边形法则。

在使用力多边形法则作图求平面汇交力系的合力时,各个力的顺序可以任意。当平面汇交力系平衡时其合力为零,即 $F_R = 0$。**平面汇交力系平衡的充分与必要几何条件是:以原力系中各个力为邻边依次首尾相接,所得到的力多边形自行封闭。**

使用几何法求平面汇交力系的合力简单、直观,但由于作图误差较大导致其精度较低,往往不能满足工程实际需要。因此,在工程实际中常常采用解析计算法。

2. 合力投影定理

将式(2.3)两边分别向 x、y 轴投影,得到

$$\left.\begin{aligned} F_{Rx} &= F_{x1} + F_{x2} + \cdots + F_{xn} = \sum F_x \\ F_{Ry} &= F_{y1} + F_{y2} + \cdots + F_{yn} = \sum F_y \end{aligned}\right\} \tag{2.4}$$

式(2.4)表明,合力在某一坐标轴的投影等于各分力在同一坐标轴上投影的代数和,此即为**合力投影定理**。

2.1.3　平面汇交力系合成的解析法

若进一步按式(2.2)运算，即可求得合力 F_R 的大小及方向为

$$F_R = \sqrt{F_{Rx}^2 + F_{Ry}^2} = \sqrt{\left(\sum F_x\right)^2 + \left(\sum F_y\right)^2}$$

$$\tan\alpha = \left|\frac{F_{Ry}}{F_{Rx}}\right| = \left|\frac{\sum F_y}{\sum F_x}\right|$$

(2.5)

式中 α 为合力 F_R 与 x 轴之间所夹的锐角。合力 F_R 的指向由 $\sum F_x$、$\sum F_y$ 的正负号确定，见表 2.2。

表 2.2　合力 F_R 的投影正负号

$\sum F_x$	+	+	−	−
$\sum F_y$	+	−	+	−
F_R 指向	↗	↘	↖	↙

【**例 2.1**】　如图 2.4(a)所示为某工程中固定三根钢丝绳用的固定吊环，已知三根钢丝绳在同一平面内，所受的拉力分别为 $F_1 = 500$ N，$F_2 = 450$ N，$F_3 = 350$ N，方向如图，试用解析法求这三根钢丝绳合力的大小和方向。

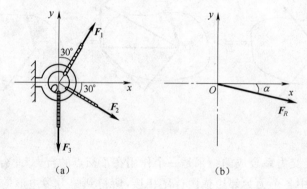

(a)　　　　　　　　　　　(b)

图　2.4

【**解**】　由式(2.5)计算合力 F_R 在 x、y 轴上的投影：

$$F_{Rx} = \sum F_x = F_{x1} + F_{x2} + F_{x3} = F_1\cos 60° + F_2\cos 30° + F_3\cos 90° = 639.7(\text{N})$$

$$F_{Ry} = \sum F_y = F_{y1} + F_{y2} + F_{y3} = F_1\sin 60° - F_2\sin 30° - F_3\sin 90° = -142(\text{N})$$

合力 F_R 的大小和方向为：

$$F_R = \sqrt{F_{Rx}^2 + F_{Ry}^2} = \sqrt{(639.7)^2 + (-142)^2} = 655.27(\text{N})$$

$$\tan\alpha = \left|\frac{F_{Ry}}{F_{Rx}}\right| = \left|\frac{-142}{639.7}\right| = 0.222$$

$$\alpha = 12.5°$$

由于 F_{Rx} 为正值，F_{Ry} 为负值，所以合力 F_R 指向第四象限，如图 2.4(b)所示，合力的作用线通过力系的汇交点 O。

2.2 力对点的矩·合力矩定理

力矩的概念和计算是现实生活和工程实际中常遇到的一个问题,也是静力学分析和计算的基础问题。因此,本节的内容对于物体的受力分析、计算、解决工程实际问题有着重要的意义。

2.2.1 力对点之矩

人们在实践中知道,力除了能使物体具有移动的效果外,还能使物体产生绕某一点的转动效果。力使物体绕某一点的转动效果,不仅与力的大小有关,还与力的作用线到该点的垂直距离有关。例如用扳手拧螺母(图2.5),我们将转动中心(图2.5中的O点)称为矩心;矩心到力作用线的垂直距离称为力臂,用符号d表示。

力使物体的转动效果与力$\boldsymbol{F}$的大小有关,也与力臂d的长短有关。**力的大小与力臂长短的乘积称为力矩**。力矩用来衡量力$\boldsymbol{F}$使物体绕矩心O的转动效果,称为力$\boldsymbol{F}$对O点的矩,简称为力矩,用$M_O(\boldsymbol{F})$表示。

在平面问题中,通常规定:力使物体绕矩心**逆时针方向转动时力矩取正,反之取负**,如图2.6所示。于是有力矩的定义式:

$$M_O(\boldsymbol{F})=\pm F \cdot d \tag{2.6}$$

力矩的国际单位是:N·m(牛·米)或kN·m(千牛·米)。

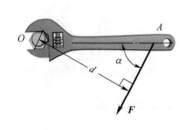

图 2.5

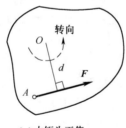

(a)力矩为正值

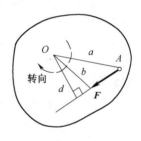

(b)力矩为负值

图 2.6

注意,力矩必须要明确矩心,否则力矩的大小及正负无从谈起。

由力矩的定义可得力矩的性质:

(1)力对点之矩与矩心的位置有关,矩心的位置不同,一般情况下力矩也不同。

(2)力沿其作用线移动作用点时不会改变该力对已知点的矩(这符合力的可传性原理)。

(3)如果力的作用线通过矩心,则力矩为零。反之,如果一个大小不为零的力,对某点的力矩为零,则这个力的作用线必过该点。

(4)如果力的大小等于零,则力矩为零。

(5)相互平衡的两力,对同一点力矩的代数和为零(符合二力平衡原理)。

【例2.2】 如图2.7所示厂房立柱的最上端B受到房顶重量的压力$F_1=8$ kN,牛腿部分C受到吊车梁的压力$F_2=30$ kN,立柱外侧受到室外风荷载作用(可视为均布荷载)$q=0.1$ kN/m,立柱自重为$G=20$ kN,立柱高$h=15$ m,$a=0.8$ m。试分别求各个力对基础固定端A点的力矩。

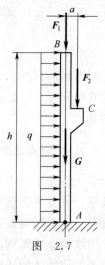

【解】　由于房顶重量压力 F_1 的作用线通过矩心 A，则 F_1 对 A 点之

矩为零，即 $M_A(F_1)=0$。

由于立柱自重 G 的作用线也通过矩心 A，则 G 对 A 点之矩也为零，

即 $M_A(G)=0$。

吊车梁的压力 F_2 对 A 点之矩为

$$M_A(F_2)=-F_2 \cdot a=-30 \times 0.8=-24(\text{kN} \cdot \text{m})$$

因为风荷载可视为均布荷载，其合力 $F_风=q \cdot h$ 的作用线位于其高

度的一半即 $h/2$，则风荷载 $F_风$ 对 A 点之矩为

$$M_A(F_风)=-q \cdot h \cdot \frac{h}{2}=-0.1 \times 15 \times \frac{15}{2}=-11.25(\text{kN} \cdot \text{m})$$

负号表示力矩为顺时针转向。

图 2.7

2.2.2 合力矩定理

在有些计算力矩的实际问题中，力臂不易求出，用力矩的定义式来求力矩比较麻烦，这时可以将这个力分解成两个力臂容易求出的分力，由这两个分力的力矩来计算合力的力矩。

合力矩定理——平面汇交力系的合力对平面内任一点的力矩，等于所有分力对同一点力矩的代数和，即

$$M_O(F_R)=M_O(F_1)+M_O(F_2)+\cdots+M_O(F_n)=\sum M_O(F_i) \tag{2.7}$$

合力矩定理是一个普遍定理，对于有合力的其他力系，合力矩定理仍然适用。

【例 2.3】　如图 2.8 所示，在 ABO 弯杆上的 A 点作用一力 F，已知 $a=180$ mm，

$b=400$ mm，$\alpha=60°$，$F=100$ N。求力 F 对固定端 O 点

的力矩。

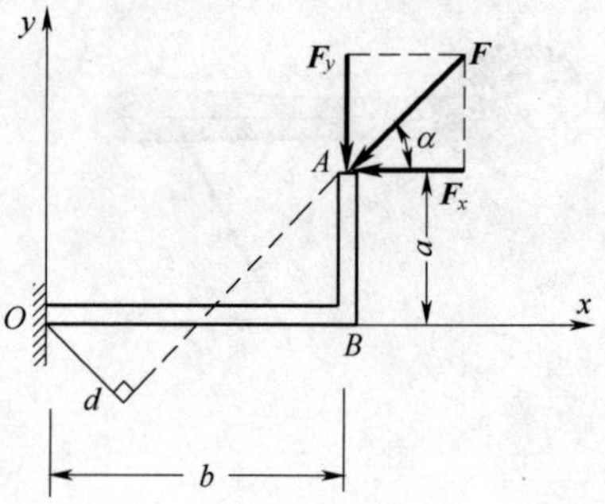

【解】　由力矩定义式得

$$M_O(F)=-F \cdot d$$

因为力臂 d 不便得到，可将力 F 分解为 F_x 和 F_y 两

个分力，应用合力矩定理则可以较方便地计算出结果：

$$F_x=F\cos\alpha=100 \times \cos60°=50(\text{N})$$

$$F_y=F\sin\alpha=100 \times \sin60°=86.6(\text{N})$$

$$M_O(F_x)=F_x a=50 \times 0.18=9(\text{N} \cdot \text{m})$$

$$M_O(F_y)=-F_y b=-86.6 \times 0.4=-34.6(\text{N} \cdot \text{m})$$

图 2.8

所以　　　　$M_O(F)=M_O(F_x)+M_O(F_y)=9+(-34.6)=-25.6(\text{N} \cdot \text{m})$

负号表示力 F 对固定端 O 点的力矩为顺时针转向。

【例 2.4】　试求例题 2.2 中厂房立柱所有主动力的合力对基础固定端 A 的力矩。

【解】　由于合力矩定理是一个普遍的规律，因此根据合力矩定理可求出立柱上所有主动力的合力对基础固定端 A 的力矩。

$$M_A(F_R)=M_A(F_1)+M_A(F_2)+M_A(G)+M_A(F_风)$$

$$=0-24+0-11.25=-35.25(\text{kN} \cdot \text{m})$$

负号表示立柱所受所有主动力的合力对基础固定端 A 的力矩为顺时针转向。

【例 2.5】　已知某工程施工用的薄壁钢筋混凝土挡土墙每米墙重 $G=70$ kN，覆土重

$G_1=100$ kN，土的水平压力 $F=80$ kN，尺寸如图 2.9 所示。试求使墙绕前趾 A 倾覆的力矩和

使墙稳定的力矩,并计算倾覆安全系数 K(K=稳定力矩/倾覆力矩)。

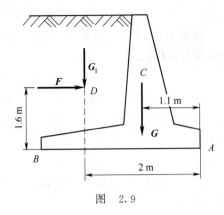

图　2.9

【解】　挡土墙绕前趾 A 倾覆的力矩

$$M_A(\pmb{F}) = -F \times 1.6 = 80 \times 1.6 = -128(\text{kN} \cdot \text{m})$$

使墙稳定的力矩

$$M_A(\pmb{G}) + M_A(\pmb{G}_1) = G \times 1.1 + G_1 \times 2 = 70 \times 1.1 + 100 \times 2 = 277(\text{kN} \cdot \text{m})$$

倾覆安全系数　　　　$K = \left| \dfrac{M_A(\pmb{G}) + M_A(\pmb{G}_1)}{M_A(\pmb{F})} \right| = \left| \dfrac{277}{-128} \right| = 2.16$

显然倾覆安全系数 K 越大,挡土墙越安全。

2.3　力偶及其计算

　　力偶对物体的作用是日常生产和生活中常见的一种现象,它的作用效果、特性以及计算也是静力学分析和计算的基础问题。因此,本节的内容对于物体的受力分析、计算、解决工程实际问题有着重要的意义。

2.3.1　力偶的概念

　　在日常生活和生产实践中,我们经常遇到同时施加两个大小相等、方向相反、作用线平行的力来使物体转动的现象,如图 2.10 所示,用双手转动汽车的方向盘、用丝锥攻螺纹、用手开龙头或用钥匙开锁等,这就是力偶的作用。

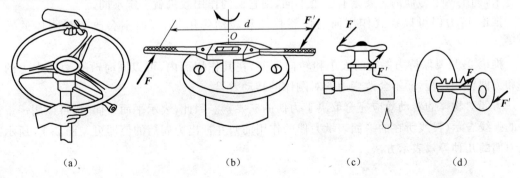

(a)　　　　　　　　　　(b)　　　　　　　　(c)　　　　　　　(d)

图　2.10

　　1. 力偶的构成

　　由两个大小相等、方向相反的平行力组成的力系,称为**力偶**。如图 2.11 所示,记作 $(\boldsymbol{F}, \boldsymbol{F}')$。力偶两力作用线之间的距离称为力偶臂,用 d 表示。力偶所在的平面称为力偶作用面。

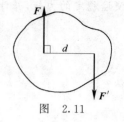

图　2.11

　　2. 力偶矩

　　实践证明,力偶只对物体产生纯转动效应,因此,力偶只改变物体的转动状态。力偶对物体的转动效应,用力与力偶臂的乘积加上区分力偶不同转向的正负号即**力偶矩**来度量。记作 $M(\boldsymbol{F}, \boldsymbol{F}')$,简记为 M。

$$M(\boldsymbol{F}, \boldsymbol{F}') = \pm Fd \quad \text{或} \quad M = \pm Fd \tag{2.8}$$

通常规定:逆时针方向转动的力偶矩为正,顺时针方向转动的力偶矩为负。力偶矩的单位为 N·m(牛·米)、kN·m(千牛·米)。

　　3. 力偶的三要素

　　力偶对物体的转动效应取决于**力偶矩的大小、力偶的转向**和**力偶作用面的方位**,这三者称为**力偶的三要素**。三要素中的任何一个发生了改变,力偶对物体的转动效应就会改变。

2.3.2　力偶的性质

　　(1)**力偶在任何坐标轴上的投影为零**。由于力偶是由两个大小相等、方向相反的平行力组成的力系,因此,这两个力在任何坐标轴上的投影代数和都是零。

　　推论:**力偶无合力,故力偶不能与一个力等效。**

　　既然力偶在任何坐标轴上的投影为零,那么力偶的合力就为零,一个力偶就不能与一个力等效,也不可能与一个力平衡,力偶只能用力偶来平衡。因此力偶对物体只产生转动效应,不产生移动效应,即力偶只能改变物体的转动状态。力与力偶是构成力系的两种基本元素。

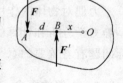

图　2.12

　　(2)**力偶对其作用面内任意点的矩恒等于此力偶的力偶矩,而与矩心的位置无关。**如图 2.12 中,力偶由 $\boldsymbol{F}$ 和 $\boldsymbol{F}'$ 组成,力偶对同平面内任一点 O 的矩,根据力矩的定义有

$$M_O(\boldsymbol{F}, \boldsymbol{F}') = M_O(\boldsymbol{F}) + M_O(\boldsymbol{F}') = F(d+x) - F'x = F(d+x-x) = Fd = M(\boldsymbol{F}, \boldsymbol{F}')$$

　　(3)**力偶的等效条件。**如果两个力偶的三要素相同,则这两个力偶的作用效果一定相同。反过来,如果两个力偶的三要素有一个不同,则它们的作用效果就一定不同。

　　推论 1:力偶可以在其作用面内任意移动和转动作用位置,而不会改变对刚体的转动效果。

　　推论 2:只要保持力偶矩的大小和转向不变,在其作用面内,可以同时改变力偶中力的大小和力偶臂的长短,而不会改变力偶对刚体的转动效果。

　　力偶对物体的转动效应完全取决于力偶的三要素。因此,表示平面力偶时,可以用一带箭头的弧线表示(弧线所在的平面表示力偶的作用面),并标出力偶矩的值即可。图 2.13 所示的是力偶的几种等效表示方法。

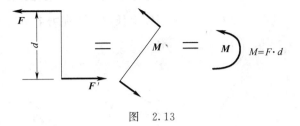

图　2.13

2.3.3　平面力偶系的合成

作用在物体上同一平面内的若干力偶组成的力系,称为**平面力偶系**。

力偶系的合成——设在同一平面内有 n 个力偶 $M(\boldsymbol{F}_1,\boldsymbol{F}_1')$、$M(\boldsymbol{F}_2,\boldsymbol{F}_2')$、$\cdots$、$M(\boldsymbol{F}_n,\boldsymbol{F}_n')$,它们的力偶臂分别为 d_1、d_2、$\cdots$、d_n,如图 2.14(a)所示,则它们的力偶矩分别为

$$M_1=F_1d_1,\quad M_2=-F_2d_2,\quad\cdots,\quad M_n=F_nd_n$$

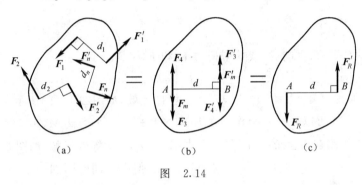

图　2.14

在力偶作用面内任取一线段 $AB=d$,在力偶矩不变的条件下,同时改变这些力偶的力的大小和力偶臂的长度,使它们具有相同的力偶臂 d,并将它们在其作用面内转动和移动,使力的作用线重合,如图 2.14(b)所示,可得到与原力偶等效的新力偶并有以下关系:

$$M_1=F_1d_1=F_3d,\quad M_2=-F_2d_2=-F_4d,\quad\cdots,\quad M_n=F_nd_n=F_md$$

分别将作用在 A 点的 n 个力和 B 点的 n 个力进行合成,可得

$$\boldsymbol{F}_R=\boldsymbol{F}_3-\boldsymbol{F}_4+\cdots+\boldsymbol{F}_m$$

$$\boldsymbol{F}_R'=\boldsymbol{F}_3'-\boldsymbol{F}_4'+\cdots+\boldsymbol{F}_m'$$

$\boldsymbol{F}_R$ 与 $\boldsymbol{F}_R'$ 相等,于是构成了一个新的力偶 $M(\boldsymbol{F}_R,\boldsymbol{F}_R')$,如图 2.14(c)所示。这就是原来 n 个力偶的合力偶,以 M 表示其力偶矩,得

$$M=F_Rd=(F_3-F_4+\cdots+F_m)d=M_1+M_2+\cdots+M_n=\sum M_i \qquad (2.9)$$

即平面力偶系可以合成为一个合力偶,合力偶矩等于力偶系中各分力偶矩的代数和。

2.3.4　力的平移定理

定理　作用在刚体上某点的力 $\boldsymbol{F}$,可以平行移动到刚体内任一点,但同时必须附加一力偶,附加力偶矩等于原力对该点之矩。

证明　在刚体上 A 点有一力 $\boldsymbol{F}$，并在该刚体上任取一不在力 $\boldsymbol{F}$ 作用线的点 B。令 B 点到力 $\boldsymbol{F}$ 作用线的距离为 d，如图 2.15(a) 所示，有

$$M_B(\boldsymbol{F}) = Fd$$

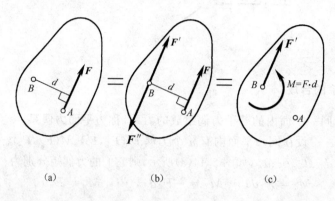

(a)　　　　　　　　(b)　　　　　　　　(c)

图　2.15

在 B 点处加上一对等值、反向、共线的平衡力 $\boldsymbol{F}'$ 和 $\boldsymbol{F}''$ 使其大小

$$F = F' = F''$$

由加减平衡力系原理可知，力系 $(\boldsymbol{F}, \boldsymbol{F}', \boldsymbol{F}'')$ 与力 $\boldsymbol{F}$ 等效，如图 2.15(b) 所示。

力系 $(\boldsymbol{F}, \boldsymbol{F}', \boldsymbol{F}'')$ 可以看成一个作用在 B 点的力 $\boldsymbol{F}'$ 和一个力偶 $M(\boldsymbol{F}, \boldsymbol{F}'')$，于是作用在 A 点的力 $\boldsymbol{F}$，被一个作用在 B 点的力 $\boldsymbol{F}'$ 和一个力偶 $M(\boldsymbol{F}, \boldsymbol{F}'')$ 等效代替，如图 2.15(c) 所示。也就是说，可以把作用在 A 点的力 $\boldsymbol{F}$ 平行移动到 B 点，但必须同时附加一个相应的力偶。附加力偶矩为

$$M = Fd = M_B(\boldsymbol{F})$$

证毕。

力的平移定理，可以看成为一个力分解为一个与其等值的平行力 $\boldsymbol{F}'$ 和一个位于平移平面内的力偶 M。同样，力的平移定理的逆定理也成立，即可以将一个力偶 M 和一个位于该力偶作用面内的力 $\boldsymbol{F}$，合成为一个合力 $\boldsymbol{F}_R$。合力 $\boldsymbol{F}_R$ 的大小和方向与力 $\boldsymbol{F}$ 的大小方向相同，作用线与力 $\boldsymbol{F}$ 的作用线的距离为

$$d = \left| \frac{M}{F} \right|$$

合力 $\boldsymbol{F}_R$ 作用线的具体位置由力 $\boldsymbol{F}$ 的方向和力偶 M 转向确定。

力的平移定理不仅是力系向一点简化的理论依据，而且常用于分析和解决工程中的力学问题。例如，用扳手和丝锥攻螺纹时，如果只用一只手在扳手柄的一端 A 加力 $\boldsymbol{F}$，如图 2.16(a) 所示，由力的平移定理可知，这等效于在转轴 O 处加一与 $\boldsymbol{F}$ 等值平行的力 $\boldsymbol{F}'$ 和一附加力偶 M，附加力偶矩的大小 $M = Fd = M_O(\boldsymbol{F})$（↻），如图 2.16(b) 所示。附加力偶可以使丝锥转动，但力却使丝锥弯曲，影响攻丝精度，甚至使丝锥折断，因此这样操作是不允许的。再例如削乒乓球，球拍击球位置沿球的切线方向（作用力的方向），应用力的平移定理，将力 $\boldsymbol{F}$ 平移至球心后得到平移力 $\boldsymbol{F}'$ 和附加力偶 M，平移力 $\boldsymbol{F}'$ 使球产生移动，附加力偶 M 使球产生绕球心旋转，如图 2.17 所示。

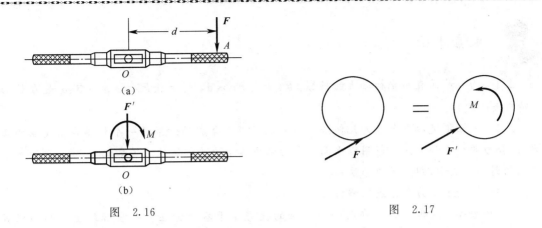

图 2.16   图 2.17

 知识拓展

    足球比赛中,运动员在罚踢直接任意球时,常常用"香蕉"球来直接破门得分。那么"香蕉"球怎么踢?踢出的球为什么会呈弧线,其中的力学原理是什么?下面我们来分析一下。

    首先我们来了解两种力学原理:第一,伯努利原理,在流水或气流里,如果流速小,对旁侧的压力就大;如果流速大则水流或气流对旁侧的压力就小。例如,飞机的升力,高速行驶的火车对站台上人的吸力等现象都是伯努利原理的应用。第二,当物体做曲线运动时,其速度的方向在不断变化,因此物体的法向加速度(向心加速度)一定不为零,根据牛顿第二定律,物体一定要受法向力(向心力)作用,$F = mv^2/r$。反过来,当物体受到与运动方向垂直的力作用时,物体在受力方向就一定产生加速度,并做曲线运动。当速度一定时,物体的受力越大,做曲线运动的曲率半径就越小。当脚对球的一侧施力后,根据力的平移定理可知,球的受力就等效于作用于其重心的力(使物体做直线运动)和一个力偶(使物体做旋转运动),如图 2.18 所示。由于球向前运动时,其周围空气是迎着球(相对于球)向后运动,球自身的旋转就带动其周围附近的空气随球一起转动,因此,球一侧(右下侧)的空气流动速度就大于球另一侧(左上侧)的速度。根据伯努利原理,球一侧(右下侧)的空气压力就小于另一侧(左上侧)的空气压力,因此球就受到一个侧向力 F(向心力)作用,并做弧线运动。这一原理不但在足球的香蕉球中应用,在篮球、排球、乒乓球、网球、手球、高尔夫球等许多球类项目中都有应用。

图 2.18

本章小结

2.1　力在平面直角坐标轴上的投影：$F_x = \pm F \cos \alpha$，$F_y = \pm F \sin \alpha$，其中：α 是力 $\boldsymbol{F}$ 与 x 轴所夹的锐角。

2.2　平面汇交力系合成的几何法。平面汇交力系合成的结果是一个作用在汇交点的合力，此合力的大小和方向可以用以平面汇交力系中各个力为邻边依次首尾相接，所得到的力多边形的封闭边表示，即力多边形法则。

2.3　平面汇交力系合成的解析法：

(1)合力投影定理。合力在某一坐标轴的投影等于各分力在同一坐标轴上投影的代数和，即

$$\left.\begin{aligned} F_{Rx} &= F_{x1} + F_{x2} + \cdots + F_{xn} = \sum F_x \\ F_{Ry} &= F_{y1} + F_{y2} + \cdots + F_{yn} = \sum F_y \end{aligned}\right\}$$

(2)由合力投影定理可求出平面汇交力系合力 $\boldsymbol{F}_R$ 的大小及方向：

$$\left.\begin{aligned} F_R &= \sqrt{F_{Rx}^2 + F_{Ry}^2} = \sqrt{\left(\sum F_x\right)^2 + \left(\sum F_y\right)^2} \\ \tan \alpha &= \left|\frac{F_{Ry}}{F_{Rx}}\right| = \left|\frac{\sum F_y}{\sum F_x}\right| \end{aligned}\right\}$$

式中 α 为合力 $\boldsymbol{F}_R$ 与 x 轴之间所夹的锐角。合力 $\boldsymbol{F}_R$ 的指向由 $\sum F_x$、$\sum F_y$ 的正负号确定。

2.4　力矩和力偶：

(1)力对点之矩。$M_O(\boldsymbol{F}) = \pm F \cdot d$，力使物体绕矩心逆时针方向转动时力矩为正，反之为负。

(2)合力矩定理。$M_O(\boldsymbol{F}) = M_O(\boldsymbol{F}_1) + M_O(\boldsymbol{F}_2) + \cdots + M_O(\boldsymbol{F}_n) = \sum M_O(\boldsymbol{F}_i)$。

(3)力偶的概念。由两个大小相等、方向相反的平行力组成的力系称为力偶，其作用效果是纯转动。力偶矩 $M = \pm Fd$，逆时针方向转动的力偶矩为正，顺时针方向转动的力偶矩为负。力偶的三要素：力偶对物体的转动效应取决于力偶矩的大小、力偶的转向和力偶的作用面方位。力偶的性质：力偶对其作用面内任意点的矩恒等于此力偶的力偶矩，而与矩心的位置无关。力偶在任何坐标轴上的投影为零，因此，力偶无合力，故力偶不能与一个力等效。力偶的等效条件是：力偶三要素的相同。

推论1　力偶可以在其作用面内任意移动和转动，而不改变对刚体的作用效果。

推论2　只要保持力偶矩的大小和转向不变，可以同时改变力偶中力的大小和力偶臂的长短，而不改变力偶对刚体的转动效果。

2.5　平面力偶系的合成与平衡：

(1)合成。$M = M_1 + M_2 + \cdots + M_n = \sum M_i$。

(2)平衡方程。$\sum M_i = 0$。

2.6　力的平移定理：作用在刚体上某点的力 $\boldsymbol{F}$，可以平移到刚体内任一点，但同时必须附加一力偶，附加力偶矩等于原力对该点之矩。

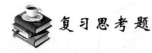

复习思考题

2.1 下列图示均为平面汇交力系力的多边形,其中表示平衡的是(　　　)。

　A. a 图　　　B. b 图　　　C. c 图　　　D. d 图

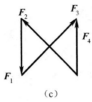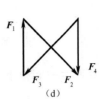

（a）　　　　　　　　（b）　　　　　　　　（c）　　　　　　　　（d）

题　2.1图

2.2 在同一平面内的两个力偶只要(　　　),则这两个力偶就彼此等效。

A. 力偶中二力大小相等　　　　B. 力偶相等

C. 力偶的方向完全一样　　　　D. 力偶矩大小、转向相等

2.3 图示中的力 F 对 O 点的矩为(　　　)。

A. $F\sqrt{a^2+b^2}\cos\alpha$

B. $F\sqrt{a^2+b^2}\sin\alpha$

C. $F\sqrt{a^2+b^2}(\sin\alpha-\cos\alpha)$

D. $F(b\sin\alpha-a\cos\alpha)$

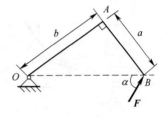

题　2.3图

2.4 如图所示轮子的四种情况,轮的转动效果是(　　　)。

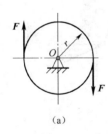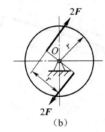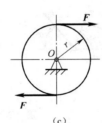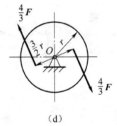

（a）　　　　　　　　（b）　　　　　　　　（c）　　　　　　　　（d）

题　2.4图

A. 相同的　　　B. 不相同的　　　C. 不一定相同　　　D. 一定不相同

2.5 判断以下说法是否正确

A. 力偶矩与矩心位置无关,力矩与矩心位置有关。　　　　　　　　　　　（　　　）

B. 因力偶无合力,故不能用一个力代替。　　　　　　　　　　　　　　　（　　　）

C. 平面力偶系合成的结果为一合力偶,此合力偶矩等于各分力偶矩的代数和。　（　　　）

D. 同平面内的一个力和一个力偶可以合成为一个力,反之,一个力也可分解为同一平面内的一个力和一个力偶。　　　　　　　　　　　　　　　　　　　　　　　　（　　　）

2.6 图示刚体在 A、B、C 三点各受一力作用,已知 $F_1=F_2=F_3=F$,$\triangle ABC$ 为一等边三角形,问此刚体是否平衡? 若不平衡刚体怎么运动?

2.7 既然一个力偶不能和一个力平衡,那么如何解释图示中轮的平衡现象?

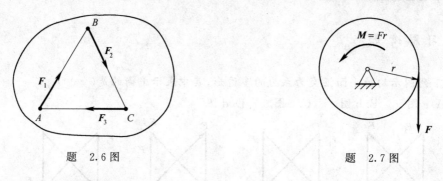

题　2.6 图　　　　　　　　　　题　2.7 图

2.8　计算下列各图中力 F 对 O 点的矩。

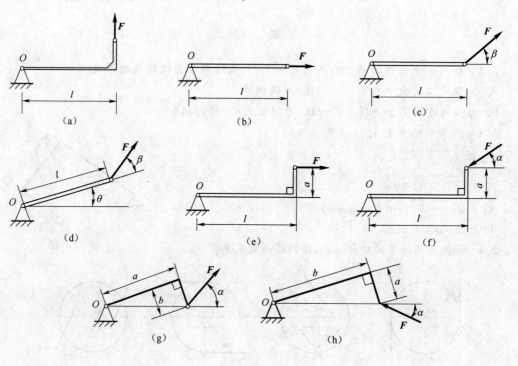

题　2.8 图

　　2.9　工地上有一矩形混凝土预制板,如图所示,边长 $a=4$ m,$b=3$ m。为使该板转动一角度,顺着长边加两个力。设能够使钢板转动时所需的力 $F=F'=2\,000$ N,试考虑如何加力可使所用的力最小,并求出这个最小力的大小。

　　2.10　筑路工地由两台车辆牵引一压路碾子,如图所示,$F_A=6$ kN,为使碾子沿图中所示方向前进,B 点应施加多大的拉力?

题　2.9 图　　　　　　　　　　题　2.10 图

3 平面力系

本章描述

    本章讲述平面力系的概念、平面力系的简化方法、平衡条件、平衡方程及其应用；静定和超静定问题的概念；物体系统平衡问题的解法；摩擦力、摩擦角、自锁条件的概念及其应用；桁架的概念与平衡计算。平面力系不仅是静力学和工程力学中最关键、最基本的内容，而且是工程结构的设计基础。

教学目标

    1. 知识目标

    (1)了解平面任意力系的简化过程，掌握简化结果；

    (2)正确理解和掌握平面任意力系平衡方程基本形式的物理意义和解题步骤，了解平衡方程的二矩式、三矩式以及适用条件；

    (3)正确理解和掌握静定与超静定问题的概念、解物体系统平衡问题的方法；

    (4)正确理解和掌握滑动静摩擦、滑动动摩擦、摩擦角和自锁的概念以及有摩擦时平衡问题的解法。

    2. 能力目标

    通过学习平面任意力系的平衡分析、平衡计算，能熟练分析计算生产实践中简单的物体受力问题，并为后续力学问题的分析计算打下扎实的基础。

    3. 素质目标

    (1)培养学生把所学知识灵活用于实践，解决工程实际问题的能力；

    (2)培养学生去粗取精、去伪存真，抓住主要矛盾，科学分析问题和解决问题的能力；

    (3)培养学生严谨的科学态度，实事求是的工作作风，一丝不苟的工作精神。

相关案例——塔式起重机受力

    如图3.1所示的塔式起重机，保证其不翻到，能够安全可靠的工作，是工程中最关键的问题。所以在设计时首先应根据构件之间的相互约束关系，抽象出力学模型(图3.2)，画出起重机的受力图，进而对起重机进行分析计算，解决配重的大小、各部分的尺寸关系以及起重机的最大容许起重荷载等等，这些都是本章需要讨论和解决的问题。

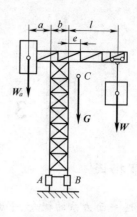

图　3.1　　　　　　　　　　图　3.2

3.1　平面力系的简化

如果力系中各力的作用线在同一平面内,则该力系称为平面力系。

平面力系按各力的作用线分布情况不同,可分为平面任意力系、平面汇交力系和平面平行力系。其中,当各力的作用线不汇交于一点,也不全部平行的力系称为**平面任意力系**,这是工程中最常见的一种力系。如图 3.3(a)所示的悬臂吊车的受力,图 3.3(b)所示的曲柄滑块机构的受力和图 3.3(c)所示的汽车的受力等,其所受各力都在同一平面内或某一对称面内[图 3.3(d)]。这些均是物体受平面任意力系作用的工程实例。平面汇交力系和平面平行力系为平面任意力系的特殊形式。

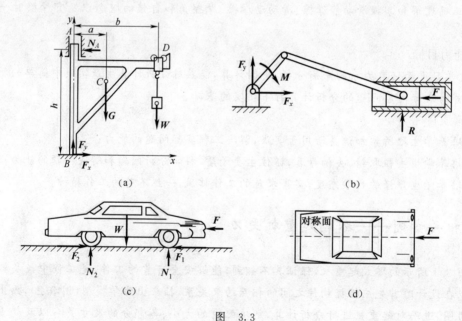

图　3.3

3.1.1　平面任意力系向平面内任一点简化

设刚体上作用一平面任意力系 $F_1, F_2, \cdots, F_n$,如图 3.4(a)所示。在平面内任取一点 O,

称为简化中心。根据力的平移定理,将力系中各力向 O 点平移,于是原力系就简化为一个平面汇交力系 F_1'、F_2',$\cdots$,F_n' 和一个平面力偶系 M_1,M_2,$\cdots$,M_n,如图 3.4(b)所示。前者,各力矢分别为 $F_1=F_1'$、$F_2=F_2'$,$\cdots$,$F_n=F_n'$,而后者各力偶矩分别是 $M_1=M_O(F_1)$,$M_2=M_O(F_2)$,$\cdots$,$M_n=M_O(F_n)$。

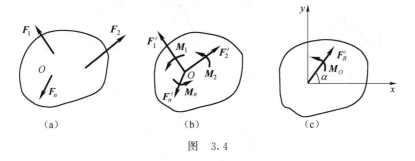

图 3.4

上述平面汇交力系 F_1'、$F_2'\cdots$,F_n' 可合成为作用于 O 点的一个力 F_R',如图 3.4(c)所示,它等于原力系中各力的矢量和,即

$$F_R'=F_1'+F_2'+\cdots+F_n'=F_1+F_2+\cdots+F_n=\sum F \tag{3.1}$$

式(3.1)中的矢量 F_R' 称为原力系的**主矢**。在图 3-4(c)中取直角坐标系 xOy,将式(3.1)向坐标轴上投影,有

$$F_{Rx}'=\sum F_x, \quad F_{Ry}'=\sum F_y \tag{3.2}$$

于是主矢 F_R' 的大小和方向为

$$F_R'=\sqrt{(\sum F_x)^2+(\sum F_y)^2}, \quad \alpha=\arctan\left|\frac{\sum F_y}{\sum F_x}\right| \tag{3.3}$$

式中 F_R' 的指向由 $\sum F_x$ 和 $\sum F_y$ 的正负号决定,夹角 α 为主矢 F_R' 与 x 轴所夹的锐角。

上述附加的平面力偶系 M_1,M_2,$\cdots$,M_n 可合成一个力偶,如图 3-4(c)所示。这个力偶矩用 M_O 表示,它等于原力系中各力对简化中心之矩的代数和,即

$$M_O=M_1+M_2+\cdots+M_n=M_O(F_1)+M_O(F_2)+\cdots+M_O(F_n)=\sum M_O(F_i) \tag{3.4}$$

式(3.4)中合力偶矩 M_O 称为原力系对简化中心 O 点的**主矩**。

综上所述,平面任意力系向作用面内任一点 O 简化,一般可得一个主矢 F_R' 和一主矩 M_O,主矢 F_R' 的大小等于原力系中各分力的矢量和,作用在简化中心 O 上;主矩等于原力系各力对简化中心 O 的力矩的代数和。

由于主矢等于各力的矢量和,与各力作用点无关,故主矢与简化中心的选择无关。而主矩等于各力对简化中心力矩的代数和,故选不同的点作简化中心时,将会改变各力臂,往往使各力对简化中心的矩也改变,因而一般主矩与简化中心的选择有关。因此,说到主矩时,都必须指明简化中心的位置。

3.1.2 简化结果讨论

平面任意力系向平面内任一点简化,一般可得到主矢 F_R' 与主矩 M_O,但这并不是简化的最终结果。根据主矢 F_R' 和主矩 M_O 是否等于零,简化结果有以下四种情况。

1. $F_R'\neq0,M_O\neq0$

根据力的平移定理的逆定理,主矢 F_R' 和主矩 M_O 可以合成为一个力 F_R,这个力就是任意力系的合力,合成过程如图 3.5 所示。因此,力系简化的最终结果得到力系的合力 F_R,合力的

大小和方向与主矢 $\boldsymbol{F}'_R$ 相同，其作用线与主矢 $\boldsymbol{F}'_R$ 的作用线平行，与简化中心的距离 d 为：

$$d = \left| \frac{M_O}{F'_R} \right| = \left| \frac{M_O}{F_R} \right| \tag{3.5}$$

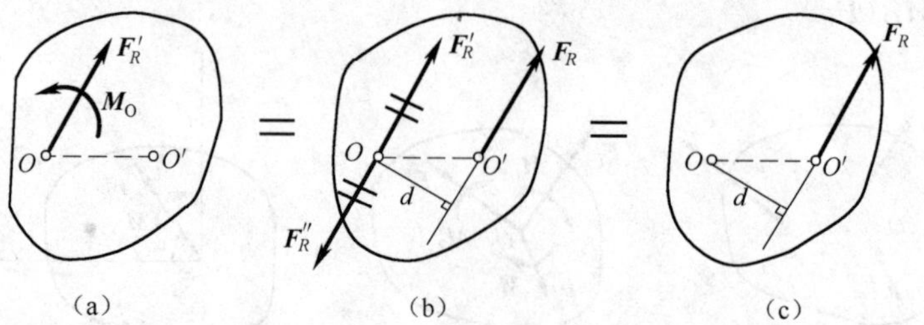

图　3.5

2. $F'_R \neq 0, M_O = 0$

此时原力系与 $\boldsymbol{F}'_R$ 等效，表明 $\boldsymbol{F}'_R$ 就是原力系的合力 $\boldsymbol{F}_R$，即 $\boldsymbol{F}'_R = \boldsymbol{F}_R$，合力作用线通过简化中心。

3. $F'_R = 0, M_O \neq 0$

表明原力系与一力偶系等效，其简化结果为一合力偶，该合力偶矩等于主矩，即 $M = M_O = \sum M_O(\boldsymbol{F})$，此时主矩 M_O 与简化中心的位置选择无关。

4. $F'_R = 0, M_O = 0$

表明物体在此力系作用下处于平衡状态，这种情形将在后续详细讨论。

从上述四种情况可以看出，无论哪种情况，其分析结果均与分析过程中的简化中心位置无关。平面任意力系简化，要么得到一个合力，要么得到一个合力偶，要么就是平衡这三种结果。

3.1.3　固定端支座和定向支座的约束反力

1. 固定端支座

我们把使物体的一端既不能移动，又不能转动的这类支座约束称为**固定端支座**（简称固定端）。工程实际中，固定端支座是常见的一种约束，例如，一端紧固地插入刚性墙内的阳台挑梁［图 3.6(a)］；夹在车床刀架上的车刀［图 3.6(b)］，就是物体受到固定端约束的两个实例。

平面问题中，固定端约束的计算简图如图 3.6(c) 所示。

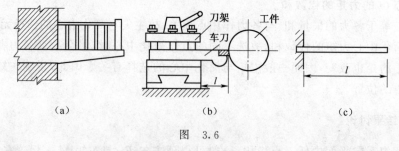

图　3.6

固定端对物体的作用，是在与物体的接触面上构成一复杂的分布力系，如图 3.7(a) 所示。它可向固定端 A 点简化成为一个约束反力 F_{AR} 和一个力偶矩为 M_A 的约束反力偶，如图 3.7(b) 所示。因为约束反力 F_{AR} 的方向一般不能预先确定，通常将 F_{AR} 用两个正交分力 F_{Ax} 和 F_{Ay} 表示，故一般情况下，固定端约束有三个未知量，即 $\boldsymbol{F}_{Ax}$、$\boldsymbol{F}_{Ay}$ 和 $\boldsymbol{M}_A$，如图 3.7(c) 所示，其中力的指向和力偶的转向均可任意假设，由计算结果来判定假设的正确性。我们应该注意到，正是固定端比铰链多了一个约束反力偶,才使约束和被约束物体之间没有相对转动。

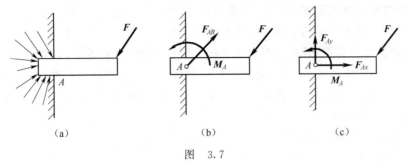

図　3.7

2. 定向支座

如图 3.8(a)所示,**定向支座**由两根相邻的等长、平行链杆组成,它既限制构件 A 端沿链杆方向的线位移,也限制杆件的转动,但允许构件 A 端发生与链杆垂直的线位移。定向支座的约束反力就是两个链杆的约束反力,如图 3.8(b)所示,其中两个力沿链杆中心的轴线,指向未知。将这两个力向杆件的 A 端简化,得到一个力和一个力偶,其中力的方向与原两个力的方向平行,如图 3.8(c)所示。因此,定向支座的约束反力有平行于链杆的一个力 $\boldsymbol{F}_{AR}$,其指向未知,还有一个约束反力偶 $\boldsymbol{M}_A$,其转向未知。

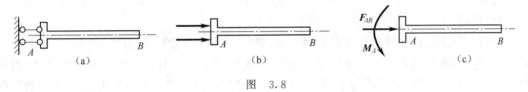

図　3.8

3.2　平面力系的平衡方程及应用

3.2.1　平面任意力系平衡方程及其应用

1. 平面任意力系平衡的充分与必要条件

由上节的讨论可知,当平面任意力系向平面内任一点 O 简化的主矢和主矩均为零时,则力系处于平衡状态。同理,若力系是平衡力系,则该力系向平面内任一点简化的主矢和主矩必为零。因此,平面任意力系平衡的充分和必要条件为:

$$\boldsymbol{F}'_R = 0$$
$$\boldsymbol{M}_O = 0 \tag{3.6}$$

即　　　　　　$$F'_R = \sqrt{\left(\sum F_x\right)^2 + \left(\sum F_y\right)^2} = 0 , \quad M_O = \sum M_O(\boldsymbol{F}) = 0$$

2. 平面任意力系的平衡方程

（1）平衡方程的基本形式

由式(3.6)可得平面任意力系的平衡方程为:

$$\begin{cases} \sum F_x = 0 \\ \sum F_y = 0 \\ \sum M_O(\boldsymbol{F}) = 0 \end{cases} \tag{3.7}$$

式(3.7)表明平面任意力系平衡的充分和必要条件是:所有各力在两个任选的坐标轴上投

影的代数和分别等于零,以及各力对平面内任意一点的矩的代数和也等于零。式(3.7)是平面任意力系**平衡方程的基本形式**,共有三个独立的平衡方程,只能解三个未知量。

在应用平面任意力系平衡方程求解工程实际问题时,首先要为工程结构和构件选择合适的简化平面,画出计算简图;其次是根据题意确定研究对象,取分离体,画受力图;最后列平衡方程并求解。为使求解简便,要适当选取坐标轴和矩心。若受力图上有两个未知力互相平行,可选垂直于此二力的坐标轴列出投影方程。如不存在两未知力平行,则选择任意两未知力的交点为矩心列出力矩方程。

(2)平衡方程的其他两种形式

①二力矩式方程

$$\begin{cases} \sum F_x = 0 \\ \sum M_A(\boldsymbol{F}) = 0 \\ \sum M_B(\boldsymbol{F}) = 0 \end{cases} \qquad (3.8)$$

使用条件:A、B 两点的连线不能与 x 轴垂直。

②三力矩式方程

$$\begin{cases} \sum M_A(\boldsymbol{F}) = 0 \\ \sum M_B(\boldsymbol{F}) = 0 \\ \sum M_C(\boldsymbol{F}) = 0 \end{cases} \qquad (3.9)$$

使用条件:A、B、C 三点不能选在同一直线上。

应该注意:不论选用哪种形式的平衡方程,对同一平面力系来说,最多只能列出三个独立的平衡方程,因此只能求解三个未知量。选用式(3.8)和式(3.9)时,必须满足使用条件,否则所列平衡方程将不是独立的。为了简化计算,就要适当选择平衡方程的形式,并力求避免解联立方程。

(3)平面任意力系平衡方程的应用

【例 3.1】　简易起吊机如图 3.9(a)所示。其中 A、B、C 处均为铰链连接,BA 梁自重 $G_1 = 4$ kN,载吊重量 $G = 10$ kN,BC 杆自重不计,有关尺寸如图所示,试求 BC 杆所受的力和铰链 A 处的约束反力。

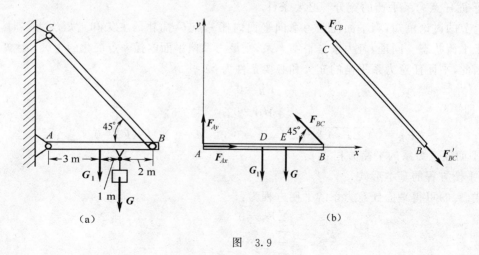

图 3.9

【解】　(1)选 AB 梁为研究对象,取出分离体,受力如图 3.9(b)所示。

（2）列平衡方程并求解。选取坐标轴如图3.9(b)所示。为避免解联立方程，在列平衡方程时，尽可能做到一个方程中只包含一个未知量，并且先列出能解出未知量的方程。于是有

$$\sum M_A(\boldsymbol{F})=0, \quad 6F_{BC}\sin45°-3G_1-4G=0$$

得

$$F_{BC}=12.3(\text{kN})$$

$$\sum F_x=0, \quad F_{Ax}-F_{BC}\cos45°=0$$

得

$$F_{Ax}=8.67(\text{kN})$$

$$\sum F_y=0, \quad F_{Ay}+F_{BC}\sin45°-G_1-G=0$$

得

$$F_{Ay}=5.33(\text{kN})$$

所得结果，F_{BC}为正值，说明杆BC受拉。如图3.9(b)所示。

若用二矩式求解此题，取B为矩心，有

$$\sum M_B(\boldsymbol{F})=0, \quad 2G+3G_1-6F_{Ay}=0$$

得

$$F_{Ay}=5.33(\text{kN})$$

用此方程取代方程$\sum F_y=0$，可以不解联立方程直接求得F_{Ay}的值。显然，后者求解更简便。同样可以用三矩式求解此题，并能得出同样结果，请读者自行计算，并比较其优越性。

【例3.2】 桥梁结构中的T形钢架，如图3.10所示，受力$\boldsymbol{F}$和力偶矩$M(M=2Fa)$的作用。试求可动支座A、定向支座B的约束反力。

【解】 （1）取T形钢架为研究对象，取出分离体，受力如图3.10(b)所示。

（2）列方程求解：

$$\sum F_x=0, \quad F_B=0$$

$$\sum F_y=0, \quad F_A-F=0$$

得

$$F_A=F$$

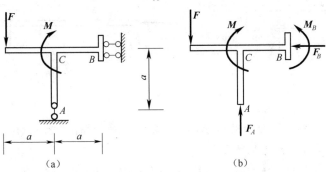

图 3.10

$$\sum M_A(\boldsymbol{F})=0, \quad -M+M_B+F\cdot a+F_B\cdot a=0$$

得

$$M_B=M-F\cdot a=F\cdot a$$

【例3.3】 升降机结构中的AB构件可简化为悬臂梁，如图3.11(a)所示。已知梁长为$2l$，梁上所受的均布荷载为q，集中力偶为M，集中力为$\boldsymbol{F}$，且已知$M=ql^2$，$F=ql$。试求平衡时固定端A处的约束反力。

说明：均布荷载q是单位长度上均匀分布的荷载，其单位为(N/m)或(kN/m)。均布荷载的简化结果为一合力，通常用$\boldsymbol{F}_Q$表示。合力$\boldsymbol{F}_Q$的大小等于均布荷载q与其作用段长度l的乘积，即$F_Q=ql$，合力$\boldsymbol{F}_Q$的方向与均布荷载q相同，其作用点在均布荷载作用段的中点，即$l/2$处。

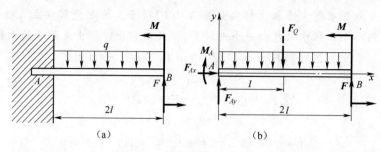

图 3.11

【解】 (1)取 AB 为研究对象,取分离体,画受力图[图3.11(b)],其中 A 端为固定端。

(2)建立坐标系 xAy,列平衡方程:

$$\sum F_x = 0, \quad F_{Ax} = 0$$

$$\sum F_y = 0, \quad F_{Ay} + F - F_Q = 0$$

得

$$F_{Ay} = F_Q - F = 2ql - ql = ql$$

$$\sum M_A(\boldsymbol{F}) = 0, \quad -M_A - F_Q l + 2Fl + M = 0$$

得

$$M_A = M + 2Fl - F_Q l = ql^2 + 2ql^2 - 2ql^2 = ql^2$$

【例3.4】 如图3.12(a)所示,在桥梁结构中的水平梁上作用有集中力 $F_C = 20$ kN,力偶矩 $M = 10$ kN·m,均布荷载 $q = 10$ kN/m。求支座 A、B 处的反力。

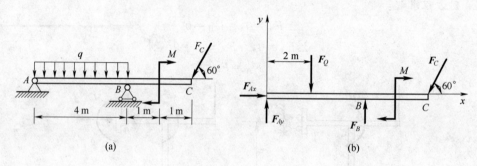

图 3.12

【解】 (1)取水平梁 AB 为研究对象,取分离体,画受力图[图3.12(b)]。

(2)建立坐标系 xAy,列平衡方程:

$$\sum M_A(\boldsymbol{F}) = 0, \quad 4F_B - 2F_Q - 6F_C \sin 60° - M = 0$$

得

$$F_B = 48.48(\text{kN})$$

$$\sum F_x = 0, \quad F_{Ax} - F_C \cos 60° = 0$$

得

$$F_{Ax} = 10(\text{kN})$$

$$\sum F_y = 0, \quad F_{Ay} + F_B - F_Q - F_C \sin 60° = 0$$

得

$$F_{Ay} = 8.84(\text{kN})$$

3.2.2 平面特殊力系的平衡方程及应用

1. 平面汇交力系

若平面力系中各力的作用线汇交于一点,则称为平面汇交力系,如图3.13(a)所示。显然 $M_O = \sum M_O(\boldsymbol{F}) \equiv 0$,则其平衡的独立方程为

$$\begin{cases} \sum F_x = 0 \\ \sum F_y = 0 \end{cases} \tag{3.10}$$

由此可见,平面汇交力系只有两个独立的平衡方程,故只能求解两个未知量。

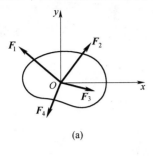

(a)

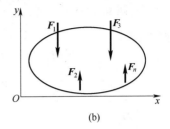

(b)

图 3.13

2. 平面平行力系

若平面力系中各力的作用线全部平行,则称为平面平行力系。若取 y 轴平行于各力作用线,如图 3.13(b)所示,显然 $\sum F_x \equiv 0$,则其平衡的独立方程为

$$\begin{cases} \sum F_y = 0 \\ \sum M_A(\pmb{F}) = 0 \end{cases} \tag{3.11}$$

上式表明,当所有力平行于 y 轴时,平面平行力系平衡的充分和必要条件是:力系中的各力在与力平行的坐标轴上投影的代数和为零,各力对任意点的力矩的代数和也为零。平面平行力系的平衡方程也可用二力矩式表示,即为

$$\begin{cases} \sum M_A(\pmb{F}) = 0 \\ \sum M_B(\pmb{F}) = 0 \end{cases} \tag{3.12}$$

使用条件:A、B 连线不能与各力作用线平行。

由此可见,平面平行力系也只有两个独立的平衡方程,故只能求解两个未知量。

【例 3.5】 塔式起重机如图 3.14(a)所示,机架自重为 G,最大起重荷载为 W,平衡锤重为 W_Q,已知 G、W、a、b、e,要求起重机满载和空载时均不致翻倒。求平衡锤重 W_Q 的范围。

【解】 (1)选起重机为研究对象,取分离体,画受力图,如图 3.14(b)、(c)所示。

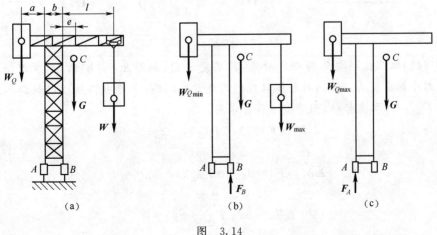

(a)   (b)   (c)

图 3.14

(2)列平衡方程求解。满载时,W 最大,则 $W_Q = W_{Q\min}$ 在临界平衡状态,A 处悬空,$F_A =$

0,即

$$\sum M_B(\boldsymbol{F})=0, \quad W_{Q\min}(a+b)-Wl-Ge=0$$

得

$$W_{Q\min}=\frac{Wl+Ge}{a+b}$$

空载时,即 $W=0$,临界平衡状态下,B 处悬空,$F_B=0$,$W_Q=W_{Q\max}$,机架绕 A 点向左翻倒,如图 3.14(c)所示,则

$$\sum M_A(\boldsymbol{F})=0, \quad W_{Q\max}a-G(e+b)=0$$

得

$$W_{Q\max}=\frac{G(e+b)}{a}$$

因此,W_Q 的范围为

$$\frac{Wl+Ge}{a+b}\leqslant W_Q\leqslant\frac{G(e+b)}{a}$$

3.2.3 物体系统的平衡问题

根据平衡原理,若整个物体系统处于平衡,那么组成物系的各个构件也处于平衡。因此,在求解物体系统的平衡问题时,既可选整个系统为研究对象,也可选单个物体或部分物体为研究对象。对于所选的每一个研究对象,在一般情况下(平面任意力系),可以列出三个独立的平衡方程,对于由 n 个物体组成的物体系统,就可以列出 $3n$ 个独立的平衡方程,因而可以求解 $3n$ 未知量。若所取的研究对象中有平面汇交力系或平面平行力系时,则整个系统的平衡方程数目将相应地减少。现举例说明物体系统平衡问题的求解方法。

【例 3.6】 桥梁结构中的三铰拱桥如图 3.15(a)所示,跨长为 $2a$,跨高为 h,已知在其上作用有均布荷载 q。试分别求固定铰支座 A、B 的约束反力和 C 铰所受的力。

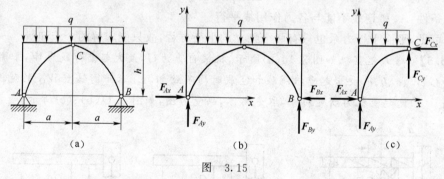

图 3.15

【解】 (1)取三铰拱整体为研究对象,画其受力图,如图 3.15(b)所示,共有 F_{Ax}、F_{Ay}、F_{Bx}、F_{By} 四个约束反力。虽然对整体只能列三个方程,但在本题中仍然可以解出部分约束反力 F_{Ay} 和 F_{By}。选取坐标轴,列平衡方程并求解。

$$\sum M_A(\boldsymbol{F})=0, \quad F_{By}2a-2qa^2=0$$

得

$$F_{By}=qa$$

$$\sum M_B(\boldsymbol{F})=0, \quad -F_{Ay}2a+2qa^2=0$$

得

$$F_{Ay}=qa$$

$$\sum F_x=0, \quad F_{Ax}-F_{Bx}=0$$

得

$$F_{Ax}=F_{Bx}$$

(2)取左半拱 AC 或右半拱 AB 为研究对象,现以左半拱 AC 为例,画受力图[图 3.15

(c)],选取坐标轴,列平衡方程并求解。

$$\sum M_C(\boldsymbol{F})=0, \quad F_{Ax}h-F_{Ay}a+\frac{qa^2}{2}=0$$

得

$$F_{Ax}=F_{Bx}=\frac{qa^2}{2h}$$

$$\sum F_x=0, \quad -F_{Cx}+F_{Ax}=0$$

得

$$F_{Ax}=F_{Cx}=\frac{qa^2}{2h}$$

$$\sum F_y=0, \quad F_{Cy}+F_{Ay}-qa=0$$

得

$$F_{Cy}=-F_{Ay}+qa=0$$

本题也可以先将三铰拱拆开,分别以 AC 和 AB 两部分为研究对象,列六个平衡方程,求解六个约束反力。

【**例 3.7**】 某桥梁结构中的组合梁如图 3.16 所示,由 AB 梁和 BC 梁用中间铰链 B 连接而成,支承和荷载情况如图 3.16(a)所示,已知 $P=20$ kN,$q=5$ kN/m,$\alpha=45°$,求支座 A、C 端的约束反力和 B 铰所受的力。

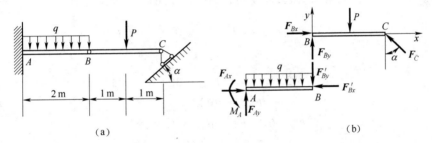

(a)   (b)

图 3.16

【**解**】 (1)先取 BC 梁为研究对象,受力图如图 3.16(b)所示。选坐标,列平衡方程并求解。

$$\sum M_B(\boldsymbol{F})=0, \quad -P\times1+F_C\cos\alpha\times2=0$$

得

$$F_C=\frac{P}{2\cos\alpha}=\frac{P}{2\cos45°}=14.14(\text{kN})$$

$$\sum F_x=0, \quad F_{Bx}-F_C\sin\alpha=0$$

得

$$F_{Bx}=F_C\sin\alpha=10(\text{kN})$$

$$\sum M_C(\boldsymbol{F})=0, \quad P\times1-F_{By}\times2=0$$

得

$$F_{By}=\frac{P}{2}=10(\text{kN})$$

(2)再取 AB 梁为研究对象,受力图如图 3.16(b)所示。取坐标,列平衡方程并求解。

$$\sum M_A(\boldsymbol{F})=0, \quad M_A-\frac{q}{2}\times2^2-F'_{By}\times2=0$$

得

$$M_A=2q+2F'_{By}=30(\text{kN}\cdot\text{m})$$

$$\sum F_x=0, \quad F_{Ax}-F'_{Bx}=0$$

得

$$F_{Ax}=F'_{Bx}=10(\text{kN})$$

$$\sum F_y=0, \quad F_{Ay}-q\times2-F'_{By}=0$$

得

$$F_{Ay}=20(\text{kN})$$

注:其中($\boldsymbol{F}_{By}$、$\boldsymbol{F}'_{By}$)和($\boldsymbol{F}_{Bx}$、$\boldsymbol{F}'_{Bx}$)是一对作用力与反作用力。

【例3.8】　厂房中的两跨钢架尺寸及所受荷载如图3.17所示,试求A、B、C三个支座的约束反力。

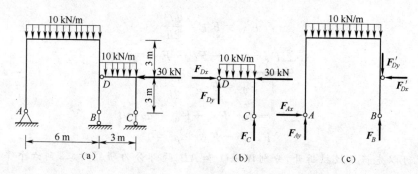

图　3.17

【解】　取整体分析有4个未知量,取AB部分分析有5个未知量,均不可求解。取CD分析有3个未知量,可解。因此应先取CD部分,再取AB部分或整体。

(1)取CD部分为研究对象,画出其受力图[图3.17(b)],列平衡方程:

$$\sum M_D(\boldsymbol{F})=0,\quad F_C\times 3-10\times 3\times\frac{3}{2}=0$$

得
$$F_C=15(\text{kN})$$

$$\sum F_x=0,\quad F_{Dx}-30=0$$

得
$$F_{Dx}=30(\text{kN})$$

$$\sum F_y=0,\quad F_C+F_{Dy}-10\times 3=0$$

得
$$F_{Dy}=15(\text{kN})$$

(2)取AB部分为研究对象,画出其受力图[图3.17(c)],列平衡方程:

$$\sum M_A(\boldsymbol{F})=0,\quad F_B\times 6-10\times\frac{6^2}{2}+F'_{Dx}\times 3-F'_{Dy}\times 6=0$$

得
$$F_B=30-\frac{1}{2}\times F'_{Dx}+F'_{Dy}=30-15+15=30(\text{kN})$$

$$\sum F_x=0,\quad F_{Ax}-F'_{Dx}=0$$

得
$$F_{Ax}=F'_{Dx}=30(\text{kN})$$

$$\sum F_y=0,\quad F_{Ay}+F_B-10\times 6-F'_{Dy}=0$$

得
$$F_{Ay}=60+F'_{Dy}-F_B=60+15-30=45(\text{kN})$$

讨论:本题取CD部分之后,也可取整体为研究对象,请读者自行计算。

通过以上例题的分析,现将求解平面力系平衡问题的方法和需要注意的问题归纳如下:

(1)选取适当研究对象。由于物体系统是由多个物体组成的结构,所以选择哪个物体作为研究对象是解决物体系统平衡问题的关键。

①若整个系统外约束反力的全部或部分能够不拆开系统而求出,可先取整个系统为研究对象。

②选择受力情形最简单,有已知力和未知力同时作用的某一部分或某几部分为研究对象。

③研究对象的选择应尽可能满足一个平衡方程解一个未知量的要求。

(2)正确进行受力分析。求解物体系统平衡问题时,一般总要选择部分或单个物体为研究对象,由于物体间约束形式的复杂多样,必然会对约束反力的分析带来困难。所以,在选择不同研究对象时,特别要分清施力体与受力体,内力与外力,作用力与反作用力等关系。在整体、部分和单个物体的受力图中,同一处的约束反力前后所画一定要一致。

3.2.4 静定与超静定问题的概念

如果研究对象在平面任意力系作用下处于平衡,则无论采用何种形式的平衡方程,都只有三个独立的平衡方程,只能求解出三个未知量。而平面汇交力系或平面平行力系只有两个独立的平衡方程,因此,对于每种力系,独立的平衡方程数目一定,能求解的未知量数目也一定。

当一个物体平衡时,如果能列出的独立平衡方程与未知量数目相等,则全部未知量都可以由平衡方程求出,这样的问题称为**静定问题**。显然,前面列举的例题都是静定问题。

对于工程中的很多构件与结构,为了提高其可靠度,采用了增加约束的办法,因而未知量个数超过了独立方程个数,仅用静力学平衡方程不可能求出所有的未知量,这类问题称为**超静定问题**。未知量数目与独立平衡方程数目之差,称为**超静定次数**。

求解静力学问题时,应先判断问题的静定性。如图 3.18(a)所示的力系是平面汇交力系,有三个未知量;图 3.18(b)所示为一平面平行力系,有三个未知量;图 3.18(c)所示为一平面任意力系,有四个未知量。这些问题中未知量的个数都超过所列出独立方程的个数,都是**超静定问题**。对于超静定问题仅用静力学平衡方程是不能解决的。解此类问题的原理与方法将在结构力学中讨论。

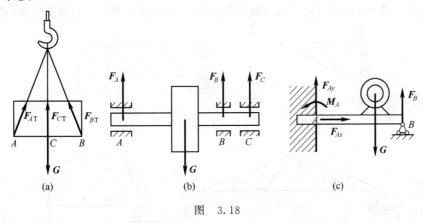

图 3.18

3.2.5 平面简单桁架的内力计算

1. 桁架的概念

桁架是指由若干直杆在其两端用铰链连接而成的几何形状不变的一种结构。各杆件轴线处于同一平面内的桁架称为平面桁架。桁架中各杆件连接处称为节点。

为了简化桁架的计算,工程中采用以下假设:

(1)桁架中各杆都是直杆。

(2)桁架中各杆重力不计,荷载加在节点上。

(3)各杆件两端用光滑铰链连接。

符合上述假设的桁架称为理想桁架。桁架中各杆件均为二力杆,内力均沿杆件轴线方向,受拉或者受压,横截面上的应力均匀分布,可以充分发挥材料的作用。与梁相比,桁架的自重轻，用料少，因此建筑工程中跨越较大跨度的结构，如屋架、起重机塔架、桥梁、电视塔、输变电铁架等多采用桁架形式。

桁架各杆依其所在的位置不同，可分为弦杆和腹杆两种。如图 3.19 所示，桁架上、下外围的杆件称为弦杆，弦杆又分为上弦杆和下弦杆。上、下弦杆之间的杆称为腹杆，腹杆又可分为竖杆和斜杆。弦杆上相邻两节点之间的距离称为节间，其间距称为节间长度，桁架最高点到两支座连线的距离称为桁高，两支座之间的距离称为跨度。

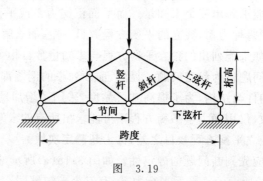

图　3.19

2. 桁架的分类

按照桁架的几何组成方式，可分为简单桁架、联合桁架和复杂桁架。简单桁架是由铰接三角形或基础开始，依次增加二元体所组成的桁架（图 3.20）；联合桁架是指由两个简单桁架，按照两刚片规则组成的桁架（图 3.21）；不属于简单桁架和联合桁架的称为复杂桁架（图 3.22）。

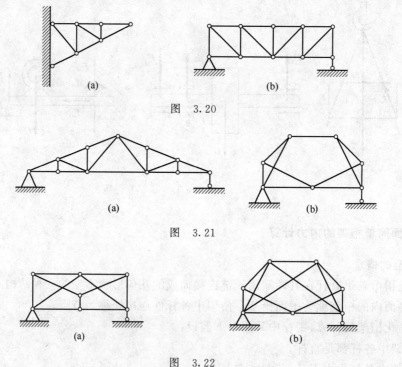

图　3.20

图　3.21

图　3.22

3. 静定桁架内力分析的方法

凡是支座约束反力和内力能用静力学平衡方程求出的桁架，均称为**静定桁架**。解静定桁架有节点法、截面法及节点截面联合法。

（1）节点法

由于桁架的外力作用线汇交于节点，故桁架各节点都受到平面汇交力系的作用，为计算各节点内力，可逐个取节点为研究对象，解出各杆的内力，这就是**节点法**。由于平面汇交力系只有两个独立平衡方程，故求解时应从只有二个未知力的节点开始。在求解中，各杆内力一律假设为受拉状态，即其方向皆背离节点，求得的力为正即是拉力，反之为压力。

应用节点法时，利用节点的特殊情况，常可以简化计算。常简化的几种特殊情况如下：

① 不共线的两杆节点，无外力作用时，两杆的内力都等于零[图 3.23(a)]；

② 不共线的两杆节点，当外力 F 沿其中一杆的方向作用时[图 3.23(b)]，则该杆内力等于外力 F，而另一杆的内力为零；

③ 无外力作用的三杆节点，其中两杆共线[图 3.23(c)]时，则第三杆的内力为零，共线的两杆内力相等且性质相同（同为拉力或压力）；

④ 无外力作用的四杆节点，其中两杆共线，不共线的两杆与共线的两杆夹角相等[图 3.23(d)，这种节点可称为 K 形节点]，则不共线两杆内力相等，符号相反；

⑤ 两两共线的四杆节点（X 形节点），无外力作用时[图 3.23(e)]，则在同一直线上的两杆内力相等且性质相同（同为拉力或压力）。

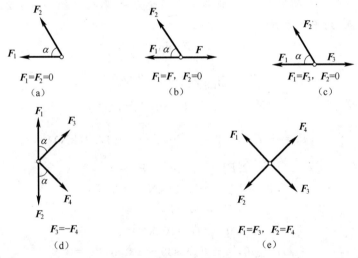

图 3.23

上述结论均可由节点平衡条件得出。桁架中内力为零的杆件称为零杆。利用上述结论可判断图 3.24 中用虚线绘出的杆为零杆。

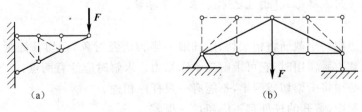

图 3.24

【例 3.9】 某起重机臂由平面桁架构成，如图 3.25(a)所示，试求其中各杆件的内力。已知 $\alpha = 30°$，$G = 10$ kN。

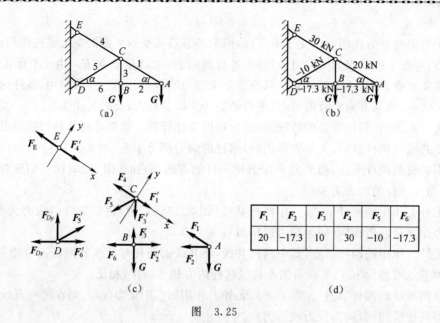

图 3.25

【解】 ①取各节点为研究对象,画出各节点的受力图,取坐标轴如图 3.25(c)所示。

②逐个取节点,列平衡方程。

节点 A：
$$\sum F_y = 0, \quad F_1 \sin 30° - G = 0$$

得
$$F_1 = \frac{G}{\sin 30°} = 2G = 20(\text{kN})$$

$$\sum F_x = 0, \quad -F_1 \cos 30° - F_2 = 0$$

得
$$F_2 = -F_1 \cos 30° = -20 \times \frac{\sqrt{3}}{2} = -17.3(\text{kN})$$

节点 B：
$$\sum F_x = 0, \quad F_2' - F_6 = 0$$

得
$$F_6 = F_2' = -17.3(\text{kN}) \quad (受压)$$

$$\sum F_y = 0, \quad F_3 - G = 0$$

得
$$F_3 = G = 10(\text{kN})$$

节点 C：
$$\sum F_y = 0, \quad -F_5 \cos 30° - F_3' \cos 30° = 0$$

得
$$F_5 = -F_3 = -10(\text{kN}) \quad (受压)$$

$$\sum F_x = 0, \quad F_1' - F_4 + F_3' \cos 60° - F_5 \cos 60° = 0$$

得
$$F_4 = 20 + 10\cos 60° - (-10)\cos 60° = 30(\text{kN})$$

为清楚起见可用表格形式[图 3.25(d)]来表示答案。

（2）截面法

截面法是假想用一个截面将桁架切开,任取一半为研究对象,在切开处画出杆件的内力。分离体受平面任意力系作用时,它可求解三个未知力。求解时应注意两点:

①所取截面必须将桁架切成两半,不能有一根杆件相连。

②每取一次截面,截开的杆件都不应超过三根。

【例 3.10】 图 3.26(a)所示为一桥梁桁架,已知 F、a,且 $\alpha = 45°$。试求杆 1、2、3 的内力。

【解】 ①求 A 处的支座反力 F_A：
$$\sum M_B(\boldsymbol{F}) = 0, \quad -F_A \times 6a + F \times 2a = 0$$

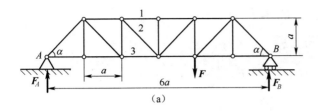 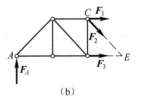

图 3.26

$$F_A = \frac{F}{3}$$

②用截面法在杆1、2、3处将桁架切开,取左段为研究对象,画出各杆受力图如图 3.26(b)所示。

$$\sum M_C(\boldsymbol{F}) = 0, \quad F_3 \times a - F_A \times 2a = 0$$

得

$$F_3 = 2F_A = \frac{2}{3}F$$

$$\sum F_y = 0, \quad F_A - F_2 \cos 45° = 0$$

得

$$F_2 = \frac{F_A}{\cos 45°} = \frac{\sqrt{2}}{3}F$$

$$\sum F_x = 0, \quad F_1 + F_3 + F_2 \cos 45° = 0$$

得

$$F_1 = -(F_3 + F_2 \cos 45°) = -F \text{ (受压)}$$

(3)联合法

对于简单桁架来说,节点法和截面法求杆件内力都很方便,但对于某些复杂桁架来说,仅用节点法和截面法不容易直接求出某些杆件的内力,此时可联合应用节点法和截面法求解。

【例 3.11】 桥梁桁架如图 3.27(a)所示,试用联合法求桁架中杆件 1、2 的内力。

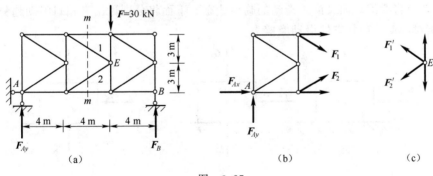

图 3.27

【解】 ①求桁架的支座反力:

$$\sum M_A(\boldsymbol{F}) = 0, \quad F_B \times 12 - 30 \times 8 = 0$$

得

$$F_B = 20\text{(kN)}$$

$$\sum M_B(\boldsymbol{F}) = 0, \quad -F_{Ay} \times 12 + 30 \times 4 = 0$$

得

$$F_{Ay} = 10\text{(kN)}$$

$$\sum F_x = 0, \quad F_{Ax} = 0$$

②求 1、2 杆的内力。取 $m-m$ 截面将桁架截为两部分,取左半部分为分离体[图 3.27(b)],截断 4 根杆件,而平衡方程有 3 个,但由 $\sum F_y = 0$ 可得

$$F_{Ay} - F_1 \times \frac{3}{5} + F_2 \frac{3}{5} = 0 \tag{1}$$

再取节点 E 为分离体[图 3.27(c)]，由 $\sum F_x = 0$ 可得

$$-F_1 \times \frac{4}{5} - F_2 \frac{4}{5} = 0 \tag{2}$$

联立式(1)和式(2)可解得

$$F_1 = 8.33(\text{kN})(\text{受拉}), \quad F_2 = -8.33(\text{kN})(\text{受压})$$

3.2.6　考虑摩擦时的平衡问题

摩擦在自然界里是普遍存在的现象。前面我们在研究物体的受力情况时，把物体之间的接触表面看作是光滑的，将摩擦忽略不计，那是由于摩擦对我们所研究的问题不起主要作用，因而忽略不计。然而，在诸多工程实际中，摩擦往往起着主要作用，因此，必须考虑摩擦。例如，制动器靠摩擦刹车，皮带靠摩擦传递运动，胶带运输机靠摩擦运送物体等，这些例子都反映了摩擦有利的一面。另一方面，摩擦也有不利的一面，它会带来阻力，消耗能量，加剧磨损，缩短机器寿命等。

按物体接触面间发生的相对运动形式，摩擦可分为滑动摩擦和滚动摩擦；按两物体接触面是否存在相对运动，可分为静摩擦和动摩擦；按接触面是否有润滑，可分为干摩擦和湿摩擦。本节主要介绍滑动摩擦及考虑摩擦时物体的平衡问题。

1. 滑动摩擦

如图 3.28(a)所示，设重为 G 的物体 A 受一水平推力 F_P 的作用。当力 F_P 由零逐渐增大时，物块 A 将由静止变为滑动。在此过程中，我们把两物体接触表面间有相对滑动趋势或相对滑动时彼此产生的阻碍相动滑动的阻力，称为滑动摩擦力。滑动摩擦力作用于接触面的公切面上，并与相对滑动或相对滑动趋势的方向相反。注意，物体 A 在由静止变为滑动的过程中，要经历一个将要滑动而又尚未滑动的临界状态。下面将分别讨论有相对滑动趋势、临界状态和已经相对滑动三种状态的滑动摩擦力。

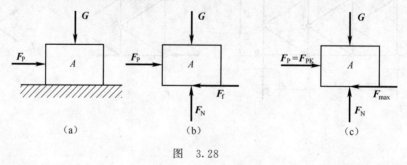

图　3.28

(1)静滑动摩擦力。在图 3.28(a)中，当力 F_P 由零逐渐增大但不超过一定限值 F_{PK}，物体 A 仍处于静止状态。由平衡条件可知，这时支承面对物体 A 除作用一法向反力 F_N 外，还存在一个阻碍物块滑动的切向反力，即**静滑动摩擦力**，简称静摩擦力，常以 F_f 表示，如图 3.28(b)所示。其大小由平衡方程确定，即

$$\sum F_x = 0, \quad F_P - F_f = 0, \quad F_f = F_P$$

(2)最大静滑动摩擦力。在图 3.28(a)中，当力 F_P 继续增加而达到一定数值 F_{PK} 时，物体 A 处于将要滑动而尚未滑动的状态。此时，只要力 F_P 超过 F_K，物体 A 马上开始滑动。当物

体 A 处于平衡的临界状态时,根据平衡条件,静摩擦力达到最大值,简称**最大静摩擦力**,用 F_{max} 表示,如图 3.28(c)所示。此后,如果力 F_P 再继续增大,物体将失去平衡而滑动,因此,静摩擦力并不随主动力 F_P 的增大而无限增大,而是介于零到最大值之间的取值范围,即

$$0 < F_f \leqslant F_{max} \tag{3.13}$$

这是静摩擦力与其他约束反力不同的特点。

试验证明:最大静摩擦力的大小与两物体间的正压力成正比,即

$$F_{max} = f_S F_N \tag{3.14}$$

式(3.14)称为静摩擦定律或库仑定律,式中 f_S 称为**静摩擦因数**。它的大小取决于物体接触面的材料及表面情况(表面粗糙度、温度、湿度等)。常用材料的静摩擦因数 f_S 可以从一般工程手册中查得。常用材料的 f_S 值见表 3.1。

表 3.1 常用材料滑动摩擦因数

材　料	摩　擦　因　数			
	静　摩　擦 f_S		动　摩　擦 f	
	无　润　滑	有　润　滑	无　润　滑	有　润　滑
钢与钢	0.15	0.1～0.12	0.15	0.05～0.1
钢与铸铁	0.3		0.18	0.05～0.15
钢与青铜	0.15	0.1～0.15	0.15	0.1～0.15
橡胶与铸铁			0.8	0.5
青铜与青铜		0.1	0.2	0.07～0.1
木与木	0.4～0.6	0.1	0.2～0.5	0.07～0.15
皮革与铸铁	0.3～0.5	0.15	0.3	0.15
橡皮与铸铁			0.8	0.5

(3)动滑动摩擦力。在图 3.28(a)中,当静滑动摩擦力达到最大值时,若继续增大力 F,则物体 A 开始滑动,此时物体接触表面间仍作用有阻碍其相对滑动的阻力,即**动滑动摩擦力**,简称动摩擦力,用 F' 表示。

试验证明:动摩擦力的大小与两个物体间的正压力成正比,即

$$F' = f F_N \tag{3.15}$$

上式称为动摩擦定律,式中 f 称为动摩擦因数。它的大小不仅取决于物体接触面的材料及表面情况,且与接触点的相对滑动速度有关,但工程计算中常忽略后者的影响,而认为动摩擦因数是仅与材料及表面状态有关的常数,可从工程手册中查得。常用材料的动摩擦因数 f 值见表 3.1。一般情况下,动摩擦因数略小于静摩擦因数。

2. 摩擦角与自锁条件

(1)摩擦角。考虑静摩擦研究物体的平衡时,物体接触面就受到正压力 F_N 和静摩擦力 F_f 的共同反作用,若将此两力合成为合力 F_R,合力 F_R 就代表了接触面对物体的全部约束反作用,故 F_R 称为全反力。全反力 F_R 与接触面公法线成夹角为 ϕ,如图 3.29(a)所示。显然,夹角 ϕ 随静摩擦力的变化而变化,当静摩擦力达到最大值时,夹角 ϕ 也达到最大值 ϕ_m,ϕ_m 称为摩擦角,如图 3.29(b)所示,由图可知:

$$\tan\phi_m = \frac{F_{max}}{F_N} = \frac{f_S F_N}{F_N} = f_S \tag{3.16}$$

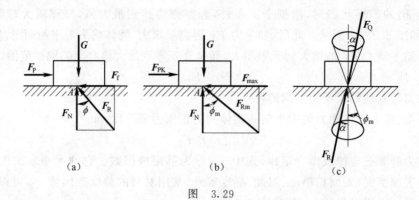

图 3.29

式(3.16)表明,摩擦角的正切等于静滑动摩擦因数,可见摩擦角也是表示材料和表面摩擦性质的物理量。

(2)自锁条件。摩擦角表示全反力能够偏离法线方向的范围,若物体与支承面的静摩擦因数在各个方向相同,则这个范围在空间就形成一个锥体,称为摩擦锥,如图 3.29(c)所示。若主动力的合力 F_Q 作用在锥体范围内,则约束面必产生一个与之等值,反向且共线的全反力 F_R 与之平衡。无论怎样增加 F_Q 的大小,物体总能保持平衡,这种现象称为自锁。显然,自锁的条件为:

$$\alpha \leqslant \phi_m \tag{3.17}$$

注:α 为主动力 F_P 和 G 的合力 F_Q 与接触面法线间的夹角。

(3)摩擦角应用实例

①静摩擦因数的测定。把要测定的两种材料分别制成平板 OA 和物体 B,并使接触表面符合实际情况,把物块 B 放置在斜面 OA 上,如图 3.30(a)所示。当 α 较小时,物块 B 不滑动,此时的受力图如图 3.30(b)所示。逐渐增大斜面的倾角 α,直至物块 B 在自重作用下开始下滑。物块 B 在将滑而尚未滑动临界平衡状态时的 α(记为 α_{max})就等于摩擦角。因为临界平衡时物块 B 的受力图如图 3.30(c)所示,物块 B 在重力 G 和全反力 F_{Rm} 作用下处于平衡,根据二力平衡条件可知 G 与 F_{Rm} 共线,从受力图上可以看出:

$$\alpha_{max} = \phi_m$$

于是,测出 α_{max},由下式算出静摩擦因数 f_S:

$$f_S = \tan \phi_m = \tan \alpha_{max}$$

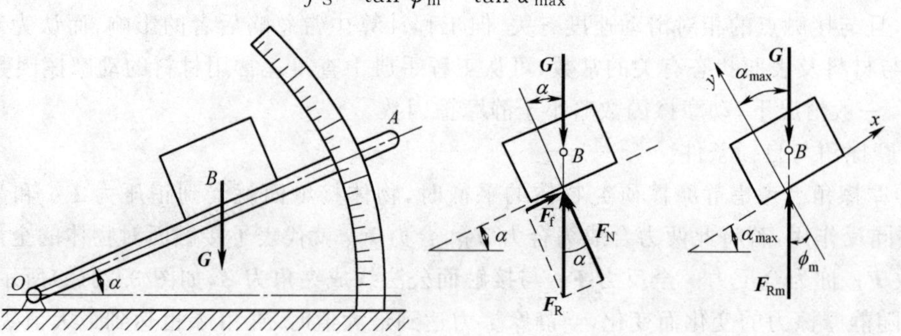

图 3.30

②螺纹的自锁条件。从静摩擦因数的测定可知,物块不沿斜面下滑的条件是斜面倾角 α

必须小于或等于摩擦角 ϕ_m，即满足下式：

$$\alpha \leqslant \phi_m \tag{3.18}$$

螺纹可以看成绕在圆柱上的斜面，如图 3.31 所示，螺母相当于物块 A。要保证螺母不松动（即自锁），螺纹的升角 α 必须小于或等于摩擦角 α_m。因此，螺纹的自锁条件也是式(3.17)。

若螺杆与螺母之间的摩擦因数 $f_S = 0.1$，即

$$\tan \alpha_m = f_S = 0.1$$

则

$$\alpha_m = 5°43'$$

为了确保螺纹(如螺旋千斤顶)自锁，一般取螺纹的升角 $\alpha = 4° \sim 4°43'$。

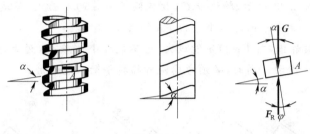

图 3.31

3. 考虑滑动摩擦时物体的平衡问题

考虑摩擦时物体的平衡问题也是用平衡条件来求解，解题方法与步骤与忽略摩擦时平衡问题的求解基本相同。不同之处就是受力分析时多了摩擦力，因而对摩擦力的大小和方向的判断至为重要。当物体处于平衡状态时，静摩擦力 $\boldsymbol{F}_f$ 介于零与 $\boldsymbol{F}_{fmax}$ 之间，可由平衡方程来确定；其方向与物体接触面相对滑动趋势方向相反。由于 $\boldsymbol{F}_f$ 为一个范围值，主动力也在一定范围内变化，因此，问题的解答也是一个范围值，称为**平衡范围**。

下面以工程中常见的几类摩擦平衡问题举例说明其解法。

◆**第一类问题** 判断物体在已知条件下所处的平衡状态并计算摩擦力。

对于这类问题，可先假设物体处于静止状态，此时，摩擦力的方向可先假定，由平衡方程求出静摩擦力 $\boldsymbol{F}_f$ 和法向反力 $\boldsymbol{F}_N$，再由静摩擦定律计算 F_{max}。若 $F_f \leqslant F_{max}$，则确定物体处于静止状态；若 $F_f > F_{max}$，即确定物体已进入运动状态。若 $F_f = F_{max}$，则确定物体处于临界状态。

【**例 3.12**】 重量 $G = 100$ N 的物体放在倾角 $\alpha = 45°$ 的斜面上，如图 3.32(a)所示。接触面间的静摩擦因数 $f_S = 0.25$，今有一大小为 $F = 800$N 的力沿斜面推物体，问物体在斜面上是否处于平衡状态？若静止，这时摩擦力为多少？

【**解**】 取物体为研究对象。

(1)假设物体处于平衡状态，并有向下滑的趋势，受力图如图 3.32(b)所示。取坐标，列平衡方程

$$\sum F_x = 0, \quad F + F_f - G\sin \alpha = 0$$

$$\sum F_y = 0, \quad F_N - G\cos \alpha = 0$$

得

$$F_N = G\cos \alpha = 707 \text{(N)}$$

$$F_f = -F + G\sin \alpha = -93 \text{(N)}$$

负号表示 F_f 的指向与假设方向相反，实际上此物体有向上滑的趋势。

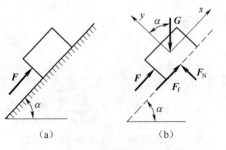

图 3.32

(2)求最大静摩擦力：

$$F_{f\max}=f_SF_N=0.25\times707=176.75(\text{N})$$

(3)比较 F_f 与 $F_{f\max}$ 的大小：

$$F_f=93(\text{N})<F_{f\max}=176.75(\text{N})$$

因此，物体处于静止状态。

◆第二类问题 临界平衡问题。

设物体处于临界平衡状态，即静摩擦力达到最大值，其方向必须与相对滑动趋势相反，此时应用平衡方程和摩擦定律 $F_{f\max}=f_SF_N$ 补充方程，可求临界平衡时的条件。

【例 3.13】 如图 3.33 所示，物块重 G，放在倾角为 α 的斜面上，物块与斜面间的摩擦因数为 f_S。求物块在斜面上平衡时水平推力 F_P 的大小。

【解】 若使物块静止，则 F_P 值不能过大，也不能过小。若 F_P 过大，物块将向上滑动；若 F_P 过小则物块将向下滑动。因此，必须考虑两种临界平衡状态情形。

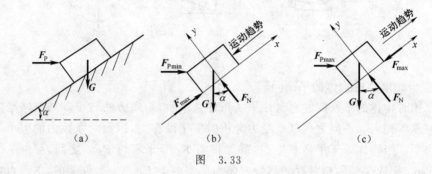

图 3.33

(1)先考虑物块处于下滑趋势的临界状态，即力 F_P 为最小值 $F_{P\min}$。画受力图，取坐标，见图 3.31(b)，列平衡方程及补充方程为

$$\sum F_x=0,\quad F_{P\min}\cos\alpha+F_{\max}-G\sin\alpha=0$$
$$\sum F_y=0,\quad F_N-F_{\min}\sin\alpha-G\cos\alpha=0$$

补充方程 $$F_{\max}=f_SF_N$$

得 $$F_{P\min}=\frac{\sin\alpha-f_S\cos\alpha}{\cos\alpha+f_S\sin\alpha}\cdot G$$

(2)然后考虑物块处于上滑趋势的临界状态，即力 F_P 为最大值 $F_{P\max}$。画受力图，取坐标，见图 3.33(c)，列平衡方程及补充方程为

$$\sum F_x=0,\quad F_{P\max}\cos\alpha-F_{\max}-G\sin\alpha=0$$
$$\sum F_y=0,\quad F_N-F_{P\max}\sin\alpha-G\cos\alpha=0$$

补充方程 $$F_{\max}=f_SF_N$$

得 $$F_{P\max}=\frac{\sin\alpha+f_S\cos\alpha}{\cos\alpha-f_S\sin\alpha}\cdot G$$

因此，使物体在斜面上处于静止时的水平推力 F_P 的取值范围为：

$$\frac{\sin\alpha-f_S\cos\alpha}{\cos\alpha+f_S\sin\alpha}\cdot G\leqslant F_P\leqslant\frac{\sin\alpha+f_S\cos\alpha}{\cos\alpha-f_S\sin\alpha}\cdot G$$

◆第三类问题 求平衡范围问题。

这类问题的解法与临界平衡问题相同，所不同的是对求得的临界平衡条件再进一步分析其平衡范围，或者直接用不等式 $F_f\leqslant f_SF_N$ 代入平衡方程，用求解不等式的方法求平衡范围。

【例 3.14】 制动器的构造如图 3.34(a)所示。已知制动轮与制动块之间的静摩擦因数 f_S，鼓轮上挂一重物，重力为 G，几何尺寸如图所示。求制动所需最小的力 F。

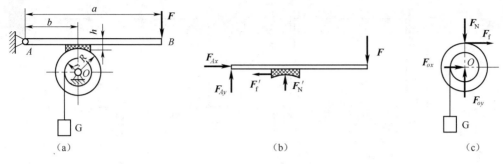

图 3.34

【解】 (1)先取鼓轮为研究对象，受力如图 3.34(c)所示，列平衡方程：

$$\sum M_O(F)=0, \quad Gr-F_f R=0$$

得

$$F_f=\frac{r}{R}G$$

(2)再取制动杆(包括制动块)为研究对象，受力如图 3.34(b)所示，列平衡方程：

$$\sum M_A(F)=0, \quad F'_N b-F'_f h-Fa=0$$

注意

$$F'_N=F_N, \quad F'_f=F_f$$

得

$$F_N=\frac{1}{b}\left(\frac{hrG}{R}+Fa\right)$$

假设制动轮与制动块处于临界平衡状态，列补充方程：

$$F_f \leqslant f_S F_N$$

得

$$F \geqslant \frac{Gr}{aR}\left(\frac{b}{f_S}-h\right)$$

讨论：①当 $\frac{b}{f_S}-h>0$，则 F 为正值，必能制动；②当 $\frac{b}{f_S}-h<0$，则 F 为负值，该装置处于自锁状态，轮也能保持静止。

思考：若将重物吊于鼓轮的右侧，则力 F 的最小值为多少？哪一种更省力？

【例 3.15】 如图 3.35(a)所示抽屉 $ABCD$ 宽为 d，长为 b，与侧面导轨之间的静摩擦因数均为 f_S。为了使抽屉能顺利抽出，试问尺寸 b 应如何选择？不计抽屉自重。

分析：取抽屉为研究对象，因抽屉于导轨之间有一定间隙，因此在力 F_E 的作用下，抽屉绕其质心转动，从而使抽屉的 A、C 两点与导轨接触，而 B、D 两点离开导轨。考虑拉出抽屉的临界平衡状态，A 和 C 处的静摩擦力均达到最大值。

【解】 选抽屉为研究对象，受力如图 3.35(b)所示。取坐标，列平衡方程：

$$\sum F_x=0, \quad F_{AN}-F_{CN}=0$$

$$\sum F_y=0, \quad F_{A\max}+F_{C\max}-F_E=0$$

$$\sum M_A(F)=0, \quad F_{CN}b+F_{C\max}d-F_E(d-l)=0$$

列补充方程

$$F_{A\max}=f_S F_{AN}, \quad F_{C\max}=f_S F_{CN}$$

联立以上方程可得

$$b = f_S(d - 2l)$$

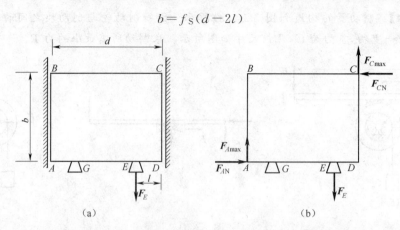

图　3.35

当 b 小于此临界值时,将出现自锁现象,无论 F_E 多大都不能拉动抽屉;当 b 大于此临界值时,可以顺利拉出抽屉。因此,顺利拉出抽屉的尺寸 b 为 $b = f_S(d - 2l)$。

 知识拓展

　　随着社会的发展,对建筑结构的要求不断提高,要求建筑结构跨度大、强度高、重量轻,这就产生了一系列需要解决的力学问题。为了增加建筑物的跨度,出现了许多新的结构形式,诸如网架网壳结构、索膜结构、充气结构、张拉集成体系、可伸展和可折叠结构等等。其中,网壳结构是由梁和杆构成的壳形空间结构外覆蒙皮(壳)构成。由于大量使用索、膜等受拉元件,所以要求整个结构处于最大限度的张力状态。

　　目前,已建成的网壳结构有:瑞士苏黎世某机场机库(125 m×128 m 网架),美国新奥尔良的超级穹顶体育馆(213 m 直径双层球面网壳),俄国圣彼得堡体育馆(160 m 悬索结构),美国亚特兰大奥运会主体育馆(240 m×193 m 张拉整体结构),美国旧金山体育馆(235 m 索穹顶)以及日本东京都室内棒球场(201 m×201 m 索—充气膜)等等。

　　我国自行制造的上海八万人体育场是 78 m 悬臂的覆膜屋盖结构,图 3.36 是从外部看到的穹顶鸟瞰图,图 3.37 给出了内部网架结构的细节。

图　3.36

北京奥运会体育馆“鸟巢”是一个大跨度的曲线结构,如图 3.38 所示,全部工程共有三十余项技术难题,其中,钢结构是世界上独一无二的,共八层、12 个核心筒,24 组主桁架,从外形和截面尺寸看,没有主次之分。"鸟巢"钢结构最大跨度 343 m。

图 3.37

图 3.38

大跨度结构表现出很强的非线性力学特性,由此带来以下具有挑战性的力学问题:

(1)柔性索膜结构的找形问题。因为这类结构的几何形状依赖于所受张力的大小,所以找形问题归结为寻求满足静力平衡条件的几何构形,是结构分析中的反问题。

(2)膜材的剪裁问题。膜材的剪裁和缝合是在无应力状态下进行的。如何把根据上述反问题确定的几何构形,回归到无应力状态下进行剪裁,是几何构形的二次确定问题。

(3)很强的几何非线性所带来的一系列静动力学分析问题。例如整体失稳以及局部受压造成的褶皱现象分析等。

 # 本章小结

3.1 平面任意力系的简化

1. 简化结果

主矢 $F' = \sqrt{(\sum F_x)^2 + (\sum F_y)^2}$,作用在简化中心上,与简化中心的位置无关。

主矩 $M_O = \sum M_O(\boldsymbol{F})$,与简化中心的位置有关。

2. 简化结果讨论

$F'=0,M_O\neq0$，合力偶矩与简化中心无关。

$F'\neq0,M_O=0$，合力 $F=F'$，合力作用线通过简化中心。

$F'\neq0,M_O\neq0$，合力 $F=F'$，合力 F 的作用线到简化中心的距离 $d=|M_O/F'|$。

$F'_R=0,M_O=0$，力系平衡。

3. 平衡方程

（1）平面任意力系平衡方程

$$\text{基本式}\begin{cases}\sum F_x=0\\\sum F_y=0\\\sum M_A(\boldsymbol{F})=0\end{cases}\quad\text{二力矩式}\begin{cases}\sum F_x=0\\\sum M_A(\boldsymbol{F})=0\\\sum M_B(\boldsymbol{F})=0\end{cases}\quad\text{三力矩式}\begin{cases}\sum M_A(\boldsymbol{F})=0\\\sum M_B(\boldsymbol{F})=0\\\sum M_C(\boldsymbol{F})=0\end{cases}$$

使用条件：二力矩式方程中 A、B 两点的连线不能与投影轴垂直，三力矩式方程中 A、B、C 三点不在一条直线上。

（2）平面任意力系的特殊情况

平面汇交力系	平面平行力系	
$\begin{cases}\sum F_x=0\\\sum F_y=0\end{cases}$	$\begin{cases}\sum F_y=0\\\sum M_A(\boldsymbol{F})=0\end{cases}$ 或	$\begin{cases}\sum M_A(\boldsymbol{F})=0\\\sum M_B(\boldsymbol{F})=0\\AB\text{ 连线不能平行各力}\end{cases}$

3.2 物体系统的平衡问题

1. 静定与超静定的概念

力系中未知量的数目少于或等于独立平衡方程数目的问题称为静定问题。力系中未知量的数目多于独立平衡方程数目时的问题称为超静定问题。

2. 物体系统平衡问题解法

整个系统处于平衡时，组成该系统的各个构件也都处于平衡。可以选整个系统为研究对象，也可以选单个构件或部分构件为研究对象。

3.3 桁架的内力计算

桁架各杆均为二力杆。求解桁架各杆内力的方法有节点法、截面法和联合法。

3.4 考虑摩擦时的平衡问题

1. 静滑动摩擦力

大小：在平衡状态时，$0<F_f\leqslant F_{max}$，可由平衡方程确定。在临界状态下 $F_{max}=f_S F_N$。

方向：始终与相对滑动趋势方向相反，并沿接触面作用点的切向，不能随意假定。

作用点：在接触面摩擦力的合力作用线上。

2. 滑动摩擦

$$F'=f F_N$$

3. 摩擦角与自锁

当静摩擦力达到最大值时，最大全反力 $\boldsymbol{F}_{Rm}$ 与法线的夹角 ϕ_m 称为摩擦角。摩擦角的正切值等于摩擦因数，即 $\tan\phi_m=f_S$。当作用于物体的主动力满足一定的几何条件时，无论怎样增加主动力 $\boldsymbol{F}_Q$，物体总能保持平衡的现象称为自锁，其条件为 $\alpha\leqslant\phi_m$。

4. 考虑摩擦时平衡问题的解法

（1）选取研究对象，画受力图，并根据滑动趋势画出摩擦力。要注意摩擦力的方向与滑动趋势方向相反。

（2）列平衡方程，并列出补充方程 $F_f<f_S F_N$ 或临界状态时 $F_{max}=f_S F_N$ 来求解。

复习思考题

3.1 如题 3.1 图所示,一平面任意力系每方格边长为 a,$F_1 = F_2 = F$,$F_3 = F_4 = \sqrt{2}F$,试求力系向 O 点简化的结果。

3.2 桥墩受力如题 3.2 图所示,已知 $F_P = 2\,740$ kN,$G = 5\,280$ kN,$F_Q = 140$ kN,$F = 193$ kN,$M = 552.5$ kN·m。试求力系向 O 点简化的结果,并求力系的最终简化结果。

3.3 如题 3.3 图所示,试计算起重机支架中 A、C 处的约束反力,已知 $G = 10$ kN,BC 杆自重不计。

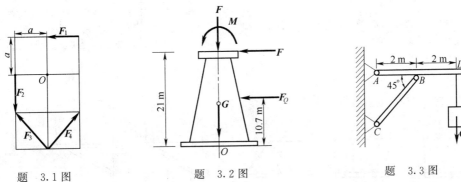

题 3.1 图   题 3.2 图   题 3.3 图

3.4 如题 3.4 图所示,物体上有等值互成 60°夹角的三个力作用,试问此物体是否平衡?

3.5 刚体受力如题 3.5 图所示,当力系满足方程 $\sum F_y = 0$,$\sum M_A(\boldsymbol{F}) = 0$,$\sum M_B(\boldsymbol{F}) = 0$ 时,刚体肯定平衡吗?

题 3.4 图   题 3.5 图

3.6 如题 3.6 图所示,已知 q、a,$F = qa$,$M = qa^2$,试求各梁的支座反力。

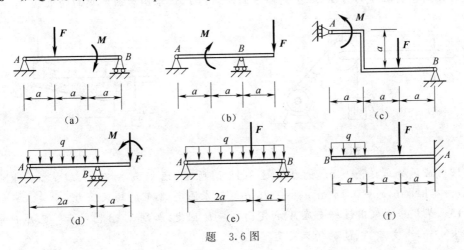

(a)   (b)   (c)

(d)   (e)   (f)

题 3.6 图

3.7　如题 3.7 图所示,高炉加料小车及材料共重 $G=30$ kN,C 为重心,已知:$a=1$ m,$b=1.4$ m,$e=1$ m,$d=1.4$ m,$\alpha=60°$,试求钢丝绳拉力 T 和轮 A、B 处所受约束反力的大小。

3.8　如题 3.8 图所示,汽车起重机,已知车重 $G_Q=26$ kN,臂重 $G=4.5$ kN,起重机旋转及固定部分的重量 $G_W=31$ kN。试求图示位置汽车不致翻倒的最大起重量 G_P。

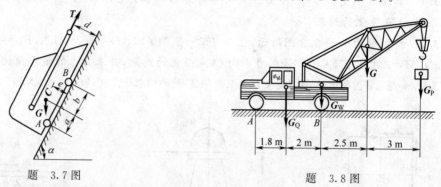

题　3.7 图　　　　　　　　　　　题　3.8 图

3.9　试判析题 3.9 图所示结构中哪些是静定问题? 哪些是超静定问题?

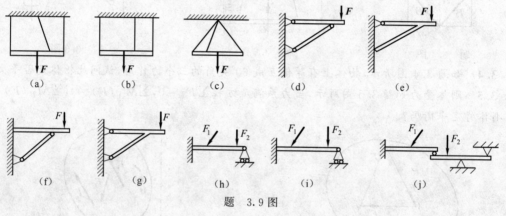

(a)　　　　(b)　　　　(c)　　　　(d)　　　　(e)

(f)　　　　(g)　　　　(h)　　　　(i)　　　　(j)

题　3.9 图

3.10　简易起重机如题 3.10 图所示,梁 AB 一端砌入墙内,在自由端装有滑轮,吊起重物 D,设重物重为 G,梁 AB 长为 l,斜绳与铅垂线成 α 角。试求固定端 A 的约束反力。

3.11　阳台一端砌入墙内,如题 3.11 图所示,其重量可看作是均匀分布荷载,集度为 q。另一端作用有来自柱子的力 F,柱子到墙边的距离为 l,试求阳台固定端的约束反力。

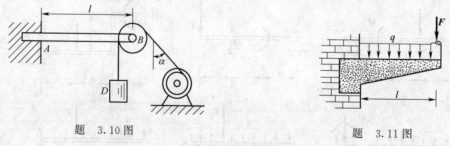

题　3.10 图　　　　　　　　　　题　3.11 图

3.12　某厂房立柱高 9 m,受力如题 3.12 图所示,已知 $F_1=5$ kN,$F_2=20$ kN,$F_3=50$ kN,$q=4$ kN/m,$e_1=0.15$ m,$e_2=0.25$ m。试求固定端 A 的约束反力。

3.13　某厂房刚架用链杆支座 A 和定向支座 B 固定,如题 3.13 图所示。已知 $F=2$ kN,$q=0.5$ kN/m,求支座 A、B 的约束反力。

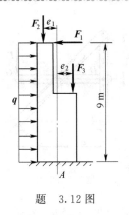

题 3.12 图

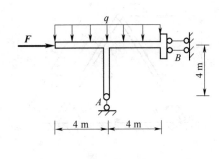

题 3.13 图

3.14 如题 3.14 图所示组合梁及其受力情况,梁的自重忽略不计,已知 $F=qa$,$m=qa^2$。试求 A、B、C、D 各处的约束反力。

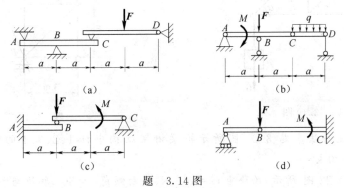

题 3.14 图

3.15 如题 3.15 图所示汽车地磅,已知法码重 G_1,$OA=l$,$OB=a$,O、B、C、D 均为光滑铰链,CD 为二力杆,各部分自重不计。试求汽车的称重 G_2。

3.16 简易起重机如题 3.16 图所示,重物的重量 $G=1\,800$ N,其他重量不计,求铰链 A 处的约束反力以及 BC 杆所受的力。

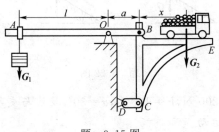

题 3.15 图

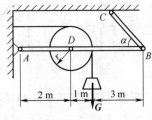

题 3.16 图

3.17 如题 3.17 图所示,活动梯子置于光滑水平面上,梯子 AB 和 AC 的重量均为 G_Q,人的重量为 G,已知 G_Q、G、a 和尺寸 h、l、a。试求 B、C 处的约束反力和绳子的拉力。

3.18 如题 3.18 图所示结构中,DG 杆的中点有一销钉 E 套在 AC 杆的导槽内,已知力 F_P,尺寸 a。试求 A、B、C 三处的约反力。

3.19 起重机臂由题 3.19 图的桁架构成,试用节点法求桁架结构中各杆的内力,已知 $G=20$ kN,$\alpha=45°$。

3.20 起重机支架由题 3.20 图所示桁架构成,试用截面法求桁架结构中杆 FE、FB、AB 的内力。

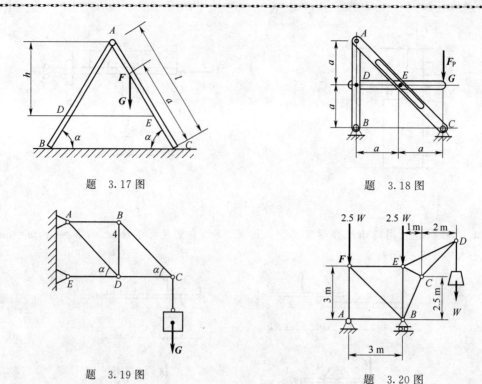

题 3.17 图　　　　　　　　　　题 3.18 图

题 3.19 图　　　　　　　　　　题 3.20 图

3.21 试用截面法求题 3.21 图所示桥梁桁架结构中杆 1、2、3、4 的内力，已知 $F_1 = 10 \text{ kN}, F_2 = F_3 = 20 \text{ kN}$。

3.22 如题 3.22 图所示，物块重 $G = 100 \text{ N}$，斜面倾角 $\alpha = 30°$，物块与斜面间的摩擦因数 $f_S = 0.38$，求图(a)中物块的状态？若要使物块上滑，求图(b)所示作用于物块的 F 力至少应为多大？

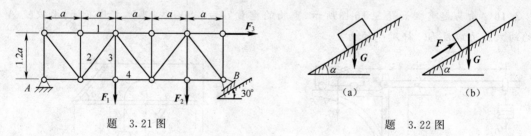

题 3.21 图　　　　　　　　　　题 3.22 图

3.23 如题 3.23 图所示三种情况中，已知 $W = 200 \text{ N}, F = 100 \text{ N}, \alpha = 30°$，物块与支承面间的静摩擦因数 $f_S = 0.5$。试求哪种情况下物体能运动。

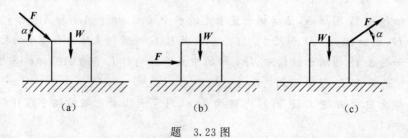

题 3.23 图

3.24 如题 3.24 图所示，梯子 AB 靠在墙上，其重为 $G = 200 \text{ N}$，梯长为 l，并与水平面夹

角 $\theta = 60°$，已知接触面间的摩擦因数 f_S 均为 0.25，今有一重为 650 N 的人沿梯上爬，问人所能达到的最高点 C 到 A 点的距离 s 应为多少？

3.25 如题 3.25 图所示，A 物重 $G_A = 5$ kN，B 物重 $G_B = 6$ kN，A 与 B 之间的摩擦因数 $f_{S1} = 0.1$，B 与地面之间的摩擦因数 $f_{S2} = 0.2$，两物块由绕过一定滑轮的无重水平绳相连。试求使系统运动的水平力 F 的最小值。

3.26 混凝土坝横断面如题 3.26 图所示，坝高 50 m，底宽 44 m，设 1 m 长的坝受到的水压力 $F = 9\,930$ kN，混凝土的容重 $\gamma = 22$ kN/m³，坝与地面的摩擦因数 $f_S = 0.6$，问：

(1) 此坝是否会滑动？

(2) 此坝是否会绕 B 点而翻倒？

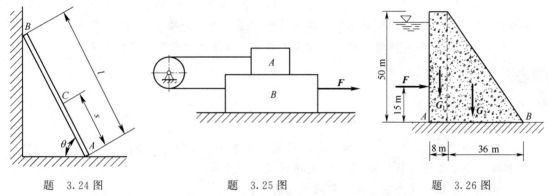

题 3.24 图　　　　　　　题 3.25 图　　　　　　　题 3.26 图

3.27 题 3.27 图所示为攀登电线杆时所用的套钩。已知电线杆的直径 $d = 30$ mm，A 和 B 之间的垂直距离 $b = 10$ mm，套钩与电线杆的摩擦因数 $f_S = 0.5$，试求保证套钩在电线杆上不打滑，脚踏力 F 的作用线与电线杆轴线的距离 l 应为多少？

3.28 如题 3.28 图所示砖夹的宽度为 250 mm，杆件 AHB 和 $HCED$ 在 H 点铰接。砖重为 G，提砖的合力 F 作用在砖夹的对称中心线上，尺寸如图示。如砖夹与砖之间的静摩擦因数 $f_S = 0.5$，试求 d 应为多大才能把砖夹起（d 是点 H 到砖块所受正压力作用线之间的垂直距离）。

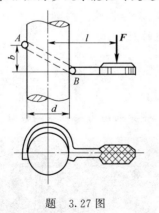

题 3.27 图

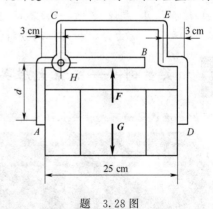

题 3.28 图

4　空间力系及重心

本章描述

　　本章讲述空间力系中的力在空间坐标轴上的投影、空间力对轴之矩及空间力系的平衡计算等问题。空间力系的分析和计算是工程实际中常要解决的一项实际问题，其方法与平面力系基本相同。物体重心的概念和确定方法在工程设计与施工中具有重要的意义。

教学目标

　　1. 知识目标

　　(1)理解和掌握力在空间直角坐标轴上的直接投影法和二次投影法；

　　(2)理解和掌握力对轴之矩、合力矩定理的概念和计算；

　　(3)理解和掌握空间力系平衡方程的物理意义；

　　(4)理解和掌握物体重心和形心的概念，了解物体重心的确定方法，掌握平面物体和平面图形形心坐标公式。

　　2. 能力目标

　　通过学习空间力系问题的分析方法，能解决简单空间力系平衡分析、受力计算等问题，并能分析简单构件和图形的重心、形心位置。

　　3. 素质目标

　　(1)培养认真、严谨、灵活、一丝不苟、实事求是的学习、工作作风；

　　(2)培养空间受力分析和辨证地分析问题和解决问题的能力。

相关案例——南京大胜关长江大桥

　　京沪高速铁路南京大胜关长江大桥全长 9.273 km，其桥身采用桁架钢结构设计，如图 4.1

(a)

(b)

图　4.1

所示,其设计和施工中涉及大量的空间受力问题,如何分析和计算各构件的受力,如何在施工中对施工作业设备进行受力分析,保证施工设备和人员的安全,是一项非常重要的工作,本章将为类似设计提供必要的理论基础和计算方法。

4.1 力在空间直角坐标轴上的投影

力在空间直角坐标轴上的投影,是分析和计算空间受力及平衡问题的基础,其方法与力在平面直角坐标轴上的投影相似,但力在空间直角坐标轴中的方位判断是本节的重点和难点,学好本节,有利于提高空间受力的分析能力和判断能力。

4.1.1 直接投影法

如图4.2所示,已知力 F 的大小,力 F 的作用线与空间直角坐标系三个坐标轴 x、y、z 正向的夹角分别为 α、β、γ,由几何关系可直接得到力 F 在空间直角坐标轴上的投影 F_x、F_y、F_z 分别为

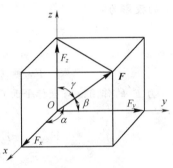

$$F_x = \pm F \cdot \cos \alpha$$
$$F_y = \pm F \cdot \cos \beta \qquad (4.1)$$
$$F_z = \pm F \cdot \cos \gamma$$

图 4.2

式中的三个投影都是代数量,与平面情况相同,规定:当**力的起点投影至终点投影的连线方向与坐标轴正向一致时取正号**;反之,**取负号**。

4.1.2 二次投影法

如图4.3所示,若已知力 F 的大小、F 的作用线与坐标轴 z 的夹角 γ、力 F 与 z 轴所决定的平面与 x 轴的夹角为 φ,则可先将力 F 分别投影至 z 轴和坐标平面 Oxy 上,得到 z 轴上的投影 F_x 和平面上的投影 F_{xy};然后,再将 F_{xy} 分别投影至 x 轴和 y 轴,得到轴上的投影 F_x、F_y。此方法需要经过两次投影才能得到结果,因此,称为**二次投影法**。

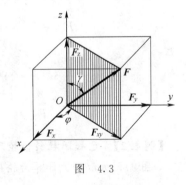

图 4.3

二次投影法的过程可看下式:

$$F \Rightarrow \begin{cases} F_x = \pm F \cdot \cos \gamma \\ F_{xy} = F \cdot \sin \gamma \end{cases} \Rightarrow \begin{cases} F_x = \pm F_{xy} \cdot \cos \varphi = \pm F \cdot \sin \gamma \cdot \cos \varphi \\ F_y = \pm F_{xy} \cdot \sin \varphi = \pm F \cdot \sin \gamma \cdot \sin \varphi \end{cases} \qquad (4.2)$$

其中,γ 为力 F 与 z 轴所夹的锐角,φ 为力 F 与 z 轴所确定的平面与 x 轴所夹的锐角。当力的起点投影至终点投影的连线方向与坐标轴正向一致时取正号;反之,取负号。

注意:力在轴上的投影是代数量,而力在平面上的投影为矢量。这是因为力在平面上投影的方向不能像在轴上的投影那样简单地用正负号来表明,而必须用矢量来表示。

如果力 F 的三个投影已知,则可以反求力 F 的大小与方向。为此把式(4.1)的每一个等式分别平方相加,并注意到

$$\cos^2 \alpha + \cos^2 \beta + \cos^2 \gamma = 1$$

$$F=\sqrt{F_x^2+F_y^2+F_z^2}$$

得
$$\cos\alpha=\frac{F_x}{F},\quad \cos\beta=\frac{F_y}{F},\quad \cos\gamma=\frac{F_z}{F}$$

(4.3)

式中 $\cos\alpha,\cos\beta,\cos\gamma$ 称为力 F 的方向余弦。

【例 4.1】 在一边长为 a 的正立方体上作用有三个力 F_1、F_2、F_3，如图 4.4 所示。已知 $F_1=2\ \text{kN}$，$F_2=1\ \text{kN}$，$F_3=5\ \text{kN}$，试分别计算这三个力在空间直角坐标轴 x、y、z 上的投影。

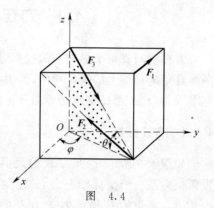

图 4.4

【解】 力 F_1 的作用线与 x 轴平行，与坐标平面 Oyz 垂直，则与 y 轴和 z 轴也垂直，所以力 F_1 在坐标轴 x、y、z 上的投影为：

$$F_{1x}=-F_1=-2(\text{kN})$$
$$F_{1y}=0$$
$$F_{1z}=0$$

力 F_2 的作用线与坐标平面 Oyz 平行，与 x 轴垂直，则力 F_2 在坐标轴 x、y、z 上的投影为：

$$F_{2x}=0$$
$$F_{2y}=-F_2\times\cos45°=-1\times0.707=-0.707(\text{kN})$$
$$F_{2z}=F_2\times\sin45°=1\times0.707=0.707(\text{kN})$$

对于力 F_3 可应用二次投影法，先将 F_3 向坐标平面 Oxy 和坐标轴 z 投影，再向坐标轴 x、y 投影，则力 F_3 在坐标轴 x、y、z 上的投影为：

$$F_{3x}=F_3\times\cos\theta\times\cos\varphi=5\times\frac{\sqrt{2}a}{\sqrt{3}a}\times\frac{a}{\sqrt{2}a}=2.89(\text{kN})$$

$$F_{3y}=F_3\times\cos\theta\times\sin\varphi=5\times\frac{\sqrt{2}a}{\sqrt{3}a}\times\frac{a}{\sqrt{2}a}=2.89(\text{kN})$$

$$F_{3z}=-F_3\times\sin\theta=-5\frac{a}{\sqrt{3}a}=-2.89(\text{kN})$$

【例 4.2】 已知圆柱斜齿轮所受的啮合力 $F_n=1\ 410\ \text{N}$，齿轮压力角 $\alpha=20°$，螺旋角 $\beta=25°$，如图 4.5 所示。试计算齿轮所受的圆周力 F_t、轴向力 F_a、径向力 F_r 大小。

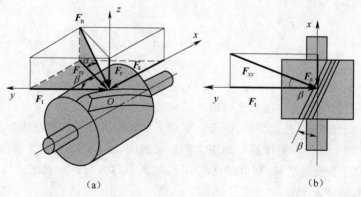

(a)　　　　　　　　　　　　　　(b)

图 4.5

【解】 取空间直角坐标系，使 x、y、z 方向分别沿齿轮的轴向、圆周的切线方向和径向，如

图 4.5(a)所示。先把啮合力 $\boldsymbol{F}_n$ 向 z 轴和 Oxy 坐标平面投影,得

$$F_z = -F_r = -F_n \sin\alpha = -1\ 410 \times \sin20° = -482(\text{N})$$

$\boldsymbol{F}_n$ 在 Oxy 平面上的分力为 $\boldsymbol{F}_{xy}$,其大小为 $F_{xy} = F_n \cos\alpha = 1\ 410 \times \cos20° = 1\ 325(\text{N})$,然后再把 F_{xy} 投影到 x、y 轴:

$$F_x = F_a = -F_{xy} \times \sin\beta = -1\ 325 \times \sin25° = -560(\text{N})$$

$$F_y = F_t = -F_{xy} \times \cos\beta = -1\ 325 \times \cos25° = -1\ 201(\text{N})$$

【例 4.3】 空间支架由三根杆 AB、AC、AD 组成,已知三根杆的受力分别为 $F_{AB} = F_{AC} = 50\ \text{kN}$,$F_{AD} = 100\ \text{kN}$,$BE = CE = DE$,角度如图 4.6 所示,试求三根杆的受力分别在空间直角坐标轴 x、y、z 上的投影。

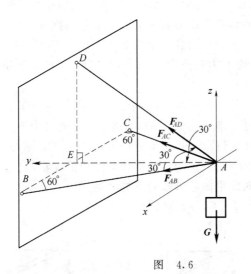

图 4.6

【解】 由 $BE = CE = DE$ 及图中几何关系可得:$\angle BAE = \angle CAE = \angle DAE = 30°$,则 $\boldsymbol{F}_{AB}$ 在三坐标轴上的投影为:

$$F_{ABx} = F_{AB} \cdot \cos60° = 50 \times \frac{1}{2} = 25(\text{kN})$$

$$F_{ABy} = F_{AB} \cdot \sin60° = 50 \times \frac{\sqrt{3}}{2} = 43.3(\text{kN})$$

$$F_{ABz} = 0$$

$\boldsymbol{F}_{AC}$ 在三坐标轴上的投影为:

$$F_{ACx} = -F_{AC} \cdot \cos60° = -50 \times \frac{1}{2} = -25(\text{kN})$$

$$F_{ACy} = F_{AC} \cdot \sin60° = 50 \times \frac{\sqrt{3}}{2} = 43.3(\text{kN})$$

$$F_{ACz} = 0$$

$\boldsymbol{F}_{AD}$ 在三坐标轴上的投影为:

$$F_{ADx} = F_{AD} \cdot \cos30° \cdot \cos90° = 0$$

$$F_{ADy} = F_{AD} \cdot \cos30° = 100 \times \frac{\sqrt{3}}{2} = 86.6(\text{kN})$$

$$F_{ADz} = F_{AD} \cdot \sin30° = 100 \times \frac{1}{2} = 50(\text{kN})$$

4.2 力对轴之矩

力对空间任意轴的力矩,是分析和计算空间受力及平衡问题的基础,其方法与平面上力对点之矩相近,但内容更复杂,空间分析能力要求更高,学好本节,有利于提高空间受力的分析能力和判断能力。

4.2.1 力对轴之矩的概念

在工程实际中经常遇到刚体绕定轴转动的情形,例如升降机辊筒的转动等。为了度量力对绕定轴转动刚体的转动效应,必须引入力对轴之矩的概念。例如在推门时,若力的作用线与门的转轴平行或相交,如图 4.7 所示,则无论力有多大都不能把门推开。当力作用于门上而不通过门轴或与门轴平行时,就能把门推开,而且这个力越大或其作用线与门轴间的距离越大,则转动效果就越显著。因此,与平面上力对点之矩相似,可以用力 F 的大小与距离 d 的乘积来量度力 F 对刚体绕定轴转动的效应。

如图 4.8 所示,在门上 A 点作用任一空间力 F,现过 A 点作一垂直于 z 轴的平面 P,与 z 轴交于点 O。将力 F 分解为平行于 z 轴的分力 F_z 和垂直于 z 轴的分力 F_{xy}。显然分力 F_z 对门无转动效应,只有分力 F_{xy} 才能使门转动,其转动效应取决于力 F_{xy} 对 O 点的矩。因此,得到力对轴之矩的概念,即:**力对轴之矩是力使物体绕轴转动效应的度量,它是代数量,其大小等于力在垂直于该轴平面上的分力对此平面与该轴交点的力矩**,即

$$M_z(\boldsymbol{F}) = M_z(\boldsymbol{F}_{xy}) = M_O(\boldsymbol{F}_{xy}) = \pm F_{xy} \cdot d \tag{4.4}$$

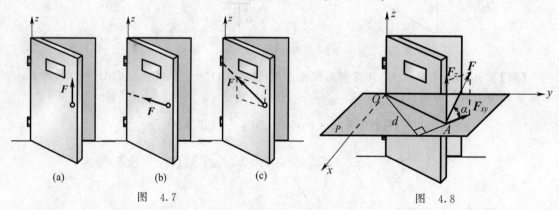

图　4.7　　　　　　　　　　　　　　　图　4.8

其正负号可用**右手规则**来确定:**以右手的四指指向符合力矩转向而握拳时,若大姆指指向与该轴的正向一致,则取正号,反之则取负号。**

通过以上分析可知,力对轴的力矩等于零的两种情况是:

(1)力与轴平行($F_{xy}=0$);

(2)力与轴相交($d=0$)。

也就是说力与轴在同一平面内时,力对轴之矩为零。

力对轴之矩的单位为 N·m 或 kN·m。

4.2.2 合力矩定理

与平面力系合力矩定理类似,空间力系的**合力矩定理**为:**空间力系的合力对某轴之矩,等于力系中各分力对同一轴之矩的代数和**,即

$$M_z(\boldsymbol{F}_R) = M_z(\boldsymbol{F}_1) + M_z(\boldsymbol{F}_2) + \cdots + M_z(\boldsymbol{F}_n) = \sum M_z(\boldsymbol{F}_i) \qquad (4.5)$$

在实际计算力对轴之矩时,应用合力矩定理往往比较方便。具体方法是:先将力 $\boldsymbol{F}$ 沿所取坐标轴 x、y、z 分解,得到 $\boldsymbol{F}_x$、$\boldsymbol{F}_y$、$\boldsymbol{F}_z$ 三个分力,然后计算每一分力对某轴(如 z 轴)之矩,最后求其代数和,即得出力 $\boldsymbol{F}$ 对该轴之矩,即

$$M_z(\boldsymbol{F}) = M_z(\boldsymbol{F}_x) + M_z(\boldsymbol{F}_y) + M_z(\boldsymbol{F}_z)$$

由于 $\boldsymbol{F}_z$ 与 z 轴平行,$M_z(\boldsymbol{F}_z) = 0$ 于是可得

$$M_z(\boldsymbol{F}) = M_z(\boldsymbol{F}_x) + M_z(\boldsymbol{F}_y)$$
$$M_x(\boldsymbol{F}) = M_x(\boldsymbol{F}_y) + M_x(\boldsymbol{F}_z) \qquad (4.6)$$
$$M_y(\boldsymbol{F}) = M_y(\boldsymbol{F}_x) + M_y(\boldsymbol{F}_z)$$

【例 4.4】　曲拐轴受力如图 4.9(a)所示,已知 $F = 600$ N。求:(1)力 $\boldsymbol{F}$ 在 x、y、z 轴上的投影;(2)力 $\boldsymbol{F}$ 对 x、y、z 轴之矩。

【解】　(1)计算投影。根据已知条件,应用二次投影法,如图 4.9(b)所示。

先将力 $\boldsymbol{F}$ 向 Oxy 平面和 z 轴投影,得到 $\boldsymbol{F}_{xy}$ 和 $\boldsymbol{F}_z$;再将 $\boldsymbol{F}_{xy}$ 向 x、y 轴投影,便得到 $\boldsymbol{F}_x$ 和 $\boldsymbol{F}_y$。于是有

$$F_x = F_{xy}\cos45° = F\cos60°\cos45° = 600 \times 0.5 \times 0.707 = 212(\text{N})$$
$$F_y = F_{xy}\sin45° = F\cos60°\sin45° = 600 \times 0.5 \times 0.707 = 212(\text{N})$$
$$F_z = F\sin60° = 600 \times 0.866 = 520(\text{N})$$

(2)计算力对轴之矩。先将力 $\boldsymbol{F}$ 在作用点处沿 x、y、z 方向分解,得到 3 个分量 $\boldsymbol{F}_x$、$\boldsymbol{F}_y$、$\boldsymbol{F}_z$,如图 4.9(b)所示,它们的大小分别等于投影 F_x、F_y、F_z 的大小。

根据合力矩定理,可求得力 $\boldsymbol{F}$ 对原指定的 x、y、z 三轴之矩如下:

$$M_x(\boldsymbol{F}) = M_x(\boldsymbol{F}_x) + M_x(\boldsymbol{F}_y) + M_x(\boldsymbol{F}_z) = 0 + F_y \times 0.2 + 0 = 212 \times 0.2 = 42.4(\text{N} \cdot \text{m})$$
$$M_y(\boldsymbol{F}) = M_y(\boldsymbol{F}_x) + M_y(\boldsymbol{F}_y) + M_y(\boldsymbol{F}_z) = -F_x \times 0.2 - 0 - F_z \times 0.05$$
$$= -212 \times 0.2 - 520 \times 0.05 = -68.4(\text{N} \cdot \text{m})$$
$$M_z(\boldsymbol{F}) = M_z(\boldsymbol{F}_x) + M_z(\boldsymbol{F}_y) + M_z(\boldsymbol{F}_z) = 0 + F_y \times 0.05 + 0 = 212 \times 0.05 = 10.6(\text{N} \cdot \text{m})$$

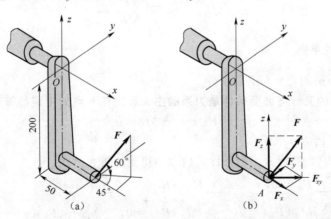

图　4.9

4.3　空间力系的简化与平衡

本节通过空间任意力系的简化结果及平衡条件,引出空间任意力系的平衡方程。

4.3.1　空间力系的简化

与平面任意力系简化方法相同，可根据力的平移定理，将空间任意力系向任意点 O（简化中心）平移，简化为一个空间汇交力系和一个空间力偶系，进而简化为一个主矢量 $\boldsymbol{F}'_R$ 和一个主矩 $\boldsymbol{M}_O$，由于空间任意力系的各个力的作用线不在同一平面内，当力平移时其附加力偶的作用面也不在同一平面内，所以附加力偶矩必须用矢量表示，故其主矩也为矢量。由于空间力系的简化过程较为复杂，也超出了要求范围，这里不作具体介绍，只给出主矢量 $\boldsymbol{F}'_R$ 和主矩 $\boldsymbol{M}_O$ 的大小和方向余弦的解析表达式。

1. 主矢 $\boldsymbol{F}'_R$ 的大小和方向余弦

$$F'_R = \sqrt{(F'_{Rx})^2 + (F'_{Ry})^2 + (F'_{Rz})^2} = \sqrt{\left(\sum F_x\right)^2 + \left(\sum F_y\right)^2 + \left(\sum F_z\right)^2} \quad (4.7)$$

$$\left.\begin{aligned} \cos(\boldsymbol{F}'_R, x) &= \frac{\sum F_x}{F'_R} \\ \cos(\boldsymbol{F}'_R, y) &= \frac{\sum F_y}{F'_R} \\ \cos(\boldsymbol{F}'_R, z) &= \frac{\sum F_z}{F'_R} \end{aligned}\right\} \quad (4.8)$$

2. 主矩 $\boldsymbol{M}_O$ 的大小和方向余弦

$$M_O = \sqrt{\left[\sum M_x(\boldsymbol{F}_i)\right]^2 + \left[\sum M_y(\boldsymbol{F}_i)\right]^2 + \left[\sum M_z(\boldsymbol{F}_i)\right]^2} \quad (4.9)$$

$$\left.\begin{aligned} \cos(\boldsymbol{M}_O, x) &= \frac{\sum M_x(\boldsymbol{F}_i)}{M_O} \\ \cos(\boldsymbol{M}_O, y) &= \frac{\sum M_y(\boldsymbol{F}_i)}{M_O} \\ \cos(\boldsymbol{M}_O, z) &= \frac{\sum M_z(\boldsymbol{F}_i)}{M_O} \end{aligned}\right\} \quad (4.10)$$

4.3.2　空间力系的平衡

1. 空间力系平衡的充分与必要条件

空间力系平衡的充分与必要条件是力系的主矢和对任一点的主矩都等于零，即：

$$\boldsymbol{F}'_R = 0, \quad \boldsymbol{M}_O = 0 \quad (4.11)$$

2. 空间力系平衡方程

将式（4.7）和式（4.9）代入平衡条件式（4.11）得到解析表达式：

$$\left.\begin{aligned} \sum F_x = 0, \qquad \sum F_y = 0, \qquad \sum F_z = 0 \\ \sum M_x(\boldsymbol{F}_i) = 0, \quad \sum M_y(\boldsymbol{F}_i) = 0, \quad \sum M_z(\boldsymbol{F}_i) = 0 \end{aligned}\right\} \quad (4.12)$$

上式表示：**空间力系中各个力在任意空间坐标系每一个坐标轴上投影的代数和分别等于零；同时各力对每一个坐标轴之矩的代数和也分别等于零。**

3. 空间力系平衡方程的应用

式（4.12）称为空间任意力系的平衡方程，其中包含三个投影式和三个力矩式，共有六个独立的平衡方程，因此可以解出六个未知量。

【例 4.5】　建筑物外墙施工用的吊篮支架的受力情况可简化为图 4.10 所示,已知吊篮、施工人员及物品总重 $G = 6$ kN,铰链 A、B、C 在同一个水平面内,且 $BE = CE = DE$,不计杆的自重,试求三杆所受的力。

【解】　(1)由于 AB、AC、AD 三杆均为二力杆,取铰链 A 研究画受力图,如图 4.13(b)所示,该力系为一汇交于铰链 A 点的空间汇交力系,由于 $BE = CE = DE$,则,$\triangle BAE \cong \triangle CAE \cong \triangle DAE$,$\angle BAE = \angle CAE = \angle DAE = \beta = 30°$,$\angle ADE = \gamma = 60°$。

(2)选取空间直角坐标系 $Axyz$ 如图 4.10(b)所示。

(3)建立平衡方程并求解:

$$\sum F_z = 0, \quad F_3 \cos \gamma - G = 0$$

$$F_3 = \frac{G}{\cos \gamma} = \frac{6}{\cos 60°} = 12 \text{(kN)}$$

$$\sum F_x = 0, \quad F_2 \sin \beta - F_1 \sin \beta = 0$$

$$F_1 = F_2$$

$$\sum F_y = 0, \quad F_1 \cos \beta + F_2 \cos \beta + F_3 \sin \gamma = 0$$

$$F_1 = F_2 = \frac{-F_3 \sin \gamma}{2 \cos \beta} = -\frac{12 \times 10^3 \sin 60°}{2 \cos 30°} = -6 \text{(kN)}$$

负号表示 A 点的受力 $\boldsymbol{F}_1$、$\boldsymbol{F}_2$ 的方向与图 4.10(b)所示方向相反,即 AB、AC 杆受压。

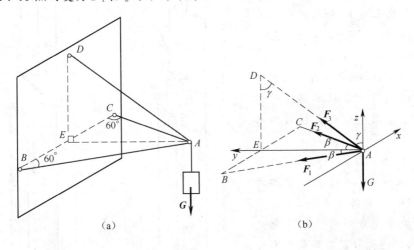

图　4.10

【例 4.6】　建筑工地用的运料小车自身和物料共重 $G = 10$ kN,作用在 D 点,尺寸如图 4.11所示。试求小车静止时地面对车轮的支撑力。

【解】　(1)取小车为研究对象,画其受力图如图 4.11(b)所示,该力系为一空间平行力系。

(2)选取空间直角坐标系 $Hxyz$ 如图 4.11(b)所示。

(3)建立平衡方程并求解:

$$\sum F_z = 0, \quad F_A + F_B + F_C - G = 0$$

$$\sum M_x(\boldsymbol{F}_i) = 0, \quad F_C \times 2 - G \times 0.8 = 0$$

$$\sum M_y(\boldsymbol{F}_i) = 0, \quad F_B \times 0.6 - F_A \times 0.6 = 0$$

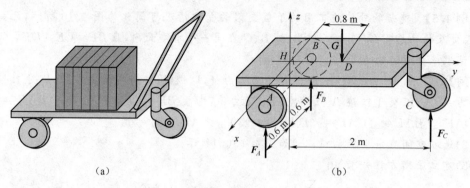

图 4.11

$$F_C = \frac{G \times 0.8}{2} = \frac{10 \times 0.8}{2} = 4(\text{kN})$$

$$F_A = F_B = \frac{G - F_C}{2} = \frac{10 - 4}{2} = 3(\text{kN})$$

【例 4.7】 某厂房支承屋架和吊车梁的立柱下端地基为固定端约束,上端自由,其尺寸和载荷如图 4.12(a)所示,立柱顶端受到屋架的压力为 F_1,牛腿受吊车梁传来的压力 F_2 和沿水平方向的制动力 F_3 作用。已知 $F_1 = 120$ kN,$F_2 = 300$ kN,$F_3 = 25$ kN,$h = 6$ m,$e_1 = 0.1$ m,$e_2 = 0.34$ m,立柱自重 $G = 40$ kN,F_1、F_2、G 均位于立柱的前后对称面内。试求地基固定端对立柱的约束反力。

【解】 (1)取立柱为研究对象画其受力图,由于立柱下端地基为固定端约束,选地基中心为坐标原点 O,平行于立柱各个棱边方向分别为空间直角坐标轴 x、y、z,则地基固定端约束反力可以用 F_x、F_y、F_z 表示,约束反力偶可以用 M_x、M_y、M_z 表示,立柱受到一空间任意力系的作用如图 4.12(b)所示。

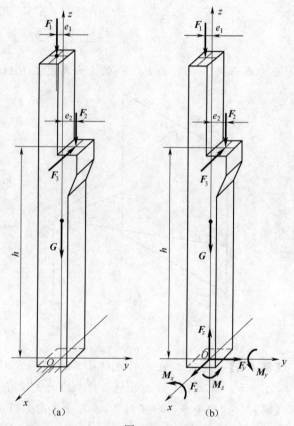

图 4.12

(2)建立平衡方程并求解:

$$\sum F_x = 0, \quad F_x - F_3 = 0$$

$$\sum F_y = 0, \quad F_y = 0$$

$$\sum F_z = 0, \quad F_z - F_1 - F_2 - G = 0$$

$$\sum M_x(\boldsymbol{F}_i) = 0, \quad M_x + F_1 \cdot e_1 - F_2 \cdot e_2 = 0$$

$$\sum M_y(\boldsymbol{F}_i) = 0, \quad M_y - F_3 \cdot h = 0$$

$$\sum M_z(\pmb{F}_i)=0, \quad M_z+F_3\cdot e_2=0$$

将已知数据代入后解得：

$$F_x=25(\text{kN}), \quad F_y=0, \quad F_z=460(\text{kN})$$
$$M_x=90(\text{kN}\cdot\text{m}), \quad M_y=150(\text{kN}\cdot\text{m}), \quad M_z=-8.5(\text{kN}\cdot\text{m})$$

负号表示 M_z 实际转向与图 4.12(b) 所示转向相反。

【**例 4.8**】 某建筑工地有一起重绞车，其鼓轮轴受力和尺寸如图 4.13 所示。已知 $G=10$ kN，$b=c=30$ cm，$a=20$ cm，大齿轮半径 $R=20$ cm，在最高处 E 点受齿轮啮合力 $\pmb{F}_n$ 的作用，$\pmb{F}_n$ 与齿轮分度圆切线之夹角为 $\alpha=20°$，鼓轮半径 $r=10$ cm，A、B 两端为向心轴承。平衡时试求轮齿的作用力 $\pmb{F}_n$ 以及 A、B 两轴承所受的反力。

【**解**】 (1) 取鼓轮轴为研究对象，其上作用有齿轮作用力 $\pmb{F}_n$、起重物重力 $\pmb{G}$ 和轴承 A、B 处的约束反力 $\pmb{F}_{Ax}$、$\pmb{F}_{Az}$、$\pmb{F}_{Bx}$、$\pmb{F}_{Bz}$，画其受力图，如图 4.13 所示，该力系为一空间任意力系。

(2) 选取空间直角坐标轴 $Bxyz$ 如图 4.13 所示。

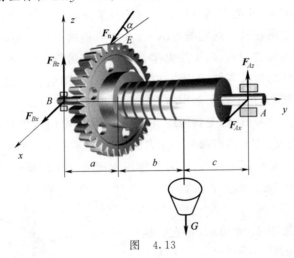

图 4.13

(3) 建立平衡方程式并求解：

$$\sum M_y(\pmb{F}_i)=0 \qquad F_n\cos\alpha\cdot R-G\cdot r=0$$

$$F_n=\frac{Gr}{R\cos\alpha}=\frac{10\times10}{20\times\cos20°}=5.32(\text{kN})$$

$$\sum M_x(\pmb{F}_i)=0 \qquad F_{Az}(a+b+c)-G(a+b)-F_n\sin\alpha\cdot a=0$$

$$F_{Az}=\frac{G(a+b)+F_n\sin\alpha\cdot a}{a+b+c}$$

$$=\frac{10\times(20+30)+5.32\times\sin20°\times20}{20+30+30}=6.7(\text{kN})$$

$$\sum F_z=0 \qquad F_{Az}+F_{By}-F_n\sin\alpha-G=0$$

$$F_{Bz}=F_n\sin\alpha+G-F_{Az}=5.32\times\sin20°+10-6.7=5.12(\text{kN})$$

$$\sum M_z(\pmb{F}_i)=0 \qquad -F_n\cos\alpha\cdot a-F_{Ax}(a+b+c)=0$$

$$F_{Ax}=\frac{-F_n\cos\alpha\cdot a}{a+b+c}=\frac{-5.32\times\cos20°\times20}{20+30+30}=-1.25(\text{kN})$$

$$\sum F_x=0 \qquad F_{Ax}+F_{Bx}+F_n\cos\alpha=0$$

$$F_{Bx} = -F_{Ax} - F_n\cos\alpha = -(-1.25) - 5.32 \times \cos20° = -3.75(\text{kN})$$

负号表示图 4.13 中所画约束反力方向与实际指向相反。

4.4　物体的重心及形心

确定物体重心和形心的位置在工程设计、施工和后续学习中有着重要的意义。因此,必须了解重心和形心的概念并掌握物体重心和平面图形形心的确定方法。

4.4.1　重心和形心的概念及坐标公式

1. 重心的概念

在日常生活和工程实际中经常遇到重心的问题,例如,骑自行车时需要不断地调整重心的位置,才不致于翻到;体操运动员需要保持重心的平衡,才能做出高难度动作;对于塔式起重机来说,需要选择合适的配重,才能在满载和空载时不致于翻到;为了保证挡土墙、水坝等的抗倾覆稳定性,它们的重心必须在某一规定的范围内;大型货物的吊装与运输,必须知道其重心的位置,才能保证吊装与运输的安全;为了使火车、汽车、轮船运行平稳,必须将它的重心位置设计的尽量低些;高速旋转的机械零件,若重心位置偏离轴线,则会引起强烈的振动,甚至破坏。总之,掌握重心的有关知识,在工程实践中有着广泛的用处。

地球表面附近的每一个物体都受到地球引力的作用,这个引力就是物体的重力。如果把物体看成由许多质点组成,每个质点都受到重力的作用,这些重力对物体而言近似组成空间平行力系,该力系的合力就是物体的重力,合力的作用点即为物体的**重心**。在地球表面上,无论物体怎样放置,重心的位置是固定不变的。

2. 重心坐标公式

设空间有一物体,如图 4.14 所示,将它分成许多微小部分,任一微小部分所受的地球引力为 G_i,其重心坐标为(x_i, y_i, z_i),这些微小部分所受的力组成一个空间平行力系。此平行力系合力的大小即为物体的重量 G,此平行力系合力的作用点 C,即为物体的重心。设重心 C 点的位置坐标为 x_C、y_C、z_C,根据合力矩定理,对 y 轴则有

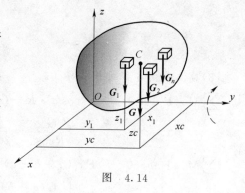

图　4.14

$$M_y(\boldsymbol{G}) = \sum M_y(\boldsymbol{G}_i)$$

也就是

$$Gx_C = G_1x_1 + G_2x_2 + \cdots + G_nx_n = \sum G_ix_i$$

所以

$$x_C = \frac{\sum G_ix_i}{G} \tag{4.13a}$$

同理对 x 轴用合力矩定理得

$$y_C = \frac{\sum G_iy_i}{G} \tag{4.13b}$$

将坐标系连同物体绕 y 轴顺时针转 90°,使 x 轴竖直向上,重心位置不变,再对 y 轴应用合力矩定理可得

$$z_C = \frac{\sum G_i z_i}{G} \qquad (4.13c)$$

式(4.13a)、式(4.13b)、式(4.13c)就是物体重心坐标公式。

若将 $G = mg$，$G_i = m_i g$ 代入以上物体重心坐标公式,消去 g,可得

$$x_C = \frac{\sum m_i x_i}{m}, \quad y_C = \frac{\sum m_i y_i}{m}, \quad z_C = \frac{\sum m_i z_i}{m} \qquad (4.14)$$

式(4.14)确定的 C 点就是物体的质量中心,即质心。式(4.14)就是质心坐标公式。

如果物体是均质的,其密度为 ρ,总体积为 V,微小部分体积为 V_i,则 $G = \rho g V$,$G_i = \rho g V_i$,代入式(4.14)三式得到

$$x_C = \frac{\sum V_i x_i}{V}, \quad y_C = \frac{\sum V_i y_i}{V}, \quad z_C = \frac{\sum V_i z_i}{V} \qquad (4.15)$$

式(4.15)为均质物体形心的计算公式,从中可以看出,**匀质物体的重心位置与物体的重量无关**,所以,**匀质物体的重心又称为形心**。形心就是物体的几何形状中心,例如圆球的形心就是球心。注意,重心、质心是物理概念,而形心是几何概念。只有在均匀重力场中,匀质物体的形心、质心和重心才合而为一。

3. 平面图形形心的坐标公式

在计算平面图形惯性矩时,必须要确定平面图形的形心位置。如果物体是均质等厚平板,平板的体积等于面积 A 与板厚 δ 的乘积,代入式(4.15)消去板的厚度,则有

$$x_C = \frac{\sum A_i x_i}{A}, \quad y_C = \frac{\sum A_i y_i}{A}, \quad z_C = \frac{\sum A_i z_i}{A} \qquad (4.16)$$

如果平板的对称平面为 Oxy 平面,重心便在此平面上,则 $z_C = 0$,如图 4.15 所示。从式(4.16)可以看出均质等厚平板的重心(形心)坐标只与板的平面形状有关,而与板的厚度无关。若板的厚度很薄,则平板可视为平面物体(平面图形)。式(4.16)的前两式就是平面均质物体重心(形心)坐标的计算公式,也称为**平面图形形心坐标公式**。

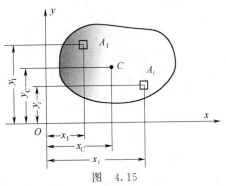

图　4.15

4.4.2　确定物体重心的方法

1. 对称法

凡是具有对称面、对称轴、对称中心的简单形状的均质物体,其重(形)心一定在它的对称面、对称轴或对称中心上。若物体有两个对称面,则重(形)心必在两面的交线上;若物体有两根对称轴,则重(形)心必在两轴的交点上,如图 4.16 所示。

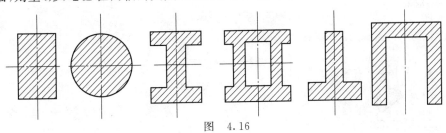

图　4.16

2. 分割法

（1）无限分割法（积分法）。在计算基本规则形体的重心时，可将其分割成无限多块微小的形体，当小形体的重量、尺寸取无限小极限时，式（4.13）的三式可写成定积分形式：

$$x_C = \frac{\int_G x \cdot \mathrm{d}G}{G}, \quad y_C = \frac{\int_G y \cdot \mathrm{d}G}{G}, \quad z_C = \frac{\int_G z \cdot \mathrm{d}G}{G} \tag{4.17}$$

同理，可写出物体质心、形心坐标积分计算公式。从工程手册中可查得用此法求出的常见基本几何形体的形心位置计算式，表4.1列出了其中最常用的部分。用此方法确定基本几何形体重（形）心的方法称为查表法。

（2）有限分割法（组合法）。工程实际中的零部件往往由几个简单的均质基本形体（图形）组合而成为组合形体（图形），每个基本形体（图形）的重（形）心位置可以根据对称法判断或查表获得，在计算它们的重（形）心时，可将组合形体（图形）分割成几块基本形体（图形），然后利用式（4.15）和式（4.17）求出组合形体的重（形）心位置。

表 4.1　简单均质形体（图形）的重（形）心表

形体（图形）	重（形）心位置	面　积
三角形 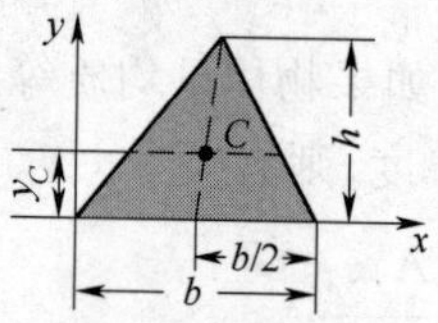	在三中线的交点 $y_C = \dfrac{1}{3}h$	$A = \dfrac{bh}{2}$
梯形 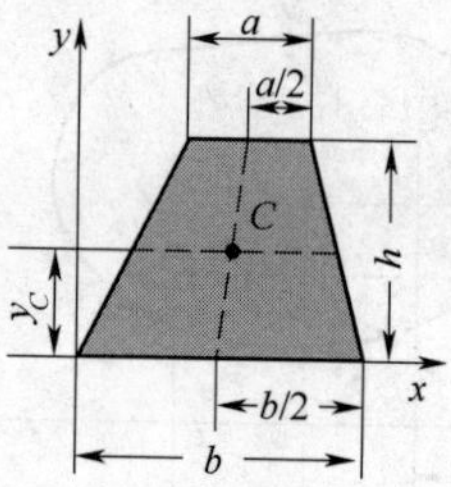	$y_C = \dfrac{h(2a+b)}{3(a+b)}$	$A = \dfrac{h(a+b)}{2}$
扇形 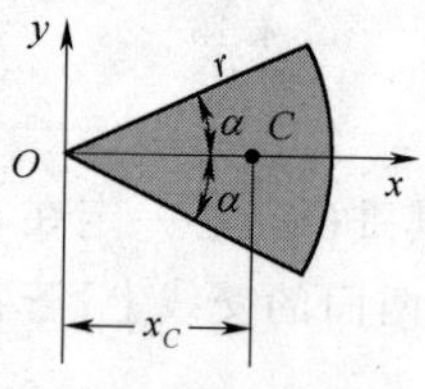	$x_C = \dfrac{2}{3}\dfrac{r\sin\alpha}{\alpha}$ 半圆 $x_C = \dfrac{4r}{3\pi}$ （α 以 rad 为单位）	$A = \alpha \cdot r^2$
部分圆环 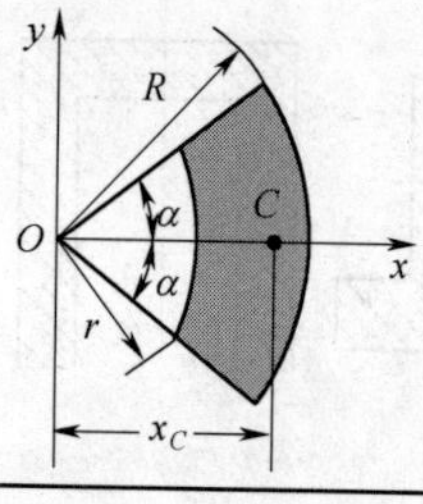	$x_C = \dfrac{2}{3}\dfrac{R^3-r^3}{R^2-r^2}\cdot\dfrac{\sin\alpha}{\alpha}$ （α 以 rad 为单位）	$A = \alpha(R^2-r^2)$

续上表

形体（图形）	重（形）心位置	面　积
弓形 （图）	$x_C = \dfrac{4}{3} \cdot \dfrac{r\sin^3\alpha}{2\alpha - \sin2\alpha}$ （α 以 rad 为单位）	$A = \dfrac{r^2(2\alpha - \sin2\alpha)}{2}$
抛物线面 （图）	$x_C = \dfrac{3}{5}a$ $y_C = \dfrac{3}{8}b$	$A = \dfrac{2}{3}ab$
抛物线面 （图）	$x_C = \dfrac{3}{4}a$ $y_C = \dfrac{3}{10}b$	$A = \dfrac{1}{3}ab$

【例 4.9】　某挡土墙的横截面可近似地简化为如图 4.17 所示的形状。试求其形心的位置。

【解】　可以将该截面分成如图 4.17 所示的一个矩形 Ⅰ 和一个直角三角形 Ⅱ。

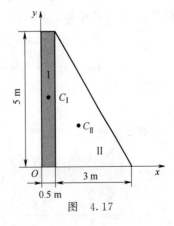

图　4.17

矩形 Ⅰ 的形心坐标和面积为

$$x_{C\mathrm{I}} = 0.25 \text{ m}, \quad y_{C\mathrm{I}} = 2.5 \text{ m}, \quad A_{\mathrm{I}} = 0.5 \times 5 = 2.5 (\mathrm{m}^2)$$

直角三角形 Ⅱ 的形心坐标和面积为

$$x_{C\mathrm{II}} = 0.5 + \frac{3}{3} = 1.5 (\mathrm{m}), \quad y_{C\mathrm{II}} = \frac{5}{3} = 1.67 (\mathrm{m})$$

$$A_{\mathrm{II}} = \frac{3 \times 5}{2} = 7.5 (\mathrm{m})^2$$

求截面形心坐标

$$x_C = \frac{\sum A_i x_i}{A} = \frac{A_{\mathrm{I}} \cdot x_{C\mathrm{I}} + A_{\mathrm{II}} \cdot x_{C\mathrm{II}}}{A_{\mathrm{I}} + A_{\mathrm{II}}} = \frac{2.5 \times 0.25 + 7.5 \times 1.5}{2.5 + 7.5} = 1.19 (\mathrm{m})$$

$$y_C = \frac{\sum A_i \cdot y_i}{A} = \frac{A_1 \cdot y_{C1} + A_2 \cdot y_{C2}}{A_1 + A_2} = \frac{2.5 \times 2.5 + 7.5 \times 1.67}{2.5 + 7.5} = 1.88(\text{m})$$

【例 4.10】　热轧不等边角钢的横截面近似简化如图 4.18 所示,求该截面形心的位置。

【解法 1】　如图 4.18(a)所示,可将该截面分成两个矩形Ⅰ、Ⅱ,Ⅰ、Ⅱ两矩形的面积和形心位置很容易得到,代入形心坐标公式就可求得形心坐标。取坐标系 Oxy,则矩形Ⅰ、Ⅱ的面积和形心坐标分别为:

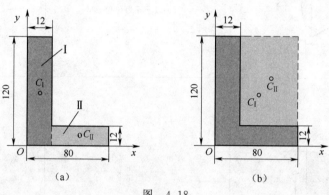

图　4.18

$$A_{\text{I}} = 120 \times 12 = 1\,440(\text{mm}^2),\quad x_{C\text{I}} = 6\text{ mm},\quad y_{C\text{I}} = 60\text{ mm}$$

$$A_{\text{II}} = (80-12) \times 12 = 816(\text{mm}^2),\quad x_{C\text{II}} = 12 + \frac{80-12}{2} = 46(\text{mm}),\quad y_{C\text{II}} = 6\text{ mm}$$

形心坐标为:

$$x_C = \frac{\sum A_i x_i}{A} = \frac{A_{\text{I}} \cdot x_{C\text{I}} + A_{\text{II}} \cdot x_{C\text{II}}}{A_{\text{I}} + A_{\text{II}}} = \frac{1\,440 \times 6 + 816 \times 46}{1\,440 + 816} = 20.5(\text{mm})$$

$$y_C = \frac{\sum A_i y_i}{A} = \frac{A_{\text{I}} \cdot y_{C\text{I}} + A_{\text{II}} \cdot y_{C\text{II}}}{A_{\text{I}} + A_{\text{II}}} = \frac{1\,440 \times 60 + 816 \times 6}{1\,440 + 816} = 40.5(\text{mm})$$

【解法 2】　如图 4.18(b)所示,角钢可以看成由一块边长 120 mm×80 mm 的大矩形Ⅰ减去一个边长为 108 mm×68 mm 的小矩形Ⅱ组合而成。Ⅰ、Ⅱ两部分的面积、形心位置很容易得到,将减去的小矩形Ⅱ的面积以负值代入形心坐标公式,就可求得形心坐标。

$$A_{\text{I}} = 80 \times 120 = 9\,600(\text{mm}^2),\quad x_{C\text{I}} = 40\text{ mm},\quad y_{C\text{I}} = 60(\text{mm})$$

$$A_{\text{II}} = -108 \times 68 = -7\,344(\text{mm}^2),\quad x_{C\text{II}} = 12 + \frac{80-12}{2} = 46(\text{mm})$$

$$y_{C\text{II}} = 120 + \frac{120-12}{2} = 66(\text{mm})$$

形心坐标为:

$$x_C = \frac{\sum A_i x_i}{A} = \frac{A_{\text{I}} \cdot x_{C\text{I}} + A_{\text{II}} \cdot x_{C\text{II}}}{A_{\text{I}} + A_{\text{II}}} = \frac{9\,600 \times 40 - 7\,344 \times 46}{9\,600 - 7\,344} = 20.5(\text{mm})$$

$$y_C = \frac{\sum A_i y_i}{A} = \frac{A_{\text{I}} \cdot y_{C\text{I}} + A_{\text{II}} \cdot y_{C\text{II}}}{A_{\text{I}} + A_{\text{II}}} = \frac{9\,600 \times 60 - 7\,344 \times 66}{9\,600 - 7\,344} = 40.5(\text{mm})$$

这种将去掉部分面积作为负值代入公式计算形心的方法称为**负面积法**。

3. 试验法

对于形状不规则的复杂物体,工程实际中常用试验法确定其重心的位置。

（1）悬挂法 。如图 4.19 所示，利用二力平衡原理，将物体用绳悬挂两次，重心必定在两次绳延长线的交点上。

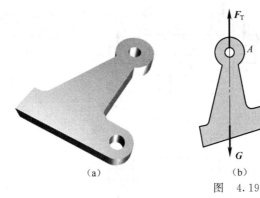

图 4.19

（2）称重法。对于形状复杂的构件、体积庞大的物体常用此方法确定重心的位置。下面结合例题予以说明。

【例 4.11】 如图 4.20 所示，某厂房预制立柱 AB 高为 h，自重为 G，立柱一端支在地面上，另一端吊在秤上，当立柱接近于水平位置时，秤上的读数为 F_1，当立柱倾斜 θ 角时，秤上的读数为 F_2，试用称重法测定预制立柱的重心 C 位置的尺寸 a 和 b。

【解】 （1）当立柱接近于水平位置时

$$\sum M_B(\boldsymbol{F}_i) = 0, \quad F_1 h - G b = 0$$

得

$$b = \frac{F_1 h}{G}$$

（2）当立柱倾斜 θ 角时

$$\sum M_B(\boldsymbol{F}_i) = 0, \quad F_2 \cdot h \cos\theta - G \cos\theta \cdot b + G \sin\theta \cdot a = 0$$

得

$$a = \frac{(F_1 - F_2)h}{G \cdot \tan\theta}$$

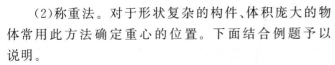

图 4.20

 **知识拓展**

对于空间力系的平衡问题，可以直接运用平衡方程（4.12）来解，也可以**将空间力系分别投影到三个坐标平面上，转化为三个平面任意力系**，分别建立它们的平衡方程来解。这种将空间问题分散转化为三个平面问题的讨论方法，称为**空间力系的平面解法**。

【例 4.12】 用平面解法解例 4.8。

【解】 （1）参考图 4.13，取鼓轮轴为研究对象画其受力图，该力系为一空间任意力系。将该空间力系向三个坐标平面投影，并画出它在三个坐标平面上受力的投影图，如图 4.21 所示。一个空间力系的问题就转化为了三个平面力系问题，即 xz 平面内为平面任意力系，yz 与 xy 平面内则为平面平行力系。

（2）按平面力系的解题方法，逐个分析三个受力投影图，发现本题应从 xz 平面先解。

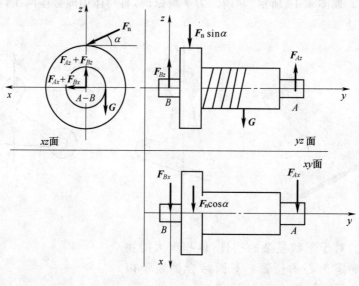

图 4.21

xz 平面：$\sum M_A(\boldsymbol{F}_i) = 0 \qquad F_n \cos \alpha \cdot R - G \cdot r = 0$

$$F_n = \frac{G \cdot r}{R \cos \alpha} = \frac{10 \times 10}{20 \times \cos 20^\circ} = 5.32 (\text{kN})$$

yz 平面：$\sum M_B(\boldsymbol{F}_i) = 0 \qquad F_{Az}(a+b+c) - G(a+b) - F_n \sin \alpha \cdot a = 0$

$$F_{Az} = \frac{G(a+b) + F_n \sin \alpha \cdot a}{a+b+c}$$

$$= \frac{10 \times (20 + 30) + 5.32 \times \sin 20^\circ \times 20}{20 + 30 + 30} = 6.7 (\text{kN})$$

$\sum F_z = 0 \qquad F_{Az} + F_{Bz} - F_n \sin \alpha - G = 0$

$$F_{Bz} = F_n \sin \alpha + G - F_{Az} = 5.32 \times \sin 20^\circ + 10 - 6.7 = 5.12 (\text{kN})$$

xy 平面：

$$\sum M_B(\boldsymbol{F}_i) = 0 \qquad -F_n \cos \alpha \cdot a - F_{Ax}(a+b+c) = 0$$

$$F_{Ax} = \frac{-F_n \cos \alpha \cdot a}{a+b+c} = \frac{-5.32 \times \cos 20^\circ \times 20}{20 + 30 + 30} = -1.25 (\text{kN})$$

$$\sum F_x = 0 \qquad F_{Ax} + F_{Bx} + F_n \cos \alpha = 0$$

$$F_{Bx} = -F_{Ax} - F_n \cos \alpha = -(-1.25) - 5.32 \times \cos 20^\circ = -3.75 (\text{kN})$$

负号表明图中所标力的方向与实际方向相反。

计算结果与例 4.8 的结果相同。在工程实际中常见的轮轴受力计算，应用平面解法较为方便。

 本章小结

空间力系的分析和求解方法与平面力系基本相同，其难点在于如何正确地将力向空间直角坐标轴投影和力对坐标轴求力矩，以及如何将空间力系向三个直角坐标平面投影，要解决这些难点问题,首先要弄清受力系统的空间结构和所受到的各种力以及受力位置;其次,要在原结构图上画出系统的受力图;然后,所选空间直角坐标轴应与力系中的多数力的夹角、位置简单(最好平行、垂直和相交)。注意,在计算力对轴之矩时常常使用合力矩定理,将力沿三个直角坐标轴分解为三个分力来计算较为方便。求解重心的问题,实际上是空间合力矩定理的应用,要了解重心的概念,掌握物体的重心和平面组合图形形心的计算和测量方法。本章主要内容如下。

4.1　力在空间直角坐标轴上的投影

1. 直接投影法

$$F_x = \pm F \cdot \cos \alpha, \quad F_y = \pm F \cdot \cos \beta, \quad F_z = \pm F \cdot \cos \gamma$$

其中,α、β、γ 分别为力 $\boldsymbol{F}$ 与 x、y、z 三个坐标轴所夹的锐角。

2. 二次投影法

$$F \Rightarrow \begin{cases} F_z = \pm F \cdot \cos \gamma \\ F_{xy} = F \cdot \sin \gamma \end{cases} \Rightarrow \begin{cases} F_x = \pm F_{xy} \cdot \cos \varphi = \pm F \cdot \sin \gamma \cdot \cos \varphi \\ F_y = \pm F_{xy} \cdot \sin \varphi = \pm F \cdot \sin \gamma \cdot \sin \varphi \end{cases}$$

其中,γ 为力 $\boldsymbol{F}$ 与 z 轴所夹的锐角,φ 为力 $\boldsymbol{F}$ 与 z 轴所确定的平面与 x 轴所夹的锐角。

3. 投影的"正、负"号规定

当力的起点投影至终点投影的连线方向与坐标轴正向一致时取正号;反之取负号。

4.2　力对轴之矩

1. 直接计算法

力对轴之矩大小等于力在垂直于该轴的平面上的分力对于此平面与该轴交点之矩,即 $M_z(\boldsymbol{F}) = M_z(\boldsymbol{F}_{xy}) = M_O(\boldsymbol{F}_{xy}) = \pm F_{xy}d$。

以右手的四指指向符合力矩转向而握拳时,大姆指指向与该轴的正向一致时取正号,反之则取负号。

2. 合力矩定理

空间力系的合力对某轴之矩,等于力系中各分力对同一轴之矩的代数和,即 $M_z(\boldsymbol{F}_R) = M_z(\boldsymbol{F}_1) + M_z(\boldsymbol{F}_2) + \cdots + M_z(\boldsymbol{F}_n) = \sum M_z(\boldsymbol{F}_i)$。

一般先将力 $\boldsymbol{F}$ 在作用点处沿坐标方向分解,然后再应用合力矩定理计算力矩,即

$$M_z(\boldsymbol{F}) = M_z(\boldsymbol{F}_x) + M_z(\boldsymbol{F}_y) + M_z(\boldsymbol{F}_z) = M_z(\boldsymbol{F}_x) + M_z(\boldsymbol{F}_y)$$
$$M_y(\boldsymbol{F}) = M_y(\boldsymbol{F}_x) + M_y(\boldsymbol{F}_y) + M_y(\boldsymbol{F}_z) = M_y(\boldsymbol{F}_x) + M_y(\boldsymbol{F}_z)$$
$$M_x(\boldsymbol{F}) = M_x(\boldsymbol{F}_x) + M_x(\boldsymbol{F}_y) + M_x(\boldsymbol{F}_z) = M_x(\boldsymbol{F}_y) + M_x(\boldsymbol{F}_z)$$

4.3　空间力系的简化

1. 主矢 $\boldsymbol{F}_R$ 的大小和方向余弦

$$\boldsymbol{F}'_R = \sqrt{(F'_{Rx})^2 + (F'_{Ry})^2 + (F'_{Rz})^2} = \sqrt{(\sum F_x)^2 + (\sum F_y)^2 + (\sum F_z)^2}$$

$$\cos(\boldsymbol{F}'_R, x) = \frac{\sum F_x}{F'_R}, \quad \cos(\boldsymbol{F}'_R, y) = \frac{\sum F_y}{F'_R}, \quad \cos(\boldsymbol{F}'_R, z) = \frac{\sum F_z}{F'_R}$$

2. 主矩 $\boldsymbol{M}_O$ 的大小和方向余弦

$$M_O = \sqrt{\left[\sum M_x(\boldsymbol{F}_i)\right]^2 + \left[\sum M_y(\boldsymbol{F}_i)\right]^2 + \left[\sum M_z(\boldsymbol{F}_i)\right]^2}$$

$$\cos(\boldsymbol{M}_O, x) = \frac{\sum M_x(\boldsymbol{F}_i)}{M_O}, \quad \cos(\boldsymbol{M}_O, y) = \frac{\sum M_y(\boldsymbol{F}_i)}{M_O}, \quad \cos(\boldsymbol{M}_O, z) = \frac{\sum M_z(\boldsymbol{F}_i)}{M_O}$$

4.4　空间力系的平衡

（1）空间力系平衡的充分与必要条件是：力系的主矢和对任一点的主矩都等于零，即：

$$\boldsymbol{F}'_R = 0, \quad \boldsymbol{M}_O = 0$$

（2）空间力系平衡方程

$$\sum F_x = 0, \qquad \sum F_y = 0, \qquad \sum F_z = 0$$

$$\sum M_x(\boldsymbol{F}_i) = 0 \qquad \sum M_y(\boldsymbol{F}_i) = 0 \qquad \sum M_z(\boldsymbol{F}_i) = 0$$

4.5　空间力系平衡问题的两种解法

选取研究对象，经受力分析画出受力图并选取空间直角坐标系后：

（1）直接应用空间力系平衡方程计算；

（2）应用空间力系的平面解法计算：将空间力系分别投影到三个坐标平面上，转化为三个平面任意力系，分别建立它们的平衡方程来解。

4.6　重心

1. 重心的概念

物体各部分重力合力的作用点即是重心。在地球上，均质物体的重心与形心重合，无论物体怎样放置，重心的位置是固定不变的。

2. 计算公式

（1）重心坐标公式

$$x_C = \frac{\sum G_i x_i}{G}, \quad y_C = \frac{\sum G_i y_i}{G}, \quad z_C = \frac{\sum G_i z_i}{G}$$

（2）质心坐标公式

$$x_C = \frac{\sum m_i x_i}{m}, \quad y_C = \frac{\sum m_i y_i}{m}, \quad z_C = \frac{\sum m_i z_i}{m}$$

（3）均质物体形心坐标公式

$$x_C = \frac{\sum V_i x_i}{V}, \quad y_C = \frac{\sum V_i y_i}{V}, \quad z_C = \frac{\sum V_i z_i}{V}$$

（4）平面图形形心坐标公式

$$x_C = \frac{\sum A_i x_i}{A} = \frac{S_y}{A}, \quad y_C = \frac{\sum A_i y_i}{A} = \frac{S_x}{A}$$

3. 确定物体重心的方法

（1）对称法：简单形状均质物体的重心一定在它的对称面、对称轴或对称中心上。

（2）查表法。

（3）无限分割法：

$$x_C = \frac{\int_G x \cdot \mathrm{d}G}{G}, \quad y_C = \frac{\int_G y \cdot \mathrm{d}G}{G}, \quad z_C = \frac{\int_G z \cdot \mathrm{d}G}{G}$$

（4）有限分割法：求平面组合形体（图形）的形心时常用此法。

（5）试验法：有悬挂法和称重法。

复习思考题

4.1 在什么情况下力对轴之矩为零？如何判断力对轴之矩的正、负号？

4.2 一个空间力系平衡问题可转化为三个平面力系平衡问题，每个平面力系平衡问题都可列出三个平衡方程，为什么空间力系平衡问题解决不了 9 个未知量？

4.3 如图所示，力 F 作用在 $OABC$ 平面内，则力 F 对 x、y、z 轴之矩以下结论正确的是（　　）。

A. $M_x(F)=0$，$M_y(F)=0$，$M_z(F)\neq0$

B. $M_x(F)=0$，$M_y(F)\neq0$，$M_z(F)=0$

C. $M_x(F)\neq0$，$M_y(F)=0$，$M_z(F)=0$

D. $M_x(F)\neq0$，$M_y(F)\neq0$，$M_z(F)=0$

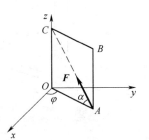

题 4.3 图

4.4 解空间任意力系平衡问题时，应该怎样选取坐标轴才能使所列的方程简单，便于求解？

4.5 物体的重心是否在物体内部？

4.6 一均质等截面直杆的重心在哪里？若把它弯成半圆形，重心的位置是否改变？

4.7 如图所示，长方体的顶角 A 和 B 处分别有力 F_1 和 F_2 的作用。已知 $F_1=500$ N，$F_2=700$ N。试求二力在 x、y、z 三轴上的投影。

4.8 图示长方体上作用着两个力 F_1、F_2。已知 $F_1=100$ N，$F_2=10\sqrt{5}$ N，$b=0.3$ m，$c=0.4$ m，$d=0.2$ m，$e=0.1$ m，试分别计算 F_1 和 F_2 在三个坐标轴上的投影及对三个坐标轴之矩。

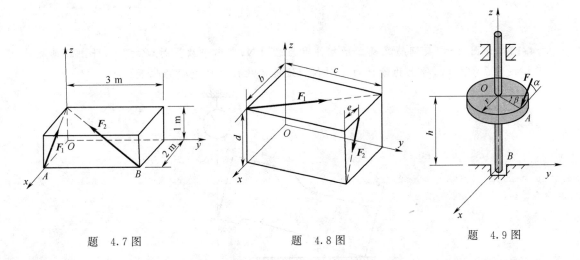

题 4.7 图　　　　　题 4.8 图　　　　　题 4.9 图

4.9 图中水平轮上 A 处有一力 $F=1$ kN，F 在铅直平面内，其作用线与过 A 点的切线成 α 角，$\alpha=60°$，OA 与 y 向之夹角 $\beta=45°$，$h=2r=1$ m。试计算力 F 在三个坐标轴上的投影及对三个坐标轴之矩。

4.10 图示公路信号标 S 承受 700 N/m² 垂直的均匀风压，信号标重量为 200 N，重心在其中心。求立柱固定端基础 A 的约束反力。

4.11 图示电动卷扬机的二皮带轮中心线是水平线，两胶带与水平面夹角均为 $30°$，鼓轮

半径 $r=10$ cm,大带轮半径 $R=20$ cm,吊起重物重 $G=10$ kN,胶带下(紧)边拉力 F_T 是上(松)边拉力 F_t 的二倍。图中尺寸单位为 cm。试求胶带拉力及 A,B 两轴承的约束反力。

4.12　试求图中阴影线平面图形的形心坐标。

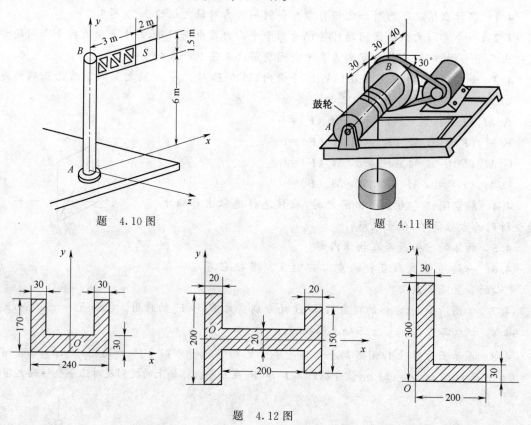

题　4.10 图　　　　　　　　　　　题　4.11 图

题　4.12 图

4.13　如图所示,某钢筋混凝土预制件重为 25 kN,当水平放置时($\theta=0°$),秤上的读数为 17.5 kN;当 $\theta=20°$ 时,秤上的读数为 15 kN。试确定此预制件重心的位置。

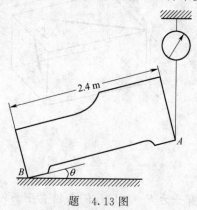

题　4.13 图

第二篇 材料力学

引　言

本篇将在第一篇静力分析的基础上研究构件的强度、刚度和稳定性问题。

在工程实际中,建筑物或机械一般由各种工程构件组成。当建筑物或机械工作时,这些构件就会承受一定的荷载即力的作用。构件所承受的外力是有限度的,超过一定限度,构件便会丧失正常功能,为了保证建筑物或机械的正常工作,构件应有足够的能力负担起应当承受的荷载——足够的**承载能力**。因此,它应当满足以下三个要求:

(1)构件必须具有足够的**强度**:构件在外力作用下具有足够的抵抗破坏的能力。

(2)构件必须具有足够的**刚度**:构件在外力作用下具有足够的抵抗变形的能力。

(3)构件必须具有足够的**稳定性**:构件必须具有足够的保持原有平衡状态的能力。

然而,在工程实际中一些构件虽然具有足够的承载能力,但却使用了大量的材料,增加了成本,造成浪费。材料力学的研究工作就是在满足强度、刚度和稳定性的要求下,为设计既经济又安全的构件提供必要的理论基础和计算方法。

5　材料力学的基本概念

本章描述

材料力学的研究工作是为构件的合理设计提供基本原理和方法。本章主要介绍变形固体的基本假设和杆件的基本变形形式。

教学目标

1. 知识目标

(1)掌握变形固体的三种基本假设;

(2)掌握杆件的四种基本变形形式。

2. 能力目标

能够将材料力学的基本理论知识和工程实际相结合,更加明确地掌握材料力学所研究的对象。

3. 素质目标

(1)培养学生能够应用假设的思想来解决实际问题的能力;

(2)培养学生具有理论联系实际的能力。

5.1　变形固体及其基本假设

建筑物和机械的各种构件一般都是由固体制成的,在荷载作用下都会发生尺寸和形状的变化,故被称为变形固体。固体在荷载作用下产生的变形可分为两种:一种是除去荷载后可恢复原来形状的变形,称为**弹性变形**;另一种是除去荷载后不能恢复原来形状的变形,称为**塑性变形**。在材料力学中,主要研究的是在弹性变形阶段内的力学性质。

在对变形固体材料制成的构件进行强度、刚度和稳定性研究时,为抽象出某种理想的力学模型,通常根据构件的主要性质做出一定的假设:

(1)**连续性假设**。认为组成固体的物质毫无空隙地充满了固体体积。实际的变形固体的粒子之间存在着空隙,但这种空隙与构件的尺寸相比极其微小,可以忽略不计。于是认为固体在其整个体积内是连续的。

(2)**均匀性假设**。认为固体内各点处的力学性能是相同的。从任意一点取出的单元体,都具有与整体同样的力学性能。

(3)**各向同性假设**。认为固体沿任何方向的力学性能都是相同的。实际上,组成物体的各个晶粒在不同方向有不同的性质。但从宏观上看,各个方向的力学性能都很接近。具有这种属性的材料称为各向同性材料,如钢、混凝土、玻璃等。有些材料沿各方向的力学性能相差较大,像这样的材料称之为各向异性材料,如木材等。

综上所述,在材料力学中是把实际材料看作均匀、连续、各向同性的可变形固体,且在大多数场合下局限在**小变形**并在弹性变形范围内进行研究。

5.2　杆件的基本变形形式

在工程实际中,构件的几何形状是多种多样的。材料力学主要研究长度远大于横截面的构件,称为杆件或杆。杆是工程中最基本、最常用的构件,如传动轴、梁、立柱等。作用在杆上的外力是多种多样的,杆件相应变形也有各种形式,经过分析,杆的变形可归纳为四中基本变形的形式。

1. 轴向拉伸或轴向压缩

在一对大小相等、方向相反、作用线与杆轴线重合的外力作用下,直杆的主要变形是长度的改变。这种变形形式称为**轴向拉伸或轴向压缩**,如图 5.1(a)和图 5.1(b)所示。

2. 剪切

在一对相距很近的大小相等、方向相反的横向外力作用下,杆的主要变形是横截面沿外力作用方向发生的相对错动变形,这种变形形式称为**剪切**,如图 5.1(c)所示。

3. 扭转

在一对大小相等、方向相反、作用面都垂直于杆轴的两个力偶作用下,杆件的任意两个相邻横截面绕轴线发生相对转动变形,而轴线仍维持直线,这种变形形式称为**扭转**,如图 5.1(d)所示。

4. 弯曲

在垂直于杆件轴线的外力作用下,杆件变形的特征为轴线变弯成曲线,这种变形形式称为**弯曲**,如图 5.1(e)、(f)所示。

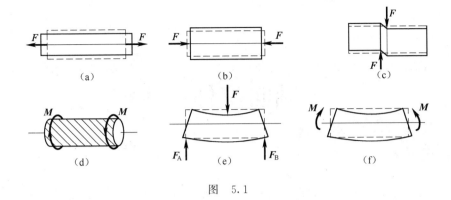

图　5.1

 本章小结

5.1　变形固体的基本假设

(1)连续性假设:认为组成固体的物质毫无空隙地充满了固体体积。

(2)均匀性假设:认为固体内各点处的力学性能是相同的。

(3)各向同性假设:认为固体沿任何方向的力学性能都是相同的。

综上所述,在材料力学中是把实际材料看作均匀、连续、各向同性的可变形固体,且在大多数场合下局限在小变形并在弹性变形范围内进行研究。

5.2　杆件变形的基本形式

(1)轴向拉伸或轴向压缩;

(2)剪切;

(3)扭转;

(4)弯曲。

 复习思考题

5.1　掌握变形固体的基本假设。

5.2　掌握杆件变形的基本形式。

6 轴向拉伸和压缩

本章描述

本章介绍了计算内力的方法——截面法和轴力图的绘制，拉压杆件横截面上的正应力公式和强度计算，根据强度条件可以对杆件进行校核。同时本章还研究了轴向拉压杆的变形计算和拉（压）时材料的力学性能。

教学目标

1. 知识目标
（1）掌握计算内力的方法——截面法；
（2）掌握应力概念、应力公式和对材料进行强度校核的方法；
（3）掌握拉压的变形计算和胡克定律；
（4）掌握材料在拉伸和压缩时的力学性能特点。
2. 能力目标
能够对受拉（压）的构件进行强度、刚度问题分析，并根据其材料的力学性能解决实践中的问题。
3. 素质目标
培养学生分析问题和解决问题的能力。

相关案例——塔吊折断事故

2007 年，安徽省某一建筑工地，在使用塔吊起吊重物时，发生塔吊折断事故，事故造成严重后果，见图 6.1。

图 6.1

塔吊是由杆件组成的桁架结构。在桁架结构中,就单个杆件分析不是受压便是受拉。该事故的原因是塔吊在吊起重物时,某杆件受到了超出自身材料强度的轴向拉伸或压缩应力作用,致使杆件发生变形或断裂,最终导致塔吊失去平衡造成事故。

通过以上的实例分析可知,对杆件的轴向拉伸或压缩的研究有着重要的意义。

6.1 轴向拉(压)的概念和计算简图

在生产实践中经常遇到轴向拉伸或压缩的杆件。例如屋架中的等直杆件,作用于其上的外力合力作用线与杆的轴线重合,在这种受力情况下,杆的主要变形形式是轴向伸长或缩短,如图 6.2(a)所示,其计算简图可简化为图 6.2(b)所示的桁架结构。

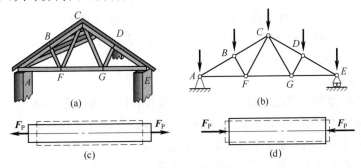

图 6.2

在工程实际中有许多构件虽然外形各有差异,力的加载方式也并不相同,但都具有如下特点:作用于杆件上的外力的合力作用线与杆件轴线重合,杆件的变形沿轴线方向伸长或缩短。杆的这种变形形式称为**轴向拉伸**或**轴向压缩**。简化后的力学模型如图 6.2(c)、(d)所示。

6.2 内力・截面法・轴力图

6.2.1 内 力

杆件在外力作用下将发生形状和尺寸的改变,这时杆件的内部将产生一种抵抗变形的抗力,这种抗力称为**内力**。

6.2.2 截面法

计算杆件内力的方法是**截面法**。截面法是假想用一平面将杆件在需求内力的截面处截开,将杆件分为两部分;取其中一部分作为研究对象,此时截面上的内力被显示出来,变成研究对象上的外力;再由平衡条件求出内力。现以轴向拉伸为例来具体说明如何用截面法求拉(压)杆的内力。如图 6.3(a)所示拉杆,首先假想用一截面沿 $m—m$ 将杆截开,使杆分为 Ⅰ、Ⅱ 两部分,现以杆段 Ⅰ 为研究对象。根据连续性、均匀性假设,截面 $m—m$ 上将有均匀、连续分布的内力。杆段 Ⅱ 对杆段 Ⅰ 的内力以分布内力的合力 F_N 来表示,如图 6.3(b)所示,再根据平衡条件求出 $m—m$ 面上的内力。由 $\sum F_x = 0$,得

$$F_N - F_P = 0 \tag{6.1}$$
$$F_N = F_P$$

根据上面的分析,拉(压)杆横截面上的内力 F_N 的作用线与杆轴线重合,故 F_N 称为**轴力**。杆件产生拉伸变形时,轴力的指向离开横截面;压缩变形时,轴力则指向横截面。习惯上把**拉伸时的轴力规定为正,压缩时的轴力规定为负**。

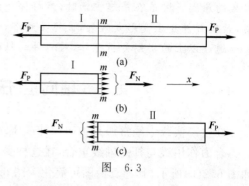

图 6.3

6.2.3 轴力图

若沿杆件轴线作用的外力多于两个,则在杆件各部分的横截面上的轴力不尽相同,这时往往用轴力图表示轴力沿杆件轴线变化的情况。一般以与杆件轴线平行的坐标轴表示各横截面的位置,以垂直于该坐标轴的方向表示相应的内力值,这样做出的图形称为**轴力图**。轴力图能够明确地表示杆件各横截面的轴力大小及方向,它是进行应力、变形、强度、刚度等计算的依据。

轴力图的具体做法是:

(1)将杆件按外力变化情况分段,并用截面法求出各段控制截面的轴力。

(2)建立一直角坐标系,其中 x 轴与杆的轴线方向一致,表示杆件截面的位置,F_N 轴垂直于 x 轴,表示轴力的大小,通常坐标原点与杆端对应。

(3)根据各段轴力的大小绘出图线,标出纵标线、纵标值、正负号、图名、单位。

关于轴力图的绘制,下面举例说明。

【例 6.1】 一等截面直杆,其受力情况如图 6.4 所示,试作其轴力图。

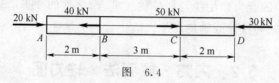

图 6.4

【解】 (1)求各段的轴力

在 AB 之间任取一横截面 1-1,如图 6.5 所示,将杆件分为两部分,取左边部分为研究对象(也可以取右边部分为研究对象),假设该截面的轴力 F_{N1} 为拉力,由静力平衡条件列方程 $\sum F_x = 0$ 有

$$F_{N1} + 20 = 0$$

得

$$F_{N1} = -20 \text{ (kN)}$$

结果为负,表示该截面内力 F_{N1} 的方向与假设的方向相反,为压力。

在 BC 之间任取一横截面 2-2,如图 6.5 所示,截面将杆件分为两部分,取左边部分为研究对象(也可以取右边部分为研究对象),假设该截面的轴力 F_{N2} 为拉力,由静力平衡条件列方程 $\sum F_x = 0$ 有

$$F_{N2} + 20 - 40 = 0$$

得

$$F_{N2} = 20 \text{(kN)}$$

结果为正,表示该截面内力 F_{N2} 的方向与假设的方向相同,为拉力。

在 CD 之间任取一横截面 3-3,如图 6.5 所示,截面将杆件分为两部分,取左边部分为研究对象(也可以取右边部分为研究对象),假设该截面的轴力 F_{N3} 为拉力,由静力平衡条件列方

程 $\sum F_x = 0$ 有
$$F_{N3} + 20 - 40 + 50 = 0$$
得
$$F_{N3} = -30 (\text{kN})$$

结果为负,表示该截面内力 F_{N3} 的方向与假设的方向相反,为压力。

(2)绘制轴力图

取平行于杆轴线的 x 轴为横坐标轴,以坐标 x 表示横截面的位置(绘图时常省略坐标轴)取垂直于 x 轴的 F_N 轴为纵坐标轴,以坐标 F_N 表示相应截面的轴力,按适当比例将正值轴力绘于 x 轴的上侧,负值轴力绘于下侧,可得轴力图,如图 6.5 所示。

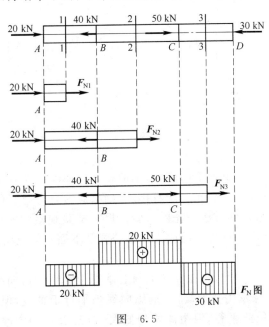

图　6.5

6.3　轴向拉(压)杆横截面上的应力·强度计算

6.3.1　应力的概念

在得出轴力以后,还不能判断杆件是否会受到破坏。例如有两根材料相同的拉杆,一根较粗,一根较细,在相同的拉力下,两杆的轴力相同,但当拉力逐渐增大时,细杆必定先被拉断。这表明虽然两杆横截面上的内力相等,但分布内力在横截面上各点处的强弱程度(也称集度)却不相同,细杆横截面上的分布内力集度比粗杆大。所以,在材料相同的情况下,判断杆件破坏与否的依据不是内力大小,而是内力分布集度。内力分布集度工程上通常称为**应力**。

为了确定截面上任意一点 E 处的应力,可围绕 E 点取一微小面积 ΔA,作用在微小面积 ΔA 上的合内力记为 ΔF,如图 6.6(a)所示,则 $p_m = \Delta F / \Delta A$ 称为 ΔA 上的平均应力。平均应力 p_m 不能精确地表示 E 点处的内力分布集度。当 ΔA 无限趋近于零时,平均应力 p_m 的极限值 p 才能表示 E 点处的内力分布集度,即

$$p = \lim_{\Delta A \to 0} \frac{\Delta F}{\Delta A} = \frac{\mathrm{d}F}{\mathrm{d}A}$$

上式中 p 称为 E 点处的应力。一般情况下,应力 p 的方向与截面既不垂直也不相切。通

常将应力 p 分解为与截面垂直的法向分量 σ 和与截面相切的切向分量 τ，如图 6.6(b)所示。垂直于截面的应力分量 σ 称为**正应力**或**法应力**；相切于截面的应力分量 τ 称为**切应力**或**剪应力**。在国际单位制中，应力的单位为帕斯卡或简称为帕(Pa)，工程上常用单位是 kPa、MPa、GPa，1 Pa＝1 N/m²。

$$1 \text{ MPa}=10^6 \text{ Pa}=10^6 \times \frac{\text{N}}{\text{m}^2}=10^6 \times \frac{\text{N}}{10^6 \text{ mm}^2}=1 \frac{\text{N}}{\text{mm}^2}$$

在今后的计算中，我们常将力的单位用 N 表示，面积的单位用 mm² 表示，计算得到应力的单位即 MPa。

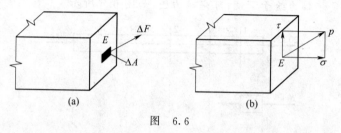

图　6.6

6.3.2　横截面上的应力

为了确定轴向拉(压)杆横截面上的应力，不但要知道杆件的内力，还必须知道内力在截面上的分布规律。应力在截面上的分布不能直接观察到，但内力与变形有关，因此要找出内力在截面上的分布规律，通常采用的方法是先做试验。根据试验观察到的杆件在外力作用下的变形现象，做出一些假设，然后才能推导出应力计算公式。下面我们就用这种方法推导轴向拉压杆的应力计算公式。

以等直杆拉伸为例。拉伸前，先在杆件上画上垂直于轴线的横向线和平行于轴线的纵向线。施加轴向拉力 **F** 后，杆发生变形，所有的纵向线仍平行于轴线，但距离均匀减小，所有的横向线仍保持为直线，并彼此平行，但距离均匀变大[如图 6.7(a)中虚线]。根据上述试验现象，对杆件的内部变形可做出如下假设：

(1)平面假设。变形前为平面的横截面，变形后仍为平面，且任意两个横截面只是做相对平移。

(2)均匀连续性假设。将各纵向线看作由许多纤维组成，根据平面假设，任意两横截面之间的所有纤维的伸长都相同，由于各纵向线即杆件横截面上各点处的变形都相同，因此推断它们受的力也相等。

由以上假设可知，横截面上各点处只有纵向的正应力，而没有切向的切应力，且各点处的正应力 σ 大小相等，即杆件在产生轴向拉伸或压缩变形时，其横截面上的正应力分布均匀，如图 6.7(b)。若杆的轴力为 $\boldsymbol{F}_{\text{N}}$，横截面面积为 A，则正应力为：

$$\sigma=\frac{F_{\text{N}}}{A} \tag{6.2}$$

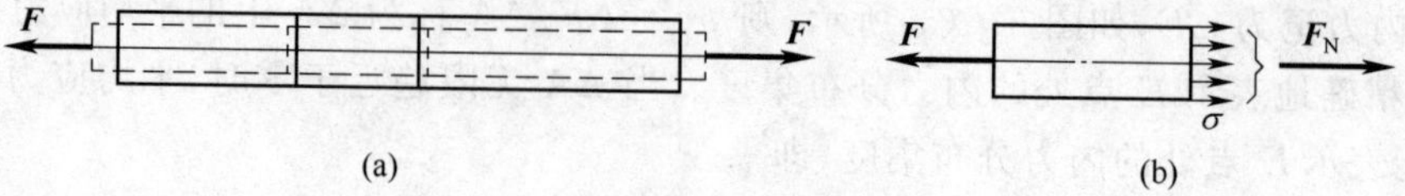

图　6.7

对于压杆，式(6.2)同样适用。正应力的正负号与轴力一致，即拉应力为正，压应力为负。

【**例 6.2**】 石砌桥墩的墩身高 $h=10$ m，其横截面尺寸如图 6.8 所示。如果荷载 $F_P=1\ 000$ kN，材料的容重 $\gamma=23$ kN/m³，求墩身底部横截面上的压应力。

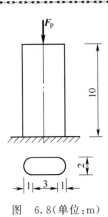

【**解**】 (1)墩身横截面面积：

$$A=3\times2+\frac{\pi\times2^2}{4}=9.14(\text{m}^2)=9.14\times10^6(\text{mm}^2)$$

(2)墩身底面应力：

$$\sigma=\frac{F_P}{A}+\frac{\gamma\cdot Ah}{A}=\frac{1\ 000\times10^3}{9.14\times10^6}+10\times10^3\times23\times10^{-6}=0.34(\text{MPa})$$

图 6.8(单位:m)

6.3.3　强度计算

为使杆件在外力作用下不致发生断裂或者显著的永久变形(即塑性变形)，即不致发生强度破坏，杆件内最大工作应力 σ_{max} 不能超过杆件材料所能承受的**极限应力** σ_{jx}。强度计算中，把极限应力除以大于1的因数 K 作为设计时应力的最大允许值，称为材料的**许用应力**，用 $[\sigma]$ 表示，即

$$[\sigma]=\frac{\sigma_{jx}}{K}$$

式中大于1的因数 K 称安全因数。于是拉(压)杆能正常工作的**强度条件**为

$$\sigma_{max}=\frac{F_N}{A}\leqslant[\sigma] \tag{6.3}$$

在工程实际中，根据这一强度条件可以解决以下三种类型的强度计算：

(1)校核强度——已知杆件的横截面面积 A、材料的许用应力 $[\sigma]$ 以及杆件所承受的荷载，检验是否满足下式，从而判定杆件是否具有足够的强度。

$$\sigma_{max}\leqslant[\sigma] \tag{6.4}$$

(2)选择截面尺寸——已知荷载及许用应力，根据强度条件选择截面尺寸。

$$A\geqslant\frac{F_N}{[\sigma]} \tag{6.5}$$

(3)确定许用荷载——已知杆件的横截面面积 A、材料的许用应力 $[\sigma]$ 以及杆件所承受的荷载的情况，根据强度条件确定荷载的最大许用值。

$$F_{Nmax}\leqslant A[\sigma] \tag{6.6}$$

下面举例说明轴向拉伸(压缩)时杆件的强度计算。

【**例 6.3**】 用绳索起吊钢筋混凝土管，如图 6.9(a)所示，管子的重量 $W=10$ kN，绳索的直径 $d=40$ mm，许用应力 $[\sigma]=10$ MPa，试校核绳索的强度。

【**解**】 (1)计算绳索的轴力

以混凝土管为研究对象，画出其受力图，如图 6.9(b)所示，根据对称性易知左右两段绳索轴力相等，记为 F_N，根据静力平衡方程有

$$2F_N\sin45°=W$$

计算得

$$F_N=\frac{\sqrt{2}}{2}W=5\sqrt{2}(\text{kN})$$

(2)校核强度

$$\sigma=\frac{F_N}{A}=\frac{5\sqrt{2}\times10^3\times4}{\pi d^2}=\frac{20\sqrt{2}\times10^3}{3.14\times40^2}=5.63(\text{MPa})<[\sigma]=10\ \text{MPa}$$

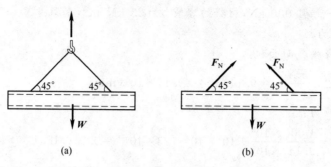

图　6.9

结论:该绳索满足强度要求。

【例 6.4】　图 6.10 所示三角形托架,其杆 AB 由两根等边角钢组成。已知 $F=75$ kN,$[\sigma]=160$ MPa,试选择等边角钢的型号。

【解】　(1)计算轴力 $F_{N,AB}$

由静力学知识可知:

$$F_{N,AB}=F=75(kN)$$

(2)选择截面尺寸

$$A\geqslant\frac{F_{N,AB}}{[\sigma]}=\frac{75\times10^3}{160}=468.75(mm^2)=4.688(cm^2)$$

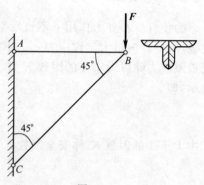

图　6.10

查型钢表选边厚为 3 mm 的 4 号等边角钢,其 $A=2.359$ cm^2,两根角钢 $A=4.71$ cm^2,故符合要求。

【例 6.5】　图 6.11(a)为简易起重设备的示意图,杆 AB 和 BC 均为直径 $d=36$ mm 的圆截面钢杆,钢的许用应力 $[\sigma]=170$ MPa,试确定吊车的最大许可起重量 $[W]$。

【解】　(1)计算 AB、BC 杆的轴力:

设 AB 杆的轴力为 F_{N1},BC 杆的轴力为 F_{N2},取结点 B 进行受力分析,受力如图 6.11(b)所示。

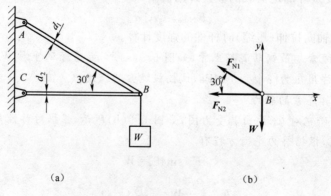

(a)　　　　　　　　　　　(b)

图　6.11

$$F_{N1}\cos30°+F_{N2}=0$$
$$F_{N1}\sin30°-W=0$$

得
$$F_{N1}=2W, \quad F_{N2}=-\sqrt{3}\,W$$

上式表明,AB 杆受拉伸,BC 杆受压缩。在强度计算时,可取绝对值。

(2)求许可荷载:

因为 AB 与 BC 杆材料及截面尺寸均相同,而 AB 杆承受着更多的力,则应以 AB 杆约束来确定吊车的最大许可起重量。

$$F_{N1}=2W \leqslant A[\sigma]=\frac{\pi \times 36^2}{4} \times 170 \approx 173.0(\text{kN})$$

得
$$W \leqslant 86.5(\text{kN})$$

因此该吊车的最大许可荷载为$[W]=86.5(\text{kN})$。

6.4 轴向拉(压)杆的变形・胡克定律

6.4.1 变形量

试验表明:杆件在轴向拉伸或压缩时,将产生纵向变形和横向变形,如图 6.12 所示。下面分别加以分析。

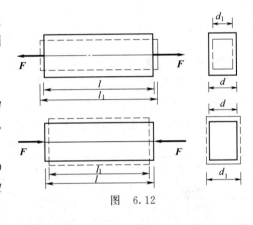

图 6.12

1. 纵向变形

杆件在轴向拉(压)变形时长度的改变量称为纵向变形量,用 Δl 表示。若杆件原来长度为 l,变形后长度为 l_1,则纵向变形为:

$$\Delta l=l_1-l \tag{6.7}$$

拉伸时纵向变形 Δl 为正值;压缩时纵向变形 Δl 为负值。

2. 横向变形

杆件在轴向拉(压)变形时,横向尺寸的改变量称为横向变形,用 Δd 表示。若杆件原横向尺寸为 d,变形后的横向尺寸为 d_1,则:

$$\Delta d=d_1-d \tag{6.8}$$

拉伸时横向变形 Δd 为负值;压缩时横向变形 Δd 为正值。

6.4.2 应 变

纵向变形量和横向变形量只反映杆件的总变形量,不能确切表明杆件的局部变形程度。用单位长度内的变形量来反映杆件各处的变形程度,称为**线应变**,用 ε 表示。

纵向线应变 ε
$$\varepsilon=\Delta l/l \tag{6.9}$$

横向线应变 ε'
$$\varepsilon'=\Delta d/d \tag{6.10}$$

6.4.3 横向变形系数(泊松比)

试验结果表明,当杆件内正应力不超过比例极限时,横向线应变 ε' 与纵向线应变 ε 的绝对值之比为一常数,此比值称为**横向变形系数**或泊松比,用 μ 表示,即:

$$\mu=\left|\frac{\varepsilon'}{\varepsilon}\right| \tag{6.11}$$

μ 由试验测定，不同材料的 μ 不同。考虑到应变 ε' 和 ε 的正负号总是相反，故有

$$\varepsilon' = -\mu\varepsilon$$

6.4.4　胡克定律

英国科学家胡克（Robet Hooke，1635～1703）于 1678 年通过试验，得出"有多大的伸长，就有多大的力"的结论。因此，把力和变形成正比的关系称为**胡克定律**。拉压胡克定律的两种表达式如下：

1. 轴力—变形形式

试验表明，工程中使用的大多数材料在受力不超过一定范围时，都处在弹性变形阶段。在此范围内，**轴向拉、压杆件的伸长或缩短 Δl 与轴力 F_N 和杆长 l 成正比，与横截面面积 A 成反比**，即

$$\Delta l \propto \frac{F_N l}{A}$$

引入比例常数 E，则有

$$\Delta l = \frac{F_N l}{EA} \tag{6.12}$$

式中的比例常数 E 称为弹性模量，其值随材料不同而异，是衡量材料抵抗弹性变形能力的一个指标，E 的单位与应力单位相同。不同材料的 E 值不同，可由试验测定。如钢材的弹性模量为 $(2.0\sim2.1)\times10^5$ MPa。工程中弹性模量 E 和泊松比 μ 都是反映材料弹性性能的物理量。表 6.1 列出了几种材料的 E、μ 的值。

表 6.1　常见材料的 E、μ 值

材料名称	牌　号	E	μ
低碳钢	Q235	200～210	0.24～0.28
中碳钢	45	205	0.24～0.28
低合金钢	16Mn	200	0.25～0.30
合金钢	40CrNiMoA	210	0.25～0.30
灰口铸铁		60～162	0.23～0.27
球墨铸铁		150～180	
铝合金	LY12	71	0.33
硬铝合金		380	
混凝土		15.2～36	0.16～0.18
木材（顺纹）		9.8～11.8	0.053 9
木材（横纹）		0.49～0.98	

EA 称为杆件的**抗拉（压）刚度**，对于长度相同、受力相同的杆件，EA 值愈大，则杆的变形 Δl 愈小；EA 值愈小，则杆的变形 Δl 愈大。因此，抗拉（压）刚度 EA，反映了杆件抵抗拉（压）变形的能力。

2. 应力—应变形式

若将式（6.12）改写为

$$\frac{\Delta l}{l} = \frac{1}{E} \cdot \frac{F_N}{A}$$

并将正应力 $\sigma = F_N/A$ 及线应变 $\varepsilon = \Delta l/l$ 代入,则可得出胡克定律的另一表达式:

$$\sigma = E \cdot \varepsilon \tag{6.13}$$

以上两种表达式表明了材料在弹性范围内,力与变形或应力与应变之间的物理关系(当杆件应力不超过某一极限时,**应力与应变成正比**)。

6.5 材料在拉伸和压缩时的力学性能

分析构件的强度时,除要计算构件在外力作用下的应力外,还应了解材料的力学性能,即材料在外力作用下表现出的变形和破坏方面的特性,而这些特性必须通过试验得到。

6.5.1 材料在拉伸时的力学性能

常温静载拉伸试验是测定材料力学性能的基本试验之一,在国家标准《金属材料室温拉伸试验方法》(GB/T 228.1—2010)中对其方法和要求有详细规定。对于金属材料,通常采用圆柱形试件,其形状如图 6.13 所示,长度 l 为标距。标距一般有两

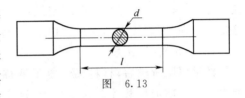

图 6.13

种,即 $l=5d$ 和 $l=10d$,前者称为短试件,后者称为长试件,式中的 d 为试件的直径。

低碳钢和铸铁是两种不同类型的材料,都是工程实际中广泛使用的材料,它们的力学性能比较典型,因此,以这两种材料为代表来讨论其力学性能。

1. 低碳钢拉伸时的力学性能

低碳钢(Q235)是指含碳量在 0.3% 以下的碳素钢,过去俗称 A3 钢。将低碳钢的标准试件夹在拉力试验机上,开动试验机后,试件受到由零缓慢增加的拉力 F,同时发生变形,直至试件拉断为止。利用试验机的自动绘图装置,可以画出试件在试验过程中标距为 l 段的伸长 Δl 和拉力 F 之间的关系曲线。该曲线的横坐标为 Δl,纵坐标为 F,称之为试件的拉伸图,如图 6.14 所示。

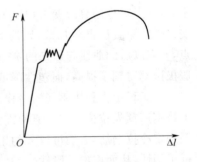

由于荷载 F 与 Δl 的对应关系与试件尺寸有关,为了消除这一影响,反映材料本身的力学性质,进行数据处理后,将纵坐标 F 改为正应力 $\sigma = F_N/A$,横坐标 Δl 改为线应变 $\varepsilon = \Delta l/l$。于是,拉伸图就变成如图 6.15 所示的应力应变图。

图 6.14

2. 拉伸过程的四个阶段

根据试验结果,低碳钢的拉伸过程可分为四个阶段,现根据应力应变图来说明各阶段中出现的力学性能。

(1)弹性阶段 Ob

在此阶段内如果把荷载逐渐卸除至零,则试件的变形完全消失,可见这一阶段,变形是完全弹性的,因此称为弹性阶段。这一阶段的最高点 b 对应的应力称为**弹性极限**,用 σ_e 表示。

图 6.15 中的 Oa 为直线,表明 σ 和 ε 成正比,a 点对应的应力值称为**比例极限**,用 σ_p 表示。常用的 Q235 钢,其比例极限 $\sigma_p = 200$ MPa。当 $\sigma \leqslant \sigma_p$ 时

$$\Delta l = \frac{F_N l}{EA}, \quad \sigma = E\varepsilon, \quad \varepsilon' = -\mu\varepsilon$$

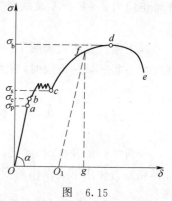

比例极限 σ_p 与弹性极限 σ_e 虽意义不同，但由于数值非常接近，试验难以精确测定，工程上通常不作区分，往往通称为弹性极限。

（2）屈服阶段 bc 段

当应力超过 b 点对应值以后，应变迅速增加，而应力在很小的范围内波动，其图形上出现了接近水平的锯齿形阶段 bc，这一阶段称为屈服阶段。屈服阶段的最低点 c 所对应的应力

图 6.15

称为**屈服极限**，用 σ_s 表示。在此阶段材料失去了抵抗变形的能力，产生显著的塑性变形。应力和应变不再呈线性关系，胡克定律不再适用。如果试件表面光滑，这时可看到试件表面出现与试件轴线大约呈 45° 的斜线，称为滑移线，如图 6.16 所示。这是由于在 45° 斜面上存在最大切应力，造成材料内部晶粒之间相互滑移所致。

（3）强化阶段 cd 段

经过屈服阶段后，材料又恢复了抵抗变形的能力，此时，增加荷载才会继续变形，这个阶段称

图 6.16

为强化阶段。强化阶段最高点 d 对应的应力称为**强度极限**，用 σ_b 表示。它是材料所能承受的最大应力。

图 6.15 中 cd 曲线段上任一点 f 对应强化阶段的任一状态，如果在此停止加载并逐渐卸载至零，则可以看到，应力和应变仍保持直线关系，且卸载直线 fO_1 基本上与弹性阶段的 Oa 平行，f 点对应的总应变为 Og，回到 O_1 点后，弹性应变 $O_1 g$ 消失，余留部分 OO_1 为塑性应变。如果卸载后重新加载，则应力与应变曲线将大致沿着卸载时的同一直线 fO_1 上升到 f 点，f 点以后的曲线与原来的 σ—ε 曲线相同。由此可见卸载后再加载，材料的比例极限与屈服极限都得到了提高，而塑性降低，这种现象称为**冷作硬化**。

在工程上常利用钢筋的冷作硬化这一特性来提高钢筋的屈服极限。例如可以通过在常温下将钢筋预先拉长一定数值的方法来提高钢筋的屈服极限，这种方法称为冷拉。实践证明，按照规定冷拉钢筋，一般可以节约钢材 10%～20%，钢筋经过冷拉后，虽然强度有所提高，但降低了塑性，从而增加了脆性。

（4）颈缩阶段 de

当应力达到强度极限后，试件在某一薄弱处横截面尺寸急剧减小，出现"颈缩"现象，如图 6.17 所示。此时，试件继续变形所需的拉力相应减小，达到 e 点，试件被拉断。

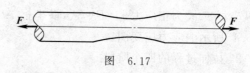

图 6.17

从上述的试验现象可知，当应力达到 σ_s 时，材料会产生显著的塑性变形，进而影响结构的正常工作；当应力达到 σ_b 时，材料会由于颈缩而导致断裂。屈服和断裂，均属于破坏现象。因此，σ_s 和 σ_b 是衡量材料强度的两个重要指标。

材料产生塑性变形的能力称为材料的塑性性能。塑性性能是工程中评定材料质量优劣的重要方面，衡量材料塑性的指标有**断后伸长率** δ 和**断面收缩率** ψ，**断后伸长率** δ 定义为

$$\delta = \frac{l_1 - l}{l} \times 100\%$$

式中，l_1 为试件断裂后长度，l 为原长度。

断面收缩率 ψ 定义为

$$\psi = \frac{A - A_1}{A} \times 100\%$$

式中，A_1 为试件断裂后断口的面积，A 为试件原横截面面积。

工程中通常将断后伸长率 $\delta \geqslant 5\%$ 的材料称为塑性材料（ductile materials），$\delta \leqslant 5\%$ 的材料称为脆性材料（brittle materials）。低碳钢的断后伸长率 $\delta = 25\% \sim 30\%$，截面收缩率 $\psi = 60\%$，是塑性材料；而铸铁、陶瓷等属于脆性材料。

3. 铸铁拉伸时的力学性能

铸铁的标准拉伸试件按低碳钢拉伸试验的方法进行测验，可得到铸铁拉伸的应力应变曲线，如图 6.18 所示。图中没有明显的直线部分，没有屈服阶段和"颈缩"现象。直到拉断时应变都很小，因此，通常近似地用一条割线如图 6.18 中的虚线）来代替原来的曲线，并用它确定弹性模量 E。这样确定的弹性模量称为割线弹性模量。由于铸铁没有屈服现象，因此强度极限是衡量强度的唯一指标。

图　6.18

6.5.2　材料在压缩时的力学性能

1. 低碳钢压缩时的力学性能

低碳钢在压缩时的 $\sigma - \varepsilon$ 曲线如图 6.19 所示。试验结果表明：低碳钢压缩时的弹性模量 E、屈服极限 σ_s 等都与拉伸时基本相同。不同的是，随着外力的增大，试件被越压越扁却并不断裂，故测不出压缩时的强度极限。因此，对于低碳钢这一类塑性材料，可直接从拉伸试验了解它在压缩时的主要力学性能，而不必再做试验。

2. 铸铁压缩时的力学性能

脆性材料拉伸时的力学性能与压缩时有较大差别。以铸铁为例，其压缩和拉伸时的应力—应变曲线分别如图 6.20 中的实线和虚线所示。由图可见，铸铁压缩时的强度极限比拉伸时大得多，约为拉伸时强度极限的 $3 \sim 4$ 倍。铸铁压缩时沿与轴线约成 $45°$ 的斜面断裂，这说明铸铁的压缩破坏是由于抗剪强度低而造成的。由于脆性材料的抗压能力比抗拉能力强，通常用做受压构件，例如基础、墩台、柱、墙体等。

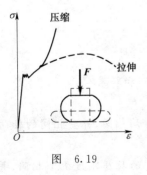

图　6.19

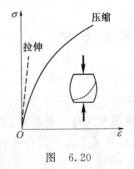

图　6.20

3. 其他脆性材料的力学性能

其他脆性材料如混凝土、石料及非金属材料的抗压强度也远远高于抗拉强度，因此，对于脆性材料，适宜做承压构件。

本章小结

6.1 截面法求拉压杆件内力

这一方法的主要步骤是假想地把杆件截开,取其中一部分作为研究对象,画受力图,然后用平衡方程求解。

6.2 拉(压)杆横截面上正应力公式

$$\sigma = \frac{F_N}{A}$$

6.3 拉压杆件应力与应变的关系(胡克定律)

$$\sigma = E \cdot \varepsilon$$

对于轴力为常数的等截面杆件也可以写成:

$$\Delta l = \frac{F_N l}{EA}$$

6.4 拉压杆的强度条件

$$\sigma_{max} \leqslant [\sigma]$$

运用这一条件可以进行三个方面的计算:①强度校核;②截面设计;③确定许用荷载。

6.5 材料在拉伸与压缩时的力学性能

低碳钢的拉伸试验是最具有代表性的试验,低碳钢的拉伸过程有弹性变形、屈服、强化和颈缩四个阶段。其应力—应变曲线能揭示出典型金属材料的应力—应变关系。铸铁的压缩试验是最具有代表性的压缩试验。通过拉伸和压缩试验,可以测出反映材料性能指标的参数。

1. 材料的塑性指标:

断后伸长率
$$\delta = \frac{l_1 - l}{l} \times 100\%$$

工程上一般把材料分为塑性材料和脆性材料两大类,通常将断后伸长率 $\delta \geqslant 5\%$ 的材料称为塑性材料,$\delta \leqslant 5\%$ 的材料称为脆性材料。

2. 塑性材料和脆性材料的主要力学性能特点:

(1)塑性材料的断后伸长率大,塑性好,使用范围广。受拉构件一般采用塑性材料。

(2)脆性材料的断后伸长率小,塑性差。但脆性材料抗压能力远大于抗拉能力,且价格低廉又便于就地取材,所以适宜制作受压构件。

复习思考题

6.1 材料力学的研究对象与静力学研究对象有何区别和联系?

6.2 构件内力与应力有什么区别和联系?

6.3 两根不同材料的拉杆,其杆长 l 和横截面面积 A 均相同,并受相同的轴向拉力 F_N,试问它们在横截面上的正应力及杆件的伸长量是否相同?

6.4 两根圆截面拉杆,一根为铜杆,一根为钢杆,两杆的拉压刚度 EA 相同,并受相同的轴向拉力 F_N。试问它们的伸长量和横截面上的正应力是否相同?

6.5 求题 6.5 图所示各杆指定截面的轴力,并作轴力图。

6.6 求题 6.6 图所示结构中,杆 AB 和 BC 的轴力。

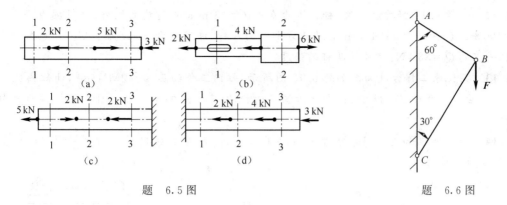

题 6.5 图 题 6.6 图

6.7 桁架受力如题 6.7 图所示,各杆都由两根 $80 \times 80 \times 7$ 角钢组成,试计算 AE 杆和 CD 杆横截面的正应力。

6.8 一等直钢杆如题 6.8 图所示,杆的横截面面积为 $1\ 200\ \text{mm}^2$,试作杆轴力图并求最大正应力。

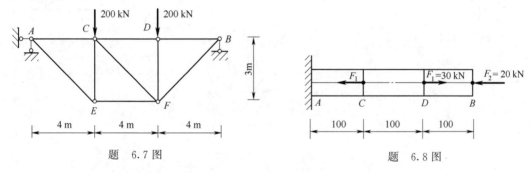

题 6.7 图 题 6.8 图

6.9 矿井起重机的绳索如题 6.9 图所示,上段截面积为 $4\ \text{cm}^2$,下段截面积为 $3\ \text{cm}^2$,钢索的容重为 $78\ \text{kN/m}^3$,试作轴力图,并求最大工作应力。

6.10 如题 6.10 图所示的简单构架中,AB 杆为钢质,许用应力 $[\sigma]_{\text{钢}} = 120\ \text{MPa}$,$AC$ 杆为铜质,许用应力 $[\sigma]_{\text{铜}} = 60\ \text{MPa}$,$AB$ 杆的截面面积 $A_1 = 20\ \text{cm}^2$,AC 杆的横截面面积 $A_2 = 12\ \text{cm}^2$。求该构架的许可荷载 $[F]$。

6.11 一杆结构如题 6.11 图所示。刚性杆 AB 的重力和变形可忽略不计。钢杆 AC 和 BD 的许用应力 $[\sigma] = 170\ \text{MPa}$,弹性模量 $E = 210\ \text{GPa}$。试校核两杆的强度,并求出刚性杆 AB 上 H 点的位移。

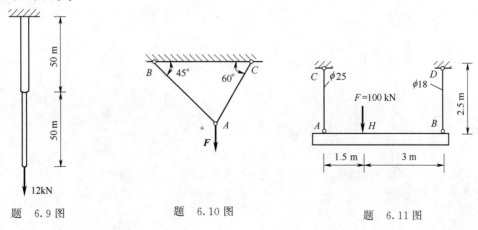

题 6.9 图 题 6.10 图 题 6.11 图

6.12　如题 6.12 图所示支架，杆 AB 为直径 $d=16$ mm 的圆截面钢杆，许用应力 $[\sigma_1]=$ 140 MPa，杆 BC 为边长 $a=100$ mm 的正方形截面木杆，许用应力 $[\sigma_2]=4.5$ MPa。已知结点 B 处挂一重物 $Q=36$ kN，试校核两杆的强度。

6.13　某铣床工作台进油缸如题 6.13 图所示，缸内工作油压 $p=2\text{MN/m}^2$，油缸内径 $D=75$ mm，活塞杆直径 $d=18$ mm，已知活塞杆材料的许用应力 $[\sigma]=50$ MPa，试校核活塞杆的强度。

6.14　一水压机如题 6.14 图所示，$F=600$ kN。若两立柱材料的许用应力 $[\sigma]=80$ MPa，试校核立柱的强度。

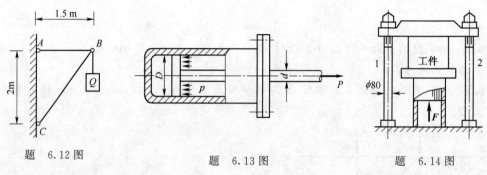

题　6.12 图　　　　　　　　题　6.13 图　　　　　　　　题　6.14 图

7 剪 切

本章描述

本章通过一些工程中的剪切和挤压实例来说明杆件剪切和挤压变形的特点,及其杆件剪切和挤压变形时的内力、应力的简化方法和实用计算方法。

教学目标

1. 知识目标
(1)熟悉剪切和挤压的概念;
(2)掌握剪切和挤压的强度计算;
(3)掌握切应力互等定理和剪切胡克定律。
2. 能力目标
能够掌握杆件剪切变形的力学特点,并为工程中杆件的合理选择提供参考。
3. 素质目标
培养学生具有理论联系实际的能力。

相关案例——螺栓剪切破坏实例

1992年8月,江苏省某市某大楼工地的一台 QTZ25A 塔式起重机(上回转)发生重大机械事故,砸坏房屋一间,整机除塔身结构件外全部报废,司机重伤。

在进一步调查中得知该塔机安装时,回转支承装置的固定螺栓均未按照其安装使用说明书的要求拧紧,而是随意拧紧的。施工人员还承认:部分螺栓处在不易用搬手拧紧处,故不能保证是否拧紧。因此,可以认为,回转支承装置上的螺栓群是松紧不均的无预紧力的螺栓群。从力学角度分析,事故的原因是大量螺栓安装不规范,因此受到不均匀的剪力和挤压力,造成部分螺栓所受切应力超过螺栓许用切应力而发生断裂,回转支承失去作用造成起重机上部结构翻落事故。

剪切和挤压强度问题是工程实际中经常遇到的问题,本章为该问题的解决提供了理论基础和计算方法。

7.1 剪切的概念及实例

建筑结构大都由若干构件组合而成,在构件和构件之间必须采用某种连接件或特定的连接方式加以连接。工程实践中常用的连接件,诸如铆钉、螺栓、焊缝、榫头、销钉等(图7.1),都是主要承受剪切的构件。当然,以上连接件在受剪的同时往往也伴随着其他变形,只不过剪切是主要因素而已。以螺栓连接的工程实例为例,如图 7.1(a)所示,连接件的受力特点是:**作用在构件两侧面上横向外力的合力大小相等,方向相反,作用线相互平行且相距很近,两个力之间与力平行的截面(称剪切面)将沿力的作用线产生相互错动的剪切变形**,因而剪切面上将主要产生切应力。在相互传递压力时,连接件与被连接件之间的接触面还会出现挤压现象,因而在二者接触面的局部区域产生较大的接触应力——挤压应力。剪切面和接触面上的应力分布很复杂,很难作出精确的理论分析,所以工程中通常采用实用计算方法,对连接件分别进行剪切和挤压两方面的强度计算。

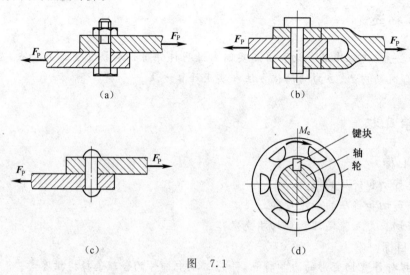

图 7.1

7.2 剪切与挤压的实用计算

7.2.1 剪切的实用计算

剪切面上的内力可用截面法求得。用铆钉连接的两钢板如图 7.2 所示。拉力 F 通过板的孔壁作用在铆钉上,铆钉的受力如图 7.3(a)所示,图中 $a-a$ 为受剪面。在 $a-a$ 处截开并取下部分离体,如图 7.3(b)所示,由 $\sum F_x = 0$ 可知,$a-a$ 截面上一定存在沿截面的内力 F_Q,且 $F_Q = F$,这种与截面相切的内力 F_Q 称为**剪力**。$a-a$ 截面上与内力 F_Q 对应的应力为与截面相切方向的切应力 τ,如图 7.3(c)所示。

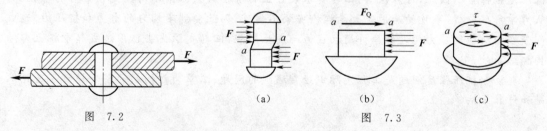

图 7.2   图 7.3

当切应力 τ 达到一定限度时,铆钉将被剪坏。$a-a$ 截面上切应力的分布情况非常复杂。在进行剪切强度计算时,工程中常采用下述实用计算方法,假定 $a-a$ 截面上的切应力为均匀分布,则

$$\tau = \frac{F_Q}{A} \tag{7.1}$$

式中 F_Q 为剪切面上的剪力，A 为铆钉的横截面面积。为了防止剪切破坏，剪切面上的剪切应力不得超过连接件材料的许用切应力 $[\tau]$，即

$$\tau = \frac{F_Q}{A} \leqslant [\tau] \tag{7.2}$$

式 (7.2) 称为**剪切强度条件**。各种材料的许用切应力可在有关手册中查得。

7.2.2 挤压的实用计算

构件在受剪切的同时也存在挤压现象。如图 7.4 所示的铆钉连接中，作用在钢板上的拉力 F，通过钢板与铆钉的接触面传递给铆钉，接触面上就产生了挤压。两构件的接触面称为挤压面，作用于接触面的压力称为挤压力，挤压面上的压应力称为挤压应力，当挤压力过大时，孔壁边缘将受压起"皱"，如图 7.4 所示，铆钉局部压"扁"，使圆形变成椭圆，连接松动，这就是挤压破坏。因此，连接件除剪切强度需计算外，还要进行挤压强度计算。

挤压应力在挤压面上的分布也很复杂，如图 7.5 所示，因此也采用实用计算法，假定在挤压面上的挤压应力 σ_c 是均匀分布，因此

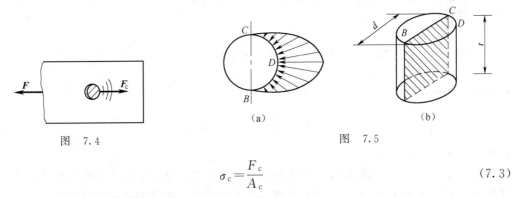

图 7.4   (a)   (b)   图 7.5

$$\sigma_c = \frac{F_c}{A_c} \tag{7.3}$$

式中 F_c——挤压面上的挤压力；

         A_c——挤压面的计算面积，$A_c = d \cdot t$。

注意：当挤压面为平面时（如键连接），计算面积 A_c 即为挤压面的实际面积；当挤压面为半圆柱面时（如铆钉、螺栓连接），计算面积 A_c 为挤压面在其直径平面上投影的面积。如图 7.5(b) 中阴影部分面积所示。

式 (7.3) 为平均挤压应力公式。为了防止挤压破坏，挤压面上的挤压应力不得超过连接件材料的许用挤压应力 $[\sigma_c]$，即要求

$$\sigma_c = \frac{P_c}{A_c} \leqslant [\sigma_c] \tag{7.4}$$

式 (7.4) 称为**挤压强度条件**。许用挤压应力 $[\sigma_c]$ 等于连接件的挤压极限应力除以安全系数。试验表明，对于钢材等塑性材料可近似取 $[\sigma_c] = (1.7 \sim 2.0)[\sigma]$，其中 $[\sigma]$ 为材料的许用应力。若连接件与被连接件的材料不同，应按抵抗挤压能力较弱者选取。

上面所建立的剪切和挤压的实用计算方法，从理论上看虽不够完善，但由于其计算简便，切合实际，在工程计算中被广泛应用。

与轴向拉压问题一样，利用剪切和挤压强度条件可以解决连接件的三类问题，即强度校核、截面设计和确定许用荷载。

【例 7.1】 一螺栓接头如图 7.6(a) 所示。已知 $F = 40$ kN，螺栓、钢板的材料均为 Q235

钢,许用切应力$[\tau]=130$ MPa,许用挤压应力$[\sigma_c]=200$ MPa。试计算螺栓所需的直径。

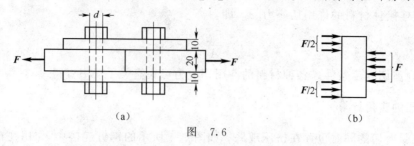

(a)　　　　　　　　　　　　　(b)

图　7.6

【解】　这是一个截面选择问题,先根据剪切强度条件式(7.2)求得螺栓的直径,再根据挤压强度条件式(7.4)来校核。

(1)首先分析每个螺栓所受到的力。如图 7.6(b)所示,显然,每个螺栓有两个剪切面,由截面法可得每个剪切面上的剪力为

$$F_Q=\frac{F}{2}$$

将剪力和有关的已知数据代入剪切强度条件式(7.2),即得

$$\tau=\frac{F_Q}{A}=\frac{\dfrac{F}{2}}{\dfrac{\pi}{4}d^2}=\frac{2\times40\times10^3}{\pi\times d^2}\leqslant130\ (\text{MPa})$$

则螺栓直径为

$$d\geqslant\sqrt{\frac{2\times40\times10^3}{\pi\times130}}=14\ (\text{mm})$$

取螺栓直径为 14 mm。

(2)校核挤压强度。由图 7.6(b)的静力平衡条件可知每个螺栓所受挤压力 $F_c=F$。螺栓的挤压面计算面积 $A_c=d\cdot t$。将相关数据代入挤压强度条件式(7.4),得

$$\sigma_c=\frac{F_c}{A_c}=\frac{F}{dt}=\frac{40\times10^3}{20\times14}=143\ (\text{MPa})\leqslant[\sigma_c]$$

可见,螺栓直径取 14 mm 可满足挤压强度条件。

7.3　切应力互等定理·剪切胡克定律

7.3.1　切应力互等定理

若某一平面存在切应力,则在与切应力所在平面互相垂直的平面上必存在相应的切应力,两者数值相等,方向均垂直于两平面的交线,且共同指向或背离交线(即两者正负号相反),如图 7.7 所示,这一规律称为**切应力互等定理**,即:

$$\tau=-\tau'$$

图 7.7 中单元体的两个侧面上只有切应

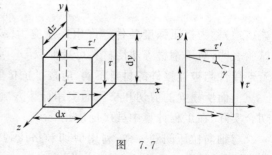

图　7.7

力,而无正应力,这种受力状态称为纯切应力状态。图中 γ 称为切应变。切应力互等定理对

于纯切应力状态或其他应力状态都是适用的。

7.3.2 剪切胡克定律

当切应力不超过材料的剪切比例极限 τ_p（或弹性极限 τ_e）时，切应变与切应力呈线性弹性关系，如图 7.8 所示，即：

$$\tau = G\gamma$$

式中 G 称为材料的**剪切弹性模量**，它是表示材料抵抗剪切变形能力的物理量，其单位与应力相同，常采用 GPa。各种材料的 G 值均由试验测定。钢材的 G 值约为 80 GPa。G 值越大，表示材料抵抗剪切变形的能力越强。对于各向同性的材料，其抗拉（压）弹性模量 E、剪切弹性模量 G 和泊松比 μ 三者之间的关系为：

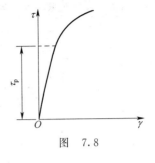

图 7.8

$$G = \frac{E}{2(1+\mu)}$$

本章小结

7.1 剪切和挤压的概念

工程实践中常用的连接件，诸如铆钉、螺栓、焊缝、榫头、销钉等，往往在构件两侧上受到大小相等，方向相反的外力，并在剪切面处发生平行相对滑移（即错动）的变形，这种变形称为剪切。

在剪切的同时，连接件与被连接件的接触面上还伴随着相互压紧，从而导致构件表面局部受压的现象称为挤压。

7.2 连接件的剪切和挤压强度计算

为了保证连接件的正常工作，一般需要采用实用计算法进行连接件的剪切强度、挤压强度校核。

剪切强度条件

$$\tau = \frac{F_Q}{A} \leqslant [\tau]$$

挤压强度条件

$$\sigma_c = \frac{F_c}{A_c} \leqslant [\sigma_c]$$

7.3 切应力互等定理公式

$$\tau = -\tau'$$

7.4 剪切胡克定律

$$\tau = G\gamma$$

弹性模量 E、剪变模量 G 和泊松比 μ 三者之间的关系为：

$$G = \frac{E}{2(1+\mu)}$$

复习思考题

7.1 剪切变形的受力特点、变形特点与轴向拉伸相比较有何不同？

7.2 什么叫挤压？挤压作用与压缩作用有何区别？

7.3 什么是剪切与挤压的实用计算方法？为什么要采用这种方法？应用这种实用计算方法进行强度计算时，关键要弄清哪些方面？

7.4 从强度观点看，如题7.4图所示两种铆钉布置的位置那一种较为合理？

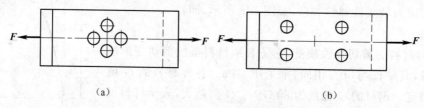

（a）　　　　　　　　　　　　　　　（b）

题 7.4 图

7.5 如题7.5图所示接头，受轴向荷载 F 作用，试校核其强度。已知：$F=80$ kN，$b=80$ mm，$t=10$ mm，$d=16$ mm，$[\sigma]=160$ MPa，$[\tau]=120$ MPa，$[\sigma_c]=340$ MPa。

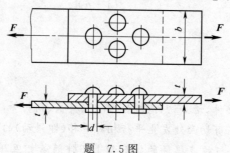

题 7.5 图

7.6 如题7.6图所示两轴用凸缘相连接，沿直径 $D=150$ mm 的圆周上对称地分布着四个连接螺栓来传递力偶 M。已知螺栓直径 $d=12$ mm，$M=2.5$ kN·m，凸缘厚度 $t=10$ mm，螺栓材料为 Q235 钢，许用切应力 $[\tau]=80$ MPa，许用挤压应力 $[\sigma_c]=200$ MPa。试校核螺栓的强度。

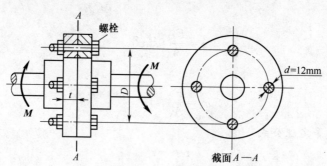

题 7.6 图

7.7 如题7.7图所示，设两块钢板用一颗铆钉连接。铆钉的直径 $d=24$ mm，每块钢板的厚度 $t=12$ mm，拉力 $F=40$ kN，铆钉许用应力 $[\tau]=100$ MPa，$[\sigma_c]=250$ MPa，试对铆钉进行强度校核。

7.8 如题7.8图所示摇臂，尺寸单位为 mm，试确定轴销 B 的直径。已知：$F_1=50$ kN，$F_2=35.4$ kN，$[\tau]=120$ MPa，$[\sigma_c]=240$ MPa。

7.9 题7.9图所示铆钉连接，承受轴向拉力 $F=280$ kN，铆钉直径 $D=20$ mm，许用切应力 $[\tau]=140$ MPa，试按剪切强度条件确定所需铆钉数 n。

7.10 在厚度 $t=5$ mm 的薄钢板上，冲出一个如题 7.10 图所示形状的孔，钢板的剪切强度极限 $\tau_b=320$ MPa，求冲床必须具有的冲力 F 。

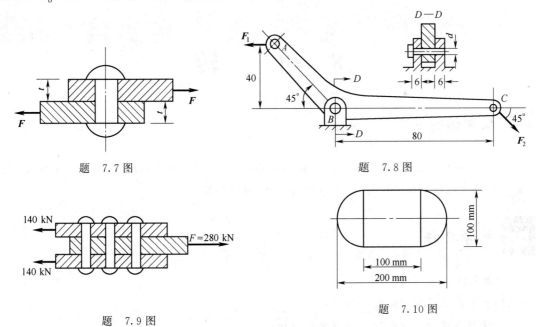

题 7.7 图

题 7.8 图

题 7.9 图

题 7.10 图

8 扭 转

本章描述

本章主要介绍机械工程中常见的轮轴扭转的概念及扭矩、扭转强度、刚度等计算公式。重点是圆截面传动轴扭转的应力、应变分析与强度、刚度计算。

教学目标

1. 知识目标

(1)能够熟练进行扭矩图的绘制;

(2)能够熟练进行扭转强度与刚度的校核;

(3)能够熟练运用强度与刚度的相关计算公式进行圆轴截面尺寸设计。

2. 能力目标

(1)掌握扭转的基本概念与扭矩的计算公式;

(2)掌握扭转的强度校核;

(3)掌握扭转的刚度校核。

3. 素质目标

(1)养成严谨求实的工作作风;

(2)具备协作精神;

(3)具备一定的协调能力。

相关案例——汽车传动轴事故

汽车传动轴机件的破坏、磨损、变形以及失去动平衡,都会造成汽车在行驶中产生异响和振动,严重时会导致事故发生。图8.1为一辆货车的传动轴突然断裂,四轮失去平衡而导致翻车,造成交通事故。

从力学角度分析,汽车转动轴是起扭转作用的,当转动轴的扭转强度过大时(超过轴的许用切应力)就会断裂,造成事故。

通过以上的实例分析,可以认识到扭转在工程实际中有着重要的意义。本章将学习圆轴扭转的扭矩、强度校核、刚度校核等知识。

图 8.1

8.1 扭转的概念及实例

扭转变形是杆件的基本变形之一,它的荷载特征是,杆件受力偶作用,该力偶作用于与轴线垂直的平面内,如图 8.2 所示,杆件 AB 产生扭转变形。

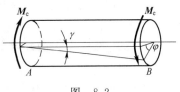

图 8.2

为了说明扭转变形,以汽车转向轴为例,如图 8.3(a)所示,轴的上端受到经由方向盘传来的力偶作用,下端则又受到来自转向器的阻抗力偶作用。再以攻丝时丝锥的受力情况为例,如图 8.3(b)所示,通过绞杠把力偶作用于丝锥的上端,丝锥下端作用两个大小相等、方向相反、且作用平面垂直于杆件轴线的力偶,致使杆件的任意两个横截面都发生绕轴线的相对转动,这就是扭转变形。

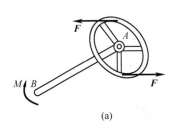
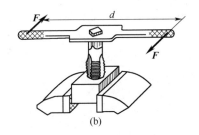

(a)   (b)

图 8.3

扭转受力特点:杆件受到大小相等、转向相反且作用面垂直于杆件轴线的外力偶的作用。

扭转变形特点:杆件的任意横截面绕杆轴线产生转动。杆件的任意两个横截面绕轴线相对转动一个角度 φ,称为**扭转角**,如图 8.2 所示。

工程实际中,有很多构件,如车床的光杆、搅拌机轴、汽车、大型养路机械的传动轴等,都是受扭构件,如图 8.4 所示。还有一些轴类零件,如电动机主轴、水轮机主轴、机床传动轴等,除扭转变形外还有弯曲变形,属于组合变形。

本章主要研究圆截面等直杆的扭转,这是工程中最常见的情况又是扭转中最简单的问题。以扭转变形为主的标件通常称为**轴**。

图　8.4

8.2　扭矩和扭矩图

8.2.1　外力偶矩

在研究扭转的应力和变形之前，先讨论作用于轴上的外力偶矩及横截面上的内力。

实际工程中，作用于轴上的外力偶矩往往不直接给出，而是给出轴所传送的功率和轴的转速。如图8.5所示，由电动机的转速和功率，可以求出传动轴 AB 的转速及通过皮带轮输入的功率。功率输入到 AB 轴上，再经右端的齿轮输送出去。假设通过皮带轮输入的功率为 $P(\text{kW})$，由单位换算 $1\ \text{kW} = 1\ 000\ \text{N·m/s}$ 就相当于在每秒钟内输入数量为 $W = P \times 1\ 000\ \text{N·m/s}$ 的功。电动机是通过皮带轮以力偶矩 M_e 作用于 AB 轴上的，若轴的转速为每分钟 n 转（r/min），则 M_e 在每秒钟内完成的功应为 $2\pi \times \dfrac{n}{60} \times M_e$。因为 M_e 所完成的功也就是给 AB 轴输入的功，即

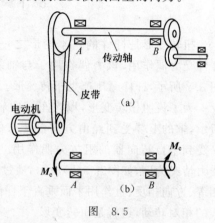

图　8.5

$$2\pi \times \frac{n}{60} \times M_e = P \times 1\ 000 \tag{8.1}$$

由此求出计算外力偶矩 M 的公式为

$$M_e = 9\ 549\ \frac{P}{n}(\text{N·m}) \tag{8.2}$$

8.2.2　扭　矩

作用于轴上的所有外力偶矩都求出后，即可用截面法研究横截面上的内力。现以图8.6所示圆轴为例，假想地将圆轴沿 $m-n$ 截面分成两部分，并取左部分作为研究对象 [图8.6(b)]。由于整个轴是平衡的，所以左部分也处于平衡状态下，这就要求截面 $m-n$ 上的内力系必须归结为一个内力偶矩 T，且由左部分的平衡方程 $\sum M_x = 0$，可求出 $T - M_e = 0$，则

$$T = M_e$$

T 称为 $m-n$ 截面上的**扭矩**，它是左、右两部分在 $m-n$ 截面上相互作用的分布内力系的合力偶矩。

如果取右部分作为研究对象,如图 8.6(c)所示,仍然可以求得 $T=M_e$ 的结果,其方向则与用左部分求出的扭矩相反。为了使无论用左部分或右部分求出的同一截面上的扭矩不但数值相等,而且符号相同,扭矩 T 的符号规定如下:按右手螺旋法则,使右手四指的握向与扭矩的转向一致,若右手拇指指向背离截面,则扭矩为正(+),反之为负(一)。如图 8.7(a)所示为正扭矩,图 8.7(b)所示为负扭矩。与求轴力的方法相似,用截面法计算扭矩时,截面上的扭矩通常采用设正法设出。根据这一规则,在图 8.6 中,$m-n$ 截面上的扭矩无论就左部分或右部分来说,都是正的。

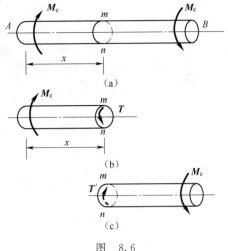

图 8.6

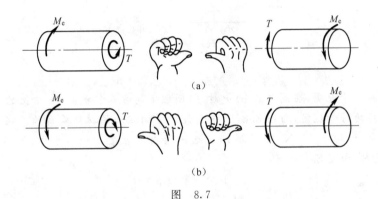

图 8.7

为了一目了然地表示杆件各横截面的扭矩值,工程上常用扭矩图表示,如图 8.8(e)所示。画一根与原杆件轴线平行的线表示杆轴线,并作为横坐标 x,以扭矩 T 为纵坐标,向上为正,把各截面的扭矩值画在 $x-T$ 坐标系上,标上⊕或⊖号。为简化内力图绘制,可省略坐标轴。下面由例题说明扭矩的计算与扭矩图的绘制。

【例 8.1】 传动轴如图 8.8(a)所示,主动轮 A 输入功率 $P_A=36$ kW,从动轮 B、C、D 输出功率分别为 $P_B=P_C=11$ kW,$P_D=14$ kW,轴的转速 $n=300$ r/min。试画出轴的扭矩图。

【解】 由公式(8.2)可知:

$$M_{eA}=9\,549\times\frac{36}{300}=1\,146\ (\text{N}\cdot\text{m})$$

$$M_{eB}=M_{eC}=9\,549\times\frac{11}{300}=350\ (\text{N}\cdot\text{m})$$

$$M_{eD}=9\,549\times\frac{14}{300}=446\ (\text{N}\cdot\text{m})$$

从受力情况看出,轴在 BC、CA、AD 三段内,各截面上的扭矩是不相等的。现在用截面法,根据平衡方程计算各段内的扭矩。

在 BC 段内,以 T_1 表示截面 1—1 上的扭矩,并任意地把 T_1 的方向假设为如图 8.8(b)所示。由平衡方程得

$$T_1+M_{eB}=0$$

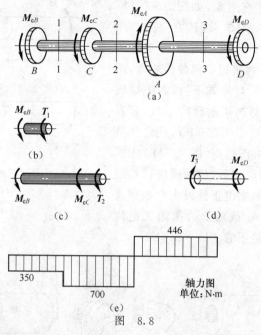

图　8.8

所以

$$T_1 = -M_{eB} = -350 \text{ N} \cdot \text{m}$$

等号右边的负号说明，在图 8.8(b) 中对 T_1 所假定的方向与截面 1—1 上的实际扭矩方向相反。按照扭矩的符号规定，与图 8.8(b) 中假设的方向相反的扭矩是负的。在 BC 段内各截面上的扭矩不变，皆为 -350 N·m。所以在这一段内扭矩图为一水平线，如图 8.8(e) 所示。同理，在 CA 段内，由图 8.8(c) 有

$$T_2 + M_{eC} + M_{eB} = 0$$

所以

$$T_2 = -M_{eC} - M_{eB} = -700 \text{ N} \cdot \text{m}$$

在 AD 段内，由图 8.8(d) 有

$$T_3 - M_{eD} = 0$$

$$T_3 = M_{eD} = 446 \text{ N} \cdot \text{m}$$

根据所得数据，把各截面上的扭矩沿轴线变化的情况用图 8.8(e) 表示出来，就是扭矩图。从图中看出，最大扭矩发生于 CA 段内，且 $T_{max} = 700$ N·m。

对同一根轴，若把主动轮 A 安置于轴的一端，例如放在右端，则轴的扭矩图将如图 8.9 所示。这时，轴的最大扭矩是：$T_{max} = 1\,146$ N·m。可见，传动轴上主动轮和从动轮安置的位置不同，轴所承受的最大扭矩也就不同。两者相比，显然图 8.8 所示布局比较合理。

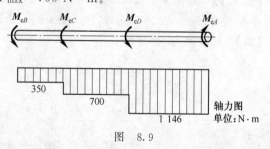

图　8.9

8.3　圆轴扭转时的应力和强度计算

8.3.1　圆轴扭转时横截面上的应力

圆轴扭转时，根据截面法可以求出任意横截面上的扭矩 T。下面我们来研究圆轴扭转时

横截面上的应力,需要综合研究变形几何关系、物理关系和静力关系来求解。

1. 变形几何关系

为了观察圆轴的扭转变形,在圆轴表面画上纵向线和圆周线,变形前的纵向线由虚线表示,在扭转力偶矩的作用下,圆周线绕轴线相对地转了一个角度,其大小、形状和相邻圆周线间的距离都不变,在小变形情况下,纵向线仍近似地是一条直线,只是倾斜了一个微小的角度。变形前表面上的方格,变形后错动为菱形,如图 8.10(a)所示。

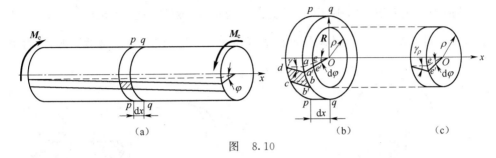

图 8.10

根据观察到的变形现象,可作下述基本假设:变形前为平面的横截面,变形后仍为平面,且形状和大小都不变,变形后半径仍保持为直线,相邻两截面间距不变,只是任意两横截面绕轴线相对地旋转了一个角度。这就是圆轴扭转的刚性平面假设。根据这一假设导出的应力和变形的计算公式符合试验结果,说明此假设是正确的。

在图 8.10(a)中,φ 表示圆轴两端截面的相对转角,称为扭转角。扭转角用弧度来度量。用相邻的横截面 $p-p$ 和 $q-q$ 从圆轴中取出长为 $\mathrm{d}x$ 的微段,并放大为图 8.10(b)。若 $\mathrm{d}x$ 段内截面相对扭转角为 $\mathrm{d}\varphi$,则根据平面假设,横截面 $q-q$ 像刚性平面一样,相对于 $p-p$ 截面绕轴线旋转了一个 $\mathrm{d}\varphi$ 角度,半径 Oa 转到 Oa' 位置。于是,表面方格 $abcd$ 的 ab 边相对于 cd 边发生了微小的错动,错动的距离是

$$aa'=R\,\mathrm{d}\varphi \tag{8.3}$$

因而引起原为直角的 $\angle adc$ 的角度发生改变,改变量为

$$\gamma=\frac{\overline{aa'}}{\overline{ad}}=R\cdot\frac{\mathrm{d}\varphi}{\mathrm{d}x} \tag{8.4}$$

这就是圆截面边缘上 a 点处的切应变。显然,γ 发生在垂直于半径 Oa 的平面内。

同理,可求得图 8.10(c)所示的距圆心为 ρ 处的切应变为

$$\gamma_{\rho}=\rho\,\frac{\mathrm{d}\varphi}{\mathrm{d}x} \tag{8.5}$$

与 γ 一样,γ_{ρ} 也发生在垂直于半径 Oa 的平面内。在式(8.4)和式(8.5)两式中,$\dfrac{\mathrm{d}\varphi}{\mathrm{d}x}$ 是扭转角 φ 沿 x 轴的变化率。对于一给定的截面来说,它是常量。因此,式(8.5)表明,横截面上任意点的切应变与该点到圆心的距离 ρ 成正比。

2. 物理关系

以 τ_{ρ} 表示横截面上距圆心为 ρ 处的切应力,则由剪切胡克定律可得

$$\tau_{\rho}=G\gamma_{\rho}=G\rho\,\frac{\mathrm{d}\varphi}{\mathrm{d}x} \tag{8.6}$$

这表明,横截面上任意点的切应力 τ_{ρ} 与该点到圆心的距离 ρ 成正比。因为 γ_{ρ} 发生在垂

直于半径的平面内，所以 τ_ρ 也与半径垂直。如再注意到切应力互等定理，则在纵向截面和横截面上，沿半径方向的切应力分布如图 8.11 所示。

这里虽然已经求得了表示切应力分布规律的公式(8.6)，但因式 $\dfrac{\mathrm{d}\varphi}{\mathrm{d}x}$ 尚未求出，所以仍然无法用它计算切应力，这就要利用静力平衡关系来解决。

3. 静力关系

在横截面上取微面积 $\mathrm{d}A$，则 $\mathrm{d}A$ 上的微内力为 $\tau_\rho\mathrm{d}A$，对圆心的力矩为 $\rho\tau_\rho\mathrm{d}A$，如图 8.12 所示，通过积分得到横截面上内力对圆心的力偶矩为 $\displaystyle\int_A \rho\tau_\rho\mathrm{d}A$，由平衡方程可知，该力矩等于该横截面上的扭矩 T，即

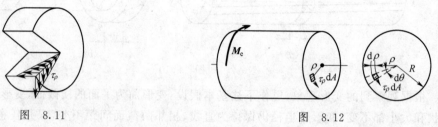

图　8.11　　　　　　　　　　　　　　　　图　8.12

$$T = \int_A \rho\tau_\rho\mathrm{d}A \tag{8.7}$$

将式(8.6)代入式(8.7)中，并注意到 $\dfrac{\mathrm{d}\varphi}{\mathrm{d}x}$ 为常数，于是有

$$T = \int_A \rho\tau_\rho\mathrm{d}A = G\frac{\mathrm{d}\varphi}{\mathrm{d}x}\int_A \rho^2\mathrm{d}A \tag{8.8}$$

用 I_P 表示式(8.8)中的积分项，即

$$I_P = \int_A \rho^2\mathrm{d}A \tag{8.9}$$

式中称 I_P 为横截面对圆心的极惯性矩，它只与横截面的尺寸有关，其单位为 m^4 或 mm^4。这样式(8.8)可写成

$$\frac{\mathrm{d}\varphi}{\mathrm{d}x} = \frac{T}{GI_P} \tag{8.10}$$

将式(8.10)代入式(8.6)中，得

$$\tau_\rho = \frac{T\rho}{I_P} \tag{8.11}$$

上式即为横截面上距圆心为 ρ 的任意点处的切应力计算公式。

显然，在圆截面的边缘上，ρ 达到最大值 R，相应地切应力的最大值为

$$\tau_{\max} = \frac{TR}{I_P} \tag{8.12}$$

令

$$W_P = \frac{I_P}{R} \tag{8.13}$$

式中 W_P 称为抗扭截面模量，其单位为 m^3 或 mm^3。则最大切应力公式可写成：

$$\tau_{\max} = \frac{T}{W_P} \tag{8.14}$$

公式(8.11)和式(8.14)是以平面假设为基础导出的。试验结果表明,只有对等截面圆轴,平面假设才是正确的,所以上式只适用于等直圆杆,此外,在导出上式时使用了胡克定律,因而公式只适用于 τ_{max} 低于剪切比例极限的情况。

在导出公式(8.11)和式(8.14)时,引进了截面极惯性矩 I_P 和抗扭截面模量 W_P,它们是只与截面形状、尺寸有关的几何量。现在我们来计算这两个量。

对于实心圆轴如图 8.13 所示,在横截面内取环形微分面积 dA,代入式(8.9)中,得

$$I_P = \int_A \rho^2 dA = \int_0^R \rho^3 \cdot 2\pi d\rho = \frac{\pi R^4}{2} = \frac{\pi D^4}{32} \qquad (8.15)$$

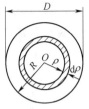

图 8.13

式中,D 为圆截面的直径。由此求出

$$W_P = \frac{I_P}{R} = \frac{\pi R^3}{2} = \frac{\pi D^3}{16} \qquad (8.16)$$

对于空心圆轴如图 8.14 所示,由于空心部分没有内力,所以积分也不应包括空心部分,于是有

$$I_P = \int_A \rho^2 dA = \int_{d/2}^{D/2} \rho^2 \cdot \rho \cdot 2\pi d\rho = \frac{\pi(D^4 - d^4)}{32} = \frac{\pi D^4}{32}(1 - \alpha^4) \qquad (8.17)$$

$$W_P = \frac{I_P}{D/2} = \frac{\pi}{16D}(D^4 - d^4) = \frac{\pi D^3}{16}(1 - \alpha^4) \qquad (8.18)$$

式中,$\alpha = d/D$,d 和 D 分别为空心圆截面的内径和外径。

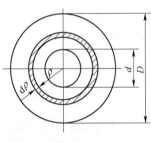

图 8.14

8.3.2 圆轴扭转时的强度条件

等直圆轴在扭转时,轴内各点均处于纯剪切应力状态。建立圆轴扭转强度条件时,使轴内的最大切应力不超过材料的许用剪应力 $[\tau]$,故强度条件为

$$\tau_{max} \leqslant [\tau] \qquad (8.19)$$

对于等直圆轴,最大工作切应力一定发生在最大扭矩 T_{max} 所在截面上的外边缘各点,这时式(8.19)可写成

$$\tau_{max} \leqslant \frac{T_{max}}{W_P} \leqslant [\tau] \qquad (8.20)$$

对于变截面轴,如阶梯轴、圆锥形杆等,由于 W_P 不是常量,所以,最大切应力 τ_{max} 不一定发生在最大扭矩 T_{max} 所在截面,这时要综合考虑 T 和 W_P,求出 $\tau = \frac{T}{W_P}$ 的极值。

根据圆轴扭转时的强度条件,同样可以解决强度计算中的三类问题,即强度校核,设计截面和求许用荷载。

【例 8.2】 某大型养路机械作业车的主传动轴用碳素钢的电焊钢管制成,钢管外径 $D = 90$ mm,内径 $d = 82$ mm,轴传递的扭矩为 4.4 kN・m。材料的许用切应力 $[\tau] = 100$ MPa。(1)试校核轴的扭转强度;(2)若将空心轴改为强度相同的实心轴,试设计轴的直径,并比较实心轴和空心轴的重量。

【解】 (1)校核空心轴的强度

由题意可知:$T = 4.4$ kN・m,$\alpha = \frac{d}{D} = \frac{82}{90} = 0.91$。

$$W_P = \frac{\pi D^3}{16}(1-\alpha^4) = 4.5 \times 10^4 \, (\text{mm}^3)$$

由强度条件式(8.20)可得

$$\tau_{max} = \frac{T}{W_P} = \frac{4.4 \times 10^6}{4.5 \times 10^4} = 97.9 \, (\text{MPa}) < [\tau]$$

所以此轴满足强度条件。

(2)设计实心圆轴直径 D_1

因两轴强度相等,故实心轴的最大切应力也应等于 97.9 MPa。

$$\tau_{max} = \frac{T}{W_P} = \frac{1.39 \times 10^6}{\frac{\pi}{16}D_1^3} = 97.9 \, (\text{MPa})$$

$$D_1 = \sqrt[3]{\frac{4.4 \times 10^6 \times 16}{\pi \times 97.9}} = 61.2 \, (\text{mm})$$

(3)比较两轴的重最

因两轴的材料、长度均相同,故两轴重量之比即为两轴横截面面积之比,即

$$\frac{A_K}{A_S} = \frac{\frac{\pi}{4}(D^2-d^2)}{\frac{\pi}{4}D_1^2} = \frac{90^2-82^2}{61.2^2} = 0.37$$

可见在荷载相同的条件下,空心轴的重量只为实心轴的 37%。采用空心轴可减轻重量和节约材料。这是因为横截面上切应力沿半径按线性规律分布,圆心附近的应力很小,材料没有充分发挥作用。若把轴心附近的材料向边缘移置而做成空心轴,则 I_P 和 W_P 都增大了,可提高轴的强度。从强度的观点看,空心截面是轴的合理截面,而且在工程中已得到广泛应用,当然,在设计中是否采用空心截面,还要考虑到结构要求、制造加工成本等许多因素。

【例 8.3】 一空心轴 $\alpha = d/D = 0.8$,转速 $n = 250 \, \text{r/min}$,功率 $P = 60 \, \text{kW}$,$[\tau] = 40 \, \text{MPa}$,求轴的外直径 D 和内直径 d。

【解】 由公式(8.2)得:

$$T = M = 9549 \frac{P}{n} = 9549 \times \frac{60}{250} = 2291.76 \, (\text{N} \cdot \text{m})$$

由强度条件可知 $\frac{T}{W_P} \leqslant [\tau]$,从而有

$$\frac{T}{\frac{\pi D^3}{16}(1-\alpha^4)} = \frac{2291.76 \times 10^3}{\frac{\pi D^3}{16}(1-0.8^4)} \leqslant 40$$

得 $\qquad\qquad\qquad D \geqslant 79.1 \, \text{mm}$

由题意 $\alpha = d/D = 0.8$,有 $d = 63.3 \, \text{mm}$。

8.4　圆轴扭转时的变形和刚度计算

8.4.1　两横截面间绕轴线的相对扭转角

由公式(8.10)可知

$$d\varphi = \frac{T}{GI_P}dx \qquad\qquad\qquad (8.21)$$

式中,$\mathrm{d}\varphi$ 表示相距为 $\mathrm{d}x$ 的两横截面之间的相对扭转角。沿轴线 x 积分,即可求得相距为 l 的两横截面之间绕轴线的相对扭转角为

$$\varphi = \int_l \mathrm{d}\varphi = \int_0^l \frac{T}{GI_\mathrm{P}} \mathrm{d}x \qquad (8.22)$$

当两截面之间的扭矩为常数,且圆轴为等直轴时,则式(8.22)化为

$$\varphi = \frac{Tl}{GI_\mathrm{P}} \qquad (8.23)$$

式中,GI_P 称为圆轴的**抗扭刚度**,GI_P 越大,扭转角 φ 越小。

当轴在各段的扭矩 T 或极惯性矩 I_P 为常数时,可分段计算各段的相对扭转角,然后代数叠加,因此式(8.23)变为

$$\varphi = \sum_{i=1}^n \frac{Tl}{GI_\mathrm{P}} \qquad (8.24)$$

当扭矩或横截面沿轴线 x 连续变化时,可先求 $\mathrm{d}x$ 微段的相对扭转角 $\mathrm{d}\varphi$,然后积分求得长为 l 的两截面间相对扭转角,即

$$\varphi = \int_0^l \frac{T(x)\mathrm{d}x}{GI_\mathrm{P}(x)} \qquad (8.25)$$

8.4.2　刚度条件

有些轴为了能正常工作,除要求满足强度条件外,还应将其变形限制在一定范围内,即要求具有一定的刚度。例如,发动机的凸轮轴扭转角过大时,会影响气阀的开、闭时间;车床主轴的扭转变形过大时,将引起主轴的扭转振动,从而影响工件的加工精度和表面粗糙度。所以,轴类零件还应满足刚度条件。一般来说,凡是精度要求较高或需要限制振动机械,都要考虑轴的刚度。因为扭转角 φ 与轴的长度 l 有关,为了消除长度的影响,用扭转角 φ 对 x 的变化率 $\theta = \mathrm{d}\varphi/\mathrm{d}x$ 来表示轴扭转变形的程度,称为**单位长度的扭转角**,单位为弧度/米(rad/m),由式(8.10)可知有

$$\theta = \frac{\mathrm{d}\varphi}{\mathrm{d}x} = \frac{T}{GI_\mathrm{P}} \qquad (8.26)$$

轴类零件扭转的刚度条件是限制最大的单位长度扭转角不得超过许用单位长度扭转角 $[\theta]$,即

$$\theta_{\max} \leqslant [\theta] \qquad (8.27)$$

工程中 $[\theta]$ 的单位习惯上用度/米(°/m)表示,而用式(8.27)得到的扭转角的单位是 rad/m,必须乘以 $180°/\pi$ 转换为 °/m。对于等直圆轴,刚度条件式(8.27)可写为

$$\theta_{\max} = \frac{T_{\max}}{GI_\mathrm{P}} \times \frac{180}{\pi} \leqslant [\theta] \qquad (8.28)$$

各种轴类零件的 $[\theta]$ 值可从有关规范的手册中查到。利用圆转扭转的**刚度条件**式(8.28),同样可以解决工程中的三类计算,即设计截面尺寸、计算许可荷载以及刚度校核。

【**例 8.4**】　已知一直径 $d = 50$ mm 的钢制圆轴在扭转角为 6° 时,轴内最大切应力为 90 MPa,材料的 $G = 80$ GPa。试求该轴的长度。

【**解**】　由刚度转角公式(8.23)有

$$\varphi = \frac{Tl}{GI_\mathrm{P}} \qquad (1)$$

由扭转切应力公式(8.20)得

$$\tau_{max} = \frac{T}{W_P} \tag{2}$$

联立方程得：

$$l = \frac{\varphi G}{\tau_{max}} \cdot \frac{I_P}{W_P} = \frac{6 \times \frac{\pi}{180°} \times 80 \times 10^9 \times 0.05}{90 \times 10^6 \times 2} = 2.33 \text{ (m)}$$

【例 8.5】 一薄壁圆轴的外径 $D = 76$ mm，壁厚 $t = 2.5$ mm，承受扭矩 $T = 1.98$ kN·m，材料的剪切弹性模量 $G = 80$ GPa，许用切应力 $[\tau] = 100$ MPa，许用单位扭转角 $[\theta] = 2°/$m。试校核圆轴的强度、刚度；若将该圆轴改为实心圆轴，在保持强度、刚度不变的情况下，求实心圆轴的直径，比较空心、实心圆轴的质量。

【解】 (1) 校核强度、刚度

扭矩 $T = 1.98$ kN·m $= 1.98 \times 10^6$ N·mm。极惯性矩 I_P、抗扭截面模量 W_P 计算如下：

$$\alpha = \frac{D - 2t}{D} = \frac{76 - 2 \times 2.5}{76} = 0.935$$

$$I_P = \frac{\pi D^4}{32}(1 - \alpha^4) = 7.71 \times 10^5 \text{ (mm}^4\text{)}$$

$$W_P = \frac{I_P}{0.5D} = 20.3 \times 10^3 \text{ (mm}^3\text{)}$$

强度校核　　　　　　$\tau_{max} = \dfrac{T}{W_P} = 97.5$ (MPa) $< [\tau]$

刚度校核　　　　　　$\theta = \dfrac{T}{GI_P} \times \dfrac{180°}{\pi} = 1.84°/$m $< [\theta]$

可见，强度、刚度均满足要求。校核刚度时，应注意单位换算。

(2) 改为实心圆轴，求其直径 d

①保持强度不变，即保持实心、空心轴的抗扭截面系数相等。空心轴的 $W_P = 20.3 \times 10^3$ mm^3，实心轴的 $W_{P1} = \dfrac{\pi d_1^3}{16}$，于是

$$d_1 = \sqrt[3]{\frac{16}{\pi} W_P} = \sqrt[3]{\frac{16}{\pi} \times 20.3 \times 10^3} = 46.9 \text{ (mm)}$$

实心轴横截面面积 $A_1 = \dfrac{\pi d_1^2}{4}$。

②保持刚度不变，即保持实心、空心轴的极惯性矩相等。

空心轴的 $I_P = 7.71 \times 10^5$ mm^4，实心轴的 $I_{P2} = \dfrac{\pi d_2^4}{32} = I_P$，于是

$$d_2 = \sqrt[4]{\frac{32}{\pi} I_P} = 53 \text{ (mm)}$$

实心轴横截面面积 $A_2 = \pi d_2^2/4$。

(3) 比较两轴的质量

在材料、长度相同的情况下，质量比等于横截面面积之比。

①保持强度不变时的质量比

$$\frac{Q_{实}}{Q_{空}} = \frac{A_1}{A} = \frac{d_1^2}{76^2 - 71^2} = 2.99$$

即实心轴质量是空心轴质量的 2.99 倍。

②保持刚度不变时的质量比

$$\frac{Q_{实}}{Q_{空}}=\frac{A_2}{A}=\frac{d_2{}^2}{76^2-71^2}=3.82$$

即实心轴质量是空心轴质量的 3.82 倍。

可见,采用空心轴可以节约材料。这是因为:①从切应力分布规律看,实心轴轴心附近的应力很小,轴心附近的材料未能充分发挥作用;②从截面的几何性质看,相同截面积的实心轴的 GI_P 及 W_P 都较空心轴小。

 本章小结

8.1 扭转的概念。杆件受力偶作用,该力偶作用于与轴线垂直的平面内,使杆件受到扭转的变形。

8.2 计算外力偶矩 M_e 的公式为

$$M_e=9\,549\,\frac{P}{n}\;(\text{N}\cdot\text{m})$$

8.3 扭矩图。作用于轴上的外力偶多于两个时,也与拉伸(压缩)问题中画轴力图一样,可用图线来表示各横截面上扭矩沿轴线变化的情况。图中以横轴表示横截面的位置,纵轴表示相应截面的扭矩。这种图线称为扭矩图。

8.4 圆轴扭转时横截面上的应力 $\tau=T\rho/I_P$,最大切应力公式可写成:

$$\tau_{max}=\frac{T_{max}}{W_P}$$

8.5 圆轴扭转时的强度条件为轴内的最大切应力不超过材料的许用切应力,故强度条件为

$$\tau_{max}\leqslant\frac{T_{max}}{W_P}\leqslant[\tau]$$

8.6 扭转变形。当扭矩或横截面沿轴线 x 连续变化时,积分公式

$$\varphi=\int_0^l\frac{I(x)\mathrm{d}x}{GI_P(x)}$$

8.7 刚度条件。轴类零件扭转的刚度条件是限制最大的单位长度扭转角不超过许用单位长度扭转角 $[\theta]$,即

$$\theta_{max}=\frac{T_{max}}{GI_P}\times\frac{180^\circ}{\pi}\leqslant[\theta]$$

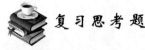 **复习思考题**

8.1 在变速箱中,为什么低速轴直径比高速轴直径大?

8.2 当轴所传递的功率 P 和旋转速度 n 已知时,作用在轴上的外力偶矩 M 可通过公式 ____ 来计算。其中 P 的单位是____,n 的单位是____,M 的单位是____。

8.3 拖动机床的电动机功率不变,当机床转速越高时,产生的转矩越____。

8.4 采用截面法求解圆轴扭转横截面上的内力时,得出的内力是个____,称为____,用字

母____表示,其正负可以用____法则判定,即以右手四指弯曲表示扭矩____,当大拇指的指向____横截面时,扭矩为正;反之为负。

8.5　圆轴扭转时截面上扭矩的计算规律是:圆轴上任一截面上的扭矩等于____的代数和。

8.6　由扭转实验中圆轴各截面的相对转动,可以推断横截面上有____存在;由圆轴轴线方向上长度不变,可以推断横截面上____。

8.7　抗扭截面系数是表示横截面抵抗____能力的一个几何量,它的大小与横截面的____有关。

8.8　两根长度及重量都相同且由同一材料制成的轴,其中一根是空心轴,内、外径之比为 $\alpha = d_1/D_1 = 0.8$;另一根是实心轴,直径为 D_2。试问:在相同的许用应力情况下,空心轴与实心轴所能承受的扭矩哪个大? 说明理由。

8.9　作出图示各杆的扭矩图。

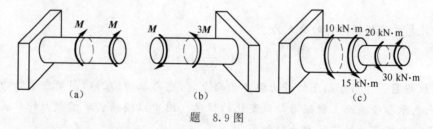

题 8.9 图

8.10　阶梯形圆轴直径分别为 $d_1 = 40$ mm,$d_2 = 70$ mm,轴上装有三个皮带轮。已知由轮 3 输入的功率 $P_3 = 30$ kW,轮 1 输出的功率 $P_1 = 13$ kW,轴作匀速转动,转速 $n = 200$ r/min,材料的许用剪应力 $[\tau] = 60$ MPa,$G = 80$ GPa,许用扭转角 $[\theta] = 2°/m$。试校核轴的强度和刚度。

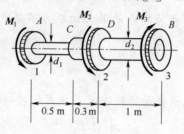

题 8.10 图

8.11　如题 8.11 图所示,截面积相等、材料相同的两轴,用牙嵌式离合器连接。左端为空心轴,外径 $d_1 = 50$ mm,内径 $d_2 = 30$ mm,轴材料的 $[\tau] = 65$ MPa,工作时所受力偶矩 $M = 1\ 000$ N·m,试校核左、右两端轴的强度。如果强度不够,轴径应增加到多少?

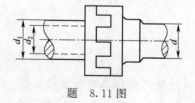

题 8.11 图

9　截面的几何性质

本章描述

本章主要介绍形心、惯性矩、极惯性矩和惯性积的概念,并讲述了简单图形的形心、极惯性矩和惯性积计算,惯性矩和惯性积平行移轴公式的应用,简单组合截面惯性矩的计算方法。

教学目标

1. 知识目标

(1)能够熟练运用公式计算截面几何形状的形心;

(2)能够熟练进行简单几何图形的惯性矩的计算;

(3)能够熟练进行形心主惯性轴和形心主惯性矩的计算。

2. 能力目标

掌握形心、惯性矩、极惯性矩等概念,并能进行简单的计算,为后续的力学运算做好准备。

3. 素质目标

(1)养成严谨求实的工作作风;

(2)具备协作精神;

(3)具备一定的协调能力。

相关案例——宁波帮博物馆钢结构

宁波帮博物馆位于宁波市镇海新城南区"中央公园—文化公园—甬江"城市轴线景观轴带中北部,四面均有水系贯通,总建筑面积约 20 000 m²,建筑形式为"甬"字形(图 9.1)。现对建筑结构中"甬"字头结构进行分析,此部分长 34.745 m、宽 22.5 m、高 14.4 m,结构形式为带有大悬挑构件的钢结构框架。

建筑分为二层,一层用 29 根高为 1.86~7.00 m 的矩形钢管混凝土柱架空。钢管柱截面为 350 mm×150 mm×18 mm×18 mm,平面布置为二纵一横共 3 个柱列,近似于"["字形。一层"["字形 3 边柱分别为 12、10、7 根,3 边长度分别为 25.875 m、22.5 m、14.625 m。二层由悬挑平台及其连接的悬挑楼梯构成。悬挑平台布置在结构横向的支撑柱上,二层平面两侧各有悬挑,悬挑尺寸分别为 5.62 m 和 2.05 m。两排悬挑跨度为 4 m 的楼梯梁布置在一层两纵向柱列上,其与二层悬挑平台同样构成"["字形平面形式。天面部分为非上人玻璃屋顶,结构沿纵向外伸长 8.87 m,因此,天面与二层平台的不同外伸尺寸使结构产生一种"前倾"的建筑效果。

图　9.1

结构正立面水平方向长为 22.5 m,竖直方向高为 14.4 m。下部矩形钢管混凝土排柱高度为 4.509 m。上部为开有较大窗口的框架结构,高 9.891 m。结构两侧立面高 14.4 m,均为上长下短的倒梯形平面形式,两侧立面上边长度分别为 34.745 m 和 23.495 m,下边长度分别为 24.75 m 和 13.5 m。

在结构的正立面,把天面悬挑部分最外端设置为具有较大刚度的四边形空间钢管桁架,这样的结构有足够的平面内外刚度。建筑正立面设置有玻璃幕墙,此空间桁架可有效减小天面悬挑部分在较大自重下的竖向挠度。管桁架的上弦杆采用工字形截面钢,斜向腹杆和竖向短腹杆为 121 mm×6.0 mm、68 mm×6.0 mm 和 89 mm×6.0 mm 的圆钢管,下弦杆为 168 mm×8.0 mm 的圆钢。

通过以上的实例分析,可以认识到截面的几何形状对结构有着重要的意义,在本章中将学习截面形状的形心、惯性矩等一些特性。

9.1　截面的静矩和形心

9.1.1　静　矩

设有一代表任意截面的平面图形,其面积为 A。在图形平面内建立直角坐标系 Oxy,如图 9.2 所示。在该截面上任取一微面积 dA,设微面积 dA 的坐标为 x、y。我们把乘积 $y dA$ 和 $x dA$ 分别称为微面积 dA 对 x 轴和 y 轴的静矩(或面积矩)。而把积分 $\int_A y dA$ 和 $\int_A x dA$ 分别定义为该截面对 x 轴和 y 轴的静矩,分别用 S_x 和 S_y 表示,即

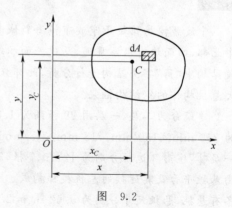

图　9.2

$$\left.\begin{aligned} S_x &= \int_A y dA \\ S_y &= \int_A x dA \end{aligned}\right\} \qquad (9.1)$$

由定义知,静矩与所选坐标轴的位置有关,同一截面对不同的坐标轴有不同的静矩。静矩是一个代数量,其值可为正、负或为零。静矩的常用单位是mm^3 或 m^3。

【**例 9.1**】　已知图 9.3 所示矩形截面的高为 h,宽为 b。试计算该矩形截面对 x 轴和 y 轴的静矩 S_x 与 S_y。

【**解**】　由图 9.3(a)可知,$dA = b\,dy$,代入式(9.1)可得:

$$S_x = \int_A y\,dA = \int_0^h y \cdot b\,dy = b\int_0^h y\,dy = b \cdot \frac{h^2}{2}$$

同理,由图 9.3(b)可知,$dA = h\,dx$,代入式(9.1)可得:

$$S_y = \int_A x\,dA = \int_0^b x \cdot h\,dx = h\int_0^b x\,dx = h \cdot \frac{b^2}{2}$$

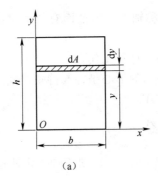 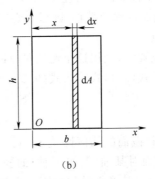

(a)　　　　　　　　　　(b)

图　9.3

【**例 9.2**】　已知矩形截面的高为 h,宽为 b。试计算该矩形截面对图 9.4 所示 x 轴和 y 轴的静矩 S_x 与 S_y。

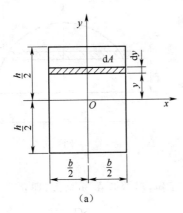 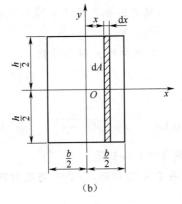

(a)　　　　　　　　　　(b)

图　9.4

【**解**】　由图 9.4(a)可知,$dA = b\,dy$,代入式(9.1)可得:

$$S_x = \int_A y\,dA = \int_{-\frac{h}{2}}^{\frac{h}{2}} y \cdot y\,dy = b\int_{-\frac{h}{2}}^{\frac{h}{2}} y\,dy = 0$$

同理,由图 9.4(b)可知:$dA = h\,dx$ 代入式(9.1)可得

$$S_y = \int_A x\,dA = \int_{-\frac{b}{2}}^{\frac{b}{2}} x \cdot h\,dx = h\int_{-\frac{b}{2}}^{\frac{b}{2}} h\,dx = 0$$

比较例 9.1 和例 9.2 可得出如下结论:

(1)同一截面,若坐标轴的位置不同,则该截面对坐标轴的静矩也不同。

（2）截面对通过形心的坐标轴的静矩为零。

9.1.2　形　心

由静力学中均质薄板的形心公式可知，若截面的面积为 A，形心坐标为 x_C、y_C，则：

$$\left.\begin{array}{l} x_C = \dfrac{\displaystyle\int_A x\,\mathrm{d}A}{A} \\[4mm] y_C = \dfrac{\displaystyle\int_A y\,\mathrm{d}A}{A} \end{array}\right\} \tag{9.2}$$

由式（9.2）可得截面的几何性质 1。

性质 1　若截面对称于某轴，则形心必在该对称轴上。若截面有两个对称轴，则形心必为这两对称轴的交点。

在确定形心位置时，利用这个性质可以减少很多计算工作量。

将静矩的定义式（9.1）式代入式（9.2），可得截面的形心坐标与静矩之间的关系为：

$$\left.\begin{array}{l} S_x = y_C \cdot A \\[2mm] S_y = x_C \cdot A \end{array}\right\} \tag{9.3}$$

由式（9.3）可得截面的几何性质 2。

性质 2　若截面对某轴（例如 x 轴）的静矩为零（$S_x = 0$），则该轴一定通过截面的形心，即 $y_C = 0$。反之，截面对其形心轴的静矩一定为零。

利用式（9.3），若已知截面形心位置，可求截面的静矩；反之，若已知截面的静矩，也可确定截面形心的位置。

【**例 9.3**】　试确定图 9.5 所示半圆形截面的形心位置。

【**解**】　（1）计算截面对 x 轴的静矩

取微面积 $\mathrm{d}A = 2\sqrt{R^2 - y^2}\,\mathrm{d}y$，如图 9.5 所示，则

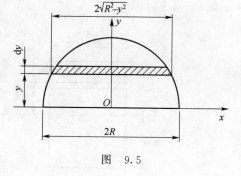

图　9.5

$$S_x = \int_A y\,\mathrm{d}A = \int_0^R 2y\sqrt{R^2 - y^2}\,\mathrm{d}y = \frac{2}{3}R^3$$

（2）计算截面的形心位置

由于截面关于 y 轴对称，由截面的几何性质 1 可知，形心必在 y 轴上，即：

$$x_C = 0$$

而

$$y_C = \frac{\displaystyle\int_A y\,\mathrm{d}A}{A} = \frac{\dfrac{2}{3}R^3}{\dfrac{\pi R^2}{2}} = \frac{4R}{3\pi}$$

9.1.3　组合截面的静矩和形心

在工程实际中经常会遇到一些由几个简单图形（例如矩形、三角形、半圆形等）组合而成的截面，称为组合截面。图 9.6 所示为工程中常见的组合截面。

根据静矩的定义，组合截面对某轴的静矩应等于其各组成部分对该轴静矩之和，即：

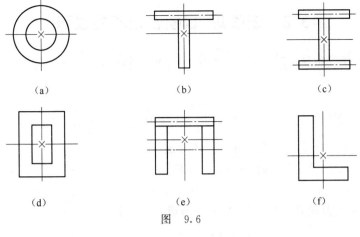

图 9.6

$$S_x = \sum S_{xi} = \sum A_i \cdot y_{Ci} \left.\vphantom{\sum}\right\}$$
$$S_y = \sum S_{yi} = \sum A_i \cdot x_{Ci} \left.\vphantom{\sum}\right\} \tag{9.4}$$

组合截面形心的计算公式为：

$$x_C = \frac{S_y}{A} = \frac{\sum A_i \cdot x_{Ci}}{\sum A_i} \left.\vphantom{\frac{\sum}{\sum}}\right\}$$

$$y_C = \frac{S_x}{A} = \frac{\sum A_i \cdot y_{Ci}}{\sum A_i} \left.\vphantom{\frac{\sum}{\sum}}\right\} \tag{9.5}$$

式中 A_i、x_{Ci}、y_{Ci}——各个简单截面的面积及形心坐标。

【例9.4】 试确定图9.7所示 T 形截面的形心位置。

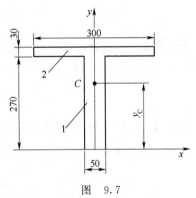

图 9.7

【解】 (1)将截面分解为矩形1、矩形2两个简单的矩形,如图9.7所示。分别写出每个矩形的面积 A_1、A_2 和形心坐标 y_{C1}、y_{C2}：

$$A_1 = 270 \times 50 = 13\ 500\ (\text{mm}^2)$$

$$y_{C1} = \frac{270}{2} = 135\ (\text{mm})$$

$$A_2 = 300 \times 30 = 9\ 000\ (\text{mm}^2)$$

$$y_{C2} = 270 + \frac{30}{2} = 285\ (\text{mm})$$

(2)利用组合截面形心的计算公式,计算形心位置。

由于截面关于 y 轴对称,由截面的几何性质1可知,形心必在 y 轴上,即：$x_C = 0$。

由式(9.5)可知：

$$y_C = \frac{\sum A_i \cdot y_{Ci}}{\sum A_i} = \frac{A_1 \cdot y_{C1} + A_2 \cdot y_{C2}}{A_1 + A_2}$$

$$= \frac{13\ 500 \times 135 + 9\ 000 \times 285}{13\ 500 + 9\ 000} = 195\ (\text{mm})$$

所以,图示 T 形截面的形心坐标是(0,195)。

9.2　惯性矩、极惯性矩和惯性积

9.2.1　惯性矩与惯性半径

1. 惯性矩

在材料力学的后续学习中，常常会遇到 $\int_A y^2 \cdot dA$、$\int_A x^2 \cdot dA$ 等关于面积的积分运算，为了计算方便，常将这些有关面积的积分运算单独定义。

如图 9.8 所示，在任意形状的截面上任取一微面积 dA，设微面积 dA 的坐标分别为 x、y，则我们把乘积 $y^2 dA$ 和 $x^2 dA$ 分别称为微面积 dA 对 x 轴和 y 轴的惯性矩。而把积分 $\int_A y^2 \cdot dA$ 和 $\int_A x^2 \cdot dA$ 分别定义为截面对 x 轴和 y 轴的惯性矩，分别用 I_x 和 I_y 表示，即

$$\left. \begin{aligned} I_x = \int_A y^2 dA \\ I_y = \int_A x^2 dA \end{aligned} \right\} \tag{9.6}$$

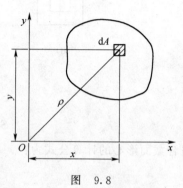

图　9.8

由定义可知惯性矩恒为正值，其常用单位是 mm^4 或 m^4。

【例 9.5】　试计算图 9.9 所示矩形截面对其形心轴 x、y 的惯性矩 I_x 和 I_y。

【解】　（1）计算截面对 x 轴的惯性矩

取平行于 x 轴的狭长条为微面积 dA，由图 9.9 可知 $dA = b\,dy$，代入式（9.6）可得：

$$I_x = \int_A y^2 dA = \int_{-\frac{h}{2}}^{\frac{h}{2}} y^2 \cdot b\,dy = \frac{bh^3}{12}$$

（2）计算截面对 y 轴的惯性矩

取平行于 y 轴的狭长条为微面积 dA，由图 9.9 可知 $dA = h\,dx$，代入式（9.6）可得：

$$I_y = \int_A x^2 dA = \int_{-\frac{b}{2}}^{\frac{b}{2}} x^2 \cdot h\,dx = \frac{b^3 h}{12}$$

【例 9.6】　试计算图 9.10 所示圆形截面对其形心轴 x、y 的惯性矩 I_x 和 I_y。

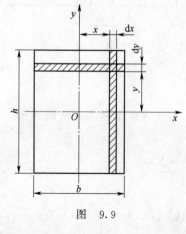

图　9.9

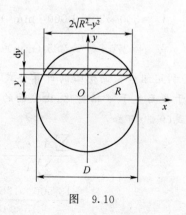

图　9.10

【解】　（1）计算截面对 x 轴的惯性矩

取平行于 x 轴的狭长条为微面积 $\mathrm{d}A$，由图 9.10 可知：$\mathrm{d}A=2\sqrt{R^2-y^2}\cdot\mathrm{d}y$，代入式 9.6 可得：

$$I_x=\int_A y^2\,\mathrm{d}A=\int_{-R}^{R}y^2\cdot 2\sqrt{R^2-y^2}\,\mathrm{d}y=\frac{\pi R^4}{4}=\frac{\pi D^4}{64}$$

（2）计算截面对 y 轴的惯性矩

根据对称性可知截面对 x、y 的惯性矩相等，即：

$$I_x=I_y=\frac{\pi D^4}{64}$$

2. 惯性半径

在实际工程应用中为方便计算，有时也将惯性矩表示为某一长度平方与截面面积 A 的乘积，即：

$$\left.\begin{aligned}I_x&=i_x^2\cdot A\\I_y&=i_y^2\cdot A\end{aligned}\right\} \tag{9.7a}$$

或

$$\left.\begin{aligned}i_x&=\sqrt{\frac{I_x}{A}}\\i_y&=\sqrt{\frac{I_y}{A}}\end{aligned}\right\} \tag{9.7b}$$

式中　i_x、i_y——截面对 x、y 轴的惯性半径，常用单位是 mm 或 m。

9.2.2　极惯性矩

在图 9.8 中，若将直角坐标系改为极坐标系，并以 ρ 表示微面积 $\mathrm{d}A$ 到坐标原点 O 的距离。则把 $\rho^2\mathrm{d}A$ 称为微面积 $\mathrm{d}A$ 对 O 点的极惯性矩，而把积分 $\int_A \rho^2\mathrm{d}A$ 定义为截面对 O 点的极惯性矩，用 I_ρ 表示。即：

$$I_\rho=\int_A \rho^2\,\mathrm{d}A \tag{9.8}$$

由式（9.8）可知，极惯性矩恒为正，常用单位为 mm⁴ 或 m⁴。

由图 9.7 可知，$\rho^2=x^2+y^2$。将其代入式（9.8），则有

$$I_\rho=\int_A \rho^2\,\mathrm{d}A=\int_A(x^2+y^2)\,\mathrm{d}A=\int_A x^2\,\mathrm{d}A+\int_A y^2\,\mathrm{d}A$$

再将式（9.6）代入上式，即得惯性矩与极惯性矩的关系为：

$$I_\rho=I_x+I_y \tag{9.9}$$

由式（9.9）可得截面的几何性质 3。

性质 3　截面对某点的极惯性矩等于截面对通过该点的两个正交轴的惯性矩之和。

【例 9.7】　试计算图 9.11 所示圆形截面对圆心的极惯性矩。

【解】　**方法一**：选取图示环形微面积 $\mathrm{d}A$（图中阴影部分），则 $\mathrm{d}A=2\pi\rho\cdot\mathrm{d}\rho$，由极惯性矩的定义知：

$$I_\rho=\int_A \rho^2\,\mathrm{d}A=\int_0^{\frac{D}{2}}\rho^2\cdot 2\pi\rho\,\mathrm{d}\rho=\frac{\pi D^4}{32}$$

方法二：由例 9.6 知：

$$I_x=I_y=\frac{\pi D^4}{64}$$

由截面的几何性质 3 知：

$$I_\rho = I_x + I_y = \frac{\pi D^4}{64} + \frac{\pi D^4}{64} = \frac{\pi D^4}{32}$$

9.2.3　惯性积

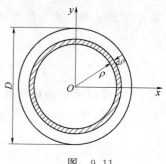

图　9.11

在图 9.8 中，我们把微面积 dA 与其坐标 x、y 的乘积 $xy\,\mathrm{d}A$ 称为微面积 dA 对 x、y 两轴的惯性积。而将积分 $\int_A xy\,\mathrm{d}A$ 定义为截面对 x、y 两轴的惯性积，用 I_{xy} 表示，即

$$I_{xy} = \int_A x \cdot y \cdot \mathrm{d}A \tag{9.10}$$

由定义可知惯性积的值可为正、负或为零，其常用单位是 mm^4 或 m^4。

由式（9.10）可得截面的几何性质 4。

性质 4　若截面具有一个对称轴，则截面对包括该对称轴在内的一对正交轴的惯性积恒等于零。

利用该性质，可迅速判断截面对坐标轴 x、y 的惯性积是否等于零。如图 9.12 所示，图中各截面对坐标轴 x、y 的惯性积 I_{xy} 均等于零。

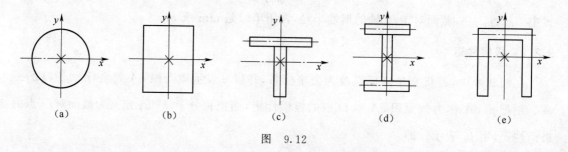

（a）　　　　　（b）　　　　　（c）　　　　　（d）　　　　　（e）

图　9.12

9.3　平行移轴公式和转轴公式

9.3.1　平行移轴公式

在计算组合截面对某轴的惯性矩时，为方便计算，常常要用到平行移轴公式。如图 9.13 所示，某截面面积为 A，其形心坐标轴为 x_C、y_C，x、y 为一对分别与 x_C、y_C 平行的坐标轴；微面积 dA 在坐标系 Ox_Cy_C 中的坐标为 x_C、y_C，在 Oxy 坐标系中的坐标为 x、y；截面形心在 Oxy 坐标系中的坐标为 (b, a)。由惯性矩的定义式（9.6）可知，截面对 x 轴的惯性矩为：

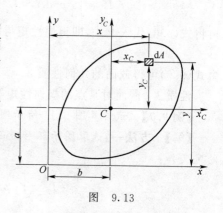

图　9.13

$$\begin{aligned}
I_x &= \int_A y^2\,\mathrm{d}A = \int_A (y_C + a)^2\,\mathrm{d}A \\
&= \int_A y_C^2\,\mathrm{d}A + 2a\int_A y_C\,\mathrm{d}A + a^2\int_A \mathrm{d}A \\
&= I_{xC} + 2aS_{xC} + a^2 A
\end{aligned}$$

式中，S_{xc} 为截面对形心轴 x_C 的静矩，由截面的几何性质 2 可知 $S_{xc}=0$。因此有：

$$I_x=I_{xc}+a^2A$$

同理有：

$$\left.\begin{array}{l}I_x=I_{xc}+a^2A\\I_y=I_{yC}+b^2A\\I_{xy}=I_{xCyc}+abA\end{array}\right\}\qquad(9.11)$$

式中　I_x、I_y、I_{xy}——截面对 x、y 轴的惯性矩和惯性积；

　　I_{xC}、I_{yC}、I_{xCyc}——截面对形心轴 x_C、y_C 的惯性矩和惯性积。

式(9.11)即为惯性矩和惯性积的**平行移轴公式**。利用它可以方便的计算截面对与形心轴平行的轴之惯性矩和惯性积。

9.3.2　组合截面的惯性矩和惯性积

设组合截面由 n 个简单截面组成。根据惯性矩和惯性积的定义，组合截面对 x、y 轴的惯性矩和惯性积为：

$$\left.\begin{array}{l}I_x=\sum I_{xi}\\I_y=\sum I_{yi}\\I_{xy}=\sum I_{xyi}\end{array}\right\}\qquad(9.12)$$

式中　I_{xi}、I_{yi}、I_{xyi}——各个简单截面对 x、y 轴的惯性矩和惯性积。

【**例 9.8**】 图 9.14 所示截面由两个 25c 号槽钢截面组成，已知 $b=100$ mm。求此组合截面对形心轴 x、y 的惯性矩 I_x 和 I_y。

【**解**】　解题分析：该组合截面图形为对称图形，由对称性可知对称轴即为该截面的形心轴；该组合截面由两根型钢组成，型钢的截面面积、对自身形心轴的惯性矩均可由附录中型钢表查出。利用平行移轴公式可求出每个槽钢截面对形心轴的惯性矩，再按式(9.12)即可求出该组合截面对形心轴 x、y 的惯性矩 I_x 和 I_y。

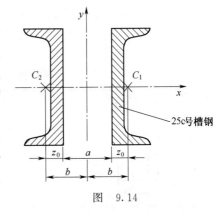

图　9.14

(1)查型钢表可知槽钢 25c 的几何参数如下：截面面积为 $A=44.91$ cm^2，形心位置为 $z_0=19.21$ mm，对自身形心轴的惯性矩：$I_{xC1}=I_{xC2}=3\,690.45$ cm^4，$I_{yC1}=I_{yC2}=218.415$ cm^4。

每个槽钢截面形心到 y_C 轴的距离：$b=\dfrac{a}{2}+z_0=\dfrac{100}{2}+19.21=69.21$（mm）

(2)计算每个槽钢截面对组合截面形心轴 x、y 的惯性矩。

由图可知，两个槽钢截面及组合截面的形心均在 x 轴上。所以

$$I_{x1}=I_{x2}=I_{xC1}=I_{xC2}=3\,690.45\times10^4(\text{mm}^4)$$

利用移轴公式：

$$I_{y1}=I_{yC1}+b^2A=218.415\times10^4+69.21^2\times44.91\times10^2$$
$$=2\,369.615\times10^4(\text{mm}^4)$$

同理可得：

$$I_{y2} = I_{yC2} + b^2 A = 218.415 \times 10^4 + (-69.21)^2 \times 44.91 \times 10^2$$
$$= 2\,369.615 \times 10^4 (\text{mm}^4)$$

（3）计算组合截面对形心轴 x、y 的惯性矩：

$$I_x = \sum I_{xi} = I_{xC1} + I_{xC2} = 2 \times 3\,690.45 \times 10^4 = 7\,380.90 \times 10^4 (\text{mm}^4)$$

$$I_y = \sum I_{yi} = I_{yC1} + I_{yC2} = 2 \times 2\,369.615 \times 10^4 = 4\,739.23 \times 10^4 (\text{mm}^4)$$

【例 9.9】 如图 9.15 所示，直径为 D 的圆截面中，有一直径为 d 的偏心圆孔，其偏心距为 e。求该组合截面对 x、y 轴的惯性矩和惯性积。

【解】 （1）组合截面对 x 轴的惯性矩

因为图形关于 x 轴对称，所以

$$I_x = I_{x1} - I_{x2} = \frac{\pi D^4}{64} - \frac{\pi d^4}{64} = \frac{\pi(D^4 - d^4)}{64}$$

（2）组合截面对 y 轴的惯性矩

先利用移轴公式计算挖去部分对 y 轴的惯性矩：

$$I_{y2} = I_{yC2} + e^2 A = \frac{\pi d^4}{64} + e^2 \frac{\pi d^2}{4}$$

再利用式（9.11）计算组合截面对 y 轴的惯性矩：

$$I_y = I_{y1} - I_{y2} = \frac{\pi D^4}{64} - \left(\frac{\pi d^4}{64} + e^2 \frac{\pi d^2}{4} \right)$$

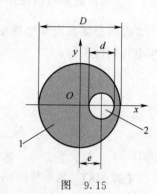

图 9.15

（3）组合截面对 x、y 轴的惯性积

因为截面关于 x 轴对称，根据截面的几何性质 4 可知：$I_{xy} = 0$。

对于工程中常用的截面，其主要的几何性质列于表 9.1 中，以备查用。型钢截面的几何性质请查附录。

表 9.1　常用截面的几何性质

截面及形心 C	面积 A	惯性矩 I	惯性半径 i
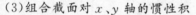	bh	$I_x = \dfrac{bh^3}{12}$ $I_y = \dfrac{hb^3}{12}$	$i_x = \dfrac{\sqrt{3}}{6}h$ $i_y = \dfrac{\sqrt{3}}{6}b$
	$\dfrac{bh}{2}$	$I_x = \dfrac{bh^3}{36}$ $I_y = \dfrac{bh}{36}(b^2 - bc + c^2)$	$i_x = \dfrac{\sqrt{2}}{6}h$ $i_y = \sqrt{\dfrac{b^2 - bc + c^2}{18}}$
	$\dfrac{\pi D^2}{4}$	$I_x = I_y = \dfrac{\pi D^4}{64}$	$i_x = i_y = \dfrac{D}{4}$

续上表

截面及形心 C	面积 A	惯性矩 I	惯性半径 i
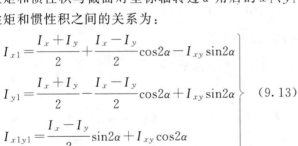	$\dfrac{\pi}{4} \times (D^2 - d^2)$	$I_x = I_y = \dfrac{\pi}{64}(D^4 - d^4)$ $= \dfrac{\pi D^4}{64}(1 - a^4)$ $a = \dfrac{d}{D}$	$i_x = i_y = \dfrac{D}{4}\sqrt{1 + a^2}$
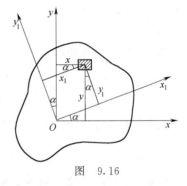	$\dfrac{\pi R^2}{2}$	$I_x = \left(\dfrac{\pi}{8} - \dfrac{8}{9\pi}\right)R^4$ $I_y = \dfrac{\pi R^4}{8}$	$i_x = \dfrac{R}{6\pi}\sqrt{9\pi^2 - 64}$ $i_y = \dfrac{R}{2}$

9.3.3 转轴公式

当坐标轴绕原点旋转时,截面对具有不同转角的各坐标轴的惯性矩或惯性积之间存在着确定的关系,即转轴公式。在图 9.16 中,设截面的面积为 A,对 x、y 轴的惯性矩和惯性积分别为 I_x、I_y 和 I_{xy}。当坐标轴 x、y 绕 O 点逆时针转过 α 角后,得到一个新的坐标系 Ox_1y_1。截面对 x_1、y_1 轴的惯性矩和惯性积分别为 I_{x1}、I_{y1} 和 I_{x1y1},则截面对 x、y 轴的惯性矩和惯性积与截面对坐标轴转过 α 角后的 x_1、y_1 轴的惯性矩和惯性积之间的关系为:

图 9.16

$$\left.\begin{aligned}
I_{x1} &= \frac{I_x + I_y}{2} + \frac{I_x - I_y}{2}\cos 2\alpha - I_{xy}\sin 2\alpha \\
I_{y1} &= \frac{I_x + I_y}{2} - \frac{I_x - I_y}{2}\cos 2\alpha + I_{xy}\sin 2\alpha \\
I_{x1y1} &= \frac{I_x - I_y}{2}\sin 2\alpha + I_{xy}\cos 2\alpha
\end{aligned}\right\} \qquad (9.13)$$

式(9.13)即为**转轴公式**,若将式(9.13)中的前两式相加,并利用式(9.9),则有:

$$I_{x1} + I_{y1} = I_x + I_y = I_\rho \qquad (9.14)$$

由上式可知截面的几何性质 5。

性质 5 截面对通过一点的任意两正交轴的惯性矩之和为常数,且等于截面对该点的极惯性矩。

9.4 形心主惯性轴和形心主惯性矩

由转轴公式(9.13)可知,当坐标轴绕其原点转动时,惯性积将随着角度 α 的改变而变化,且有正负。因此,总能找到一个角度 α_0,以及相应的 x_0、y_0 轴,使图形对于这一对坐标轴的惯性积等于零,这一对坐标轴就称为过这一点的主惯性轴,简称主轴。平面图形对主轴的惯性矩称为主惯性矩,简称主矩。如图 9.17 所示,由截面的几何性质 4 可知图中截面对 x_C、y_C、x_1、

y_C、x_2、y_C 三对坐标轴的惯性积均为零，所以 x_C、y_C，x_1、y_C、x_2、y_C 这三对坐标轴均为该截面图形的主惯性轴，其中，由于 x_C、y_C 轴通过截面的形心，故称为形心主惯性轴，简称形心主轴。

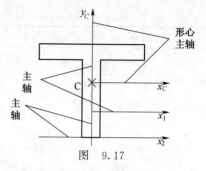

图　9.17

　　截面对形心主轴的惯性矩称为形心主惯性矩，简称形心主矩。在计算组合截面的形心主惯性轴和形心主惯性矩时，首先应确定其形心的位置，然后视其有无对称轴而采用不同的方法。若组合截面有一个或一个以上的对称轴，则通过形心且包括对称轴在内的两正交轴就是形心主惯性轴，再按平行移轴公式计算形心主惯性矩。

本章小结

9.1　静矩公式

$$S_x = \int_A y\,\mathrm{d}A , \quad S_y = \int_A x\,\mathrm{d}A$$

9.2　形心坐标公式

$$x_C = \frac{\int_A x\,\mathrm{d}A}{A} , \quad y_C = \frac{\int_A y\,\mathrm{d}A}{A}$$

9.3　平面图形对 x 轴和 y 轴的惯性矩

$$I_x = \int_A y^2\,\mathrm{d}A , \quad I_y = \int_A x^2\,\mathrm{d}A$$

9.4　平面图形对 y 轴和 z 轴的惯性积

$$I_{xy} = \int_A xy\,\mathrm{d}A$$

9.5　惯性矩和惯性积的平行移轴公式

$$I_x = I_{xc} + a^2 A , \quad I_y = I_{yc} + b^2 A , \quad I_{xy} = I_{xcyc} + abA$$

复习思考题

9.1　形心与重心有什么区别？

9.2　主惯性矩与极惯性矩有什么区别与联系？

9.3　确定题 9.3 图中的图形形心位置。

9.4　试用积分法求题 9.4 图中各图形的 I_y 值。

9.5　计算题 9.5 图半圆形对形心轴 y_C 的惯性矩。

9.6　计算题 9.6 图中的图形对 x、y 轴的惯性积 I_{xy}。

9.7　计算题 9.7 图中的图形对 x、y 轴的惯性矩 I_x、I_y 及惯性积 I_{xy}。

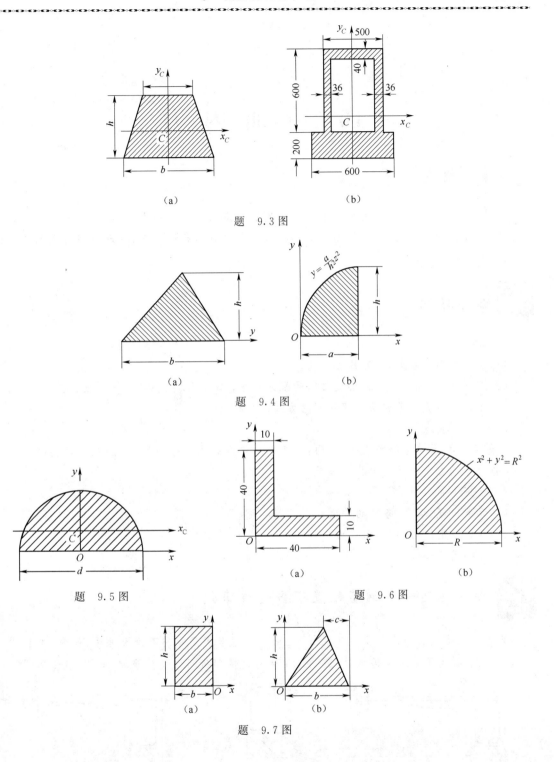

（a）　　　　　　（b）

题 9.3 图

（a）　　　　　　（b）

题 9.4 图

题 9.5 图　　　　　　题 9.6 图

（a）　　　　　　（b）

题 9.7 图

10 弯曲内力

 本章描述

杆件受力后发生弯曲是工程中常见的也是最重要的一种变形形式,本章主要介绍杆件发生弯曲时的内力计算方法及内力图的绘制。本章是承前启后的知识,特别是内力图的绘制是后续结构力学的基础知识。

 教学目标

1. 知识目标

(1)掌握截面法求剪力、弯矩的方法;

(2)理解弯矩、剪力与荷载集度之间的微分关系,并利用其关系绘制内力图;

(3)掌握利用叠加原理绘制弯矩图的方法。

2. 能力目标

能够熟练画出单跨静定梁的内力图。熟悉简单梁的内力分布情况,能在生产实践中加以应用,并为后续力学运算打下扎实基础。

3. 素质目标

(1)养成严谨、求真、务实的作风;

(2)具备一定的协调、组织能力;

(3)具备团队合作精神。

 相关案例——钢筋配置不当造成事故

某百货大楼一层橱窗上设置有挑出 1 200 mm 通长现浇钢筋混凝土雨篷,如图 10.1(a)所示,待达到混凝土设计强度拆模时,突然发生从雨篷根部折断的质量事故,如图 10.1(b)所示。

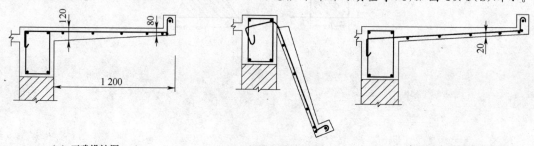

(a) 正确设计图　　　　　(b) 拆模后倒塌如门帘　　　　　(c) 实际受力钢筋错误位置

图 10.1　悬臂板受力钢筋错误位置及其造成破坏情况

以上案例是因受力筋放错了位置(离模板只有 20 mm)所致,如图 10.1(c)所示。原来受力筋按设计布置,钢筋工绑扎好后就离开了。浇筑混凝土前,一些"好心人"看到雨篷钢筋浮搁在过梁箍筋上,受力筋又放在雨篷顶部(传统的概念总以为受力筋就放在构件底面),就把受力筋临时改放到过梁的箍筋里面,并贴着模板。浇筑混凝土时,现场人员没有对受力筋位置进行检查,于是发生上述事故。以上事故就是因为对梁的受力不清楚造成的。本章所学的内容就是为分析和避免类似事故的发生提供理论基础和计算方法。

10.1 平面弯曲的概念

10.1.1 弯曲变形和平面弯曲

当杆件受到垂直于杆轴的横向力作用或在纵向平面内受到力偶作用时(图 10.2),杆轴由直线弯成曲线,这种变形称为弯曲。以弯曲变形为主的杆件称为梁。

工程中多数梁的横截面,如矩形、工字形、T 形等横截面(图 10.3),它们往往都有一根对称轴,这根对称轴与梁轴所组成的平面称为纵向对称平面(图 10.4)。如果作用在梁上的外力(包括荷载和支座反力)和外力偶都位于纵向对称平面内,梁变形后,轴线将在此纵向对称平面内弯曲成为一条曲线。

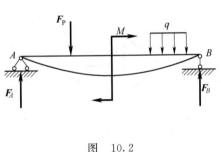

图 10.2

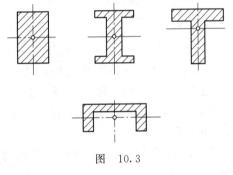

图 10.3

这种梁的弯曲平面与外力作用平面相重合的弯曲称为**平面弯曲**。平面弯曲是一种最简单,也是最常见的弯曲变形,本章将主要讨论等截面直梁的平面弯曲问题。

10.1.2 单跨静定梁的类型

工程中对于单跨静定梁按其支座情况分为下列三种形式:

(1)简支梁:梁的一端为固定铰支座,另一端为可动铰支座,如图 10.5(a)所示。

(2)悬臂梁:梁的一端为固定端,另一端为自由端,如图 10.5(b)所示。

(3)外伸梁:梁的一端或两端伸出支座的简支梁,如图 10.5(c)所示。

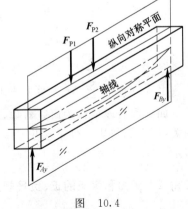

图 10.4

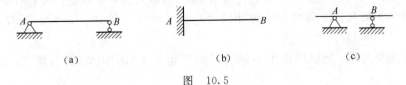

    (a)   (b)   (c)

图 10.5

10.2　弯曲内力·剪力和弯矩

为了计算梁的强度和刚度问题,在求得梁的支座反力后,就必须计算梁的内力。下面将着重讨论梁的内力计算方法。

10.2.1　剪力和弯矩

图 10.6(a)所示为一简支梁,荷载 F 和支座反力 F_{Ay}、F_{By} 是作用在梁的纵向对称平面内的平衡力系,$F_{Ax}=0$。现用截面法分析任一截面Ⅰ—Ⅰ上的内力。假想将梁沿Ⅰ—Ⅰ截面分为两段,现取左段为研究对象,从图 10.6(b)可见,因有支座反力 F_{Ay} 作用,为使左段满足 $\sum F_y=0$,截面Ⅰ—Ⅰ上必然有与 F_{Ay} 等值、平行且反向的内力 F_Q 存在,这个与截面相切的内力 F_Q 称为**剪力**;同时,因 F_{Ay} 对截面Ⅰ—Ⅰ的形心 O 点有一个力矩 $F_{Ay} \cdot x$ 的作用,为满足 $\sum M=0$,截面Ⅰ—Ⅰ上也必然有一个与力矩 $F_{Ay} \cdot x$ 大小相等且转向相反的内力偶矩 M 存在,这个内力偶矩 M 称为**弯矩**。由此可见,梁发生弯曲时,横截面上同时存在着两种内力,即剪力和弯矩。

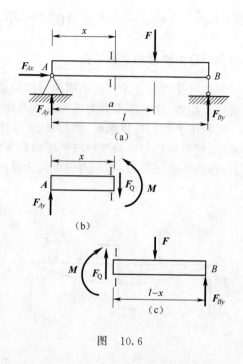

图　10.6

剪力的常用单位为 N 或 kN,弯矩的常用单位为 N·m 或 kN·m。

剪力和弯矩的大小,可由左段梁的平衡方程求得,即

$$\sum F_y=0, \quad F_{Ay}-F_Q=0, \qquad 得 \quad F_Q=F_{Ay}$$

$$\sum M=0, \quad -F_{Ay} \cdot x+M=0, \qquad 得 \quad M=F_{Ay} \cdot x$$

上式方程中 $\sum M$ 为对Ⅰ—Ⅰ截面形心之矩。

如果取右段梁作为研究对象,同样可求得截面Ⅰ—Ⅰ上的 F_Q 和 M,根据作用与反作用力的关系,它们与从左段梁求出Ⅰ—Ⅰ截面上的 F_Q 和 M 大小相等,方向相反,如图 10.6(c)所示。

10.2.2　剪力和弯矩的正、负号规定

无论截取左边还是右边来研究,F_Q 和 M 表达的均为同一个截面的内力,所以应统一内力 F_Q 和 M 的符号,考虑到土建工程上的习惯要求,对剪力和弯矩的正负号特作如下规定:

(1)剪力的正负号:使梁段有顺时针转动趋势的剪力为正[图 10.7(a)];反之,为负[图 10.7(b)]。

(2)弯矩的正负号:使梁段产生下侧受拉的弯矩为正[图 10.8(a)];反之,为负[图 10.8(b)]。

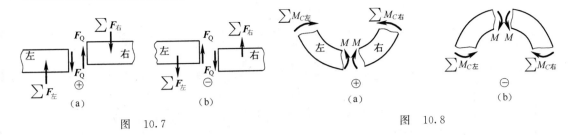

图 10.7   图 10.8

10.2.3 用截面法计算指定截面上的剪力和弯矩

用截面法求指定截面上的剪力和弯矩的步骤如下：

(1)计算支座反力；

(2)用假想的截面在需求内力处将梁截成两段，取其中任一段为研究对象；

(3)画出研究对象的受力图(截面上的 F_Q 和 M 都先假设为正的方向)；

(4)建立平衡方程，解出内力。

下面举例说明用截面法计算指定截面上的剪力和弯矩。

【**例 10.1**】 外伸梁所受荷载及约束情况如图 10.9(a)所示，试求截面 1—1、2—2、3—3 截面的剪力和弯矩。

【**解**】 (1)求支座反力

由

$$\sum M_A(\boldsymbol{F})=0, \quad -F\times 2+F_B\times 4-q\times 2\times 5=0$$

得

$$F_B=\frac{F\times 2+q\times 2\times 5}{4}=\frac{12\times 2+2\times 2\times 5}{4}=11\ (\mathrm{kN})(\uparrow)$$

由

$$\sum F_y=0, \quad F_A-F-q\times 2+F_B=0$$

得

$$F_A=F+q\times 2-F_B=12+2\times 2-11=5\ (\mathrm{kN})(\uparrow)$$

(2)计算指定截面的内力

1—1 截面：假想将梁截分为左右两部分，取左段梁为研究对象，画受力图，如图 10.9(b)所示，列平衡方程。

由 $\quad\sum F_y=0, \quad F_A-F_{Q1}=0$

得 $\qquad F_{Q1}=F_A=5\ \mathrm{kN}$

由 $\sum M=0, \quad -F_A\times 2+M_1=0$

得 $\qquad M_1=10\ \mathrm{kN\cdot m}$

2—2 截面：假想将梁截开，取左段梁为研究对象，画受力图，如图 10.9(d)所示，列平衡方程。

由 $\quad\sum F_y=0, \quad F_A-F-F_{Q2}=0$

得 $\qquad F_{Q2}=-7\ \mathrm{kN}$

由 $\quad\sum M=0, \quad -F_A\times 2+M_2=0$

得 $\qquad M_2=10\ \mathrm{kN\cdot m}$

3—3 截面：假想将梁截开，取右段梁为研究对象，画受力图，如图 10.9(c)所示，列平衡方程。

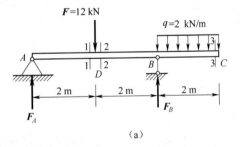

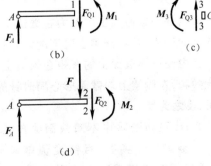

图 10.9

由
$$\sum F_y = 0$$
$$F_{Q3} = 0$$

由
$$\sum M = 0$$

得
$$M_3 = 0$$

【例 10.2】 简支梁所受荷载及约束情况如图 10.10(a) 所示，试求截面 1—1、2—2 的内力。

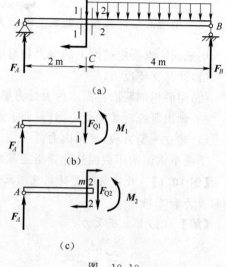

图　10.10

【解】 (1) 求支座反力

由
$$\sum M_A(\boldsymbol{F}) = 0$$
$$-12 - 6 \times 4 \times 4 + F_B \times 6 = 0$$

得
$$F_B = 18 \text{ kN} (\uparrow)$$

由 $\sum F_y = 0$，　$F_A - 6 \times 4 + F_B = 0$

得
$$F_A = 6 \text{ kN} (\uparrow)$$

(2) 计算指定截面的内力

1—1 截面：假想将梁截分为左右两部分，取左段梁为研究对象，画受力图，如图 10.10(b) 所示，列平衡方程。由
$$\sum F_y = 0，\quad F_A - F_{Q1} = 0$$

得
$$F_{Q1} = F_A = 6 \text{ kN}$$

由
$$\sum M = 0，\quad -F_A \times 2 + M_1 = 0$$

得
$$M_1 = 12 \text{ kN} \cdot \text{m}$$

2—2 截面：假想将梁截开，取左段梁为研究对象，画受力图，如图 10.10(c) 所示，列平衡方程。由
$$\sum F_y = 0，\quad F_A - F_{Q2} = 0$$

得
$$F_{Q2} = 6 \text{ kN}$$

由
$$\sum M = 0，\quad -F_A \times 2 - M + M_2 = 0$$

得
$$M_2 = 24 \text{ kN} \cdot \text{m}$$

通过上述例题，可以总结出直接根据外力计算梁内力的规律。

(1) 在求梁横截面上的内力时，可直接由该截面任一侧梁上的外力来计算，即：

梁内任一横截面上的剪力在数值上等于该截面左侧（或右侧）所有外力的代数和。左侧梁上向上的外力（或右侧梁上向下的外力）引起的剪力为正，反之为负。

梁内任一横截面上的弯矩在数值上等于该截面左侧（或右侧）所有外力对该截面形心力矩的代数和，左侧梁上对截面形心顺时针的矩（或右侧梁上对截面形心逆时针的矩）引起的弯矩为正，反之为负。

(2) 比较两例题中不同截面的剪力和弯矩时可知，在集中力作用处，其相邻两侧横截面上的剪力发生突变，且突变值就等于该集中力的大小，而弯矩不变；在集中力偶作用处，其相邻两侧横截面上的弯矩发生突变，且突变值就等于该集中力偶的力偶矩，而剪力不变。

10.3　用内力方程法绘制剪力图和弯矩图

为了计算梁的强度和刚度问题,除要计算指定截面的剪力和弯矩外,还须知道剪力和弯矩沿梁轴线的变化规律,从而找到梁内剪力和弯矩的最大值以及它们所在的截面位置。

10.3.1　剪力方程和弯矩方程

从上节的例题可以看出,梁内各截面上的剪力和弯矩一般随截面的位置而变化的。若横截面的位置用沿梁轴线的坐标 x 来表示,则各横截面上的剪力和弯矩都可以表示为坐标 x 的函数,即

$$F_Q = F_Q(x), \qquad M = M(x)$$

以上两个函数式表示梁内剪力和弯矩沿梁轴线的变化规律,分别称为剪力方程和弯矩方程。

10.3.2　剪力图和弯矩图

为了能直观地表示剪力和弯矩沿梁轴线的变化规律,可以根据剪力方程和弯矩方程分别绘制剪力图和弯矩图。绘图时,以平行于梁轴线的横坐标 x 表示梁横截面的位置,以纵坐标表示相应横截面上的剪力或弯矩,在土建工程中,习惯上把正剪力画在 x 轴上方,负剪力画在 x 轴下方;而把弯矩图画在梁受拉的一侧,即正弯矩画在 x 轴下方,负弯矩画在 x 轴上方。

下面举例说明剪力方程、弯矩方程以及绘剪力图、弯矩图的基本方法。

【例 10.3】　悬臂梁受集中力作用如图 10.11(a)所示,试画出梁的剪力图和弯矩图。

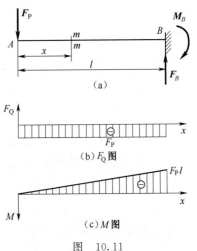

图　10.11

【解】　(1)求支座反力

对于悬臂梁,在用截面法计算时,可截取自由端一侧分析,从而回避了支反力的计算,所以今后对对悬臂梁可省略支反力计算。由梁的整体平衡条件可知:

$$\Sigma F_y = 0, \qquad F_B = F_P$$
$$\Sigma M_B(\boldsymbol{F}) = 0, M_B = F_P l$$

(2)列剪力方程和弯矩方程

以 A 处为坐标原点,取距 A 点为 x 处的任意截面,将梁假想截开,取左段为研究对象,列平衡方程,可得:

$$F_Q(x) = -F_P \qquad (0 < x < l) \qquad (1)$$
$$M(x) = -F_P x \qquad (0 < x \leqslant l) \qquad (2)$$

(3)建立坐标系,按照函数方程描绘图线,绘内力图

由式(1)可见,$F_Q(x)$ 是常数,即剪力方程为一直线方程,剪力图是一条平行于轴线的直线。取一个控制点即可描出此函数的图形,如图 10.11(b)所示,将控制点处图线的纵标值标与图上。

由式(2)知,$M(x)$ 是 x 的一次函数,说明弯矩图是一条斜直线,取两个控制点即可描出此函数的图形,如图 10.11(c)所示。以后绘内力图时可省略坐标轴。

【例 10.4】　简支梁受均布荷载作用如图 10.12(a)所示,试画出梁的剪力图和弯矩图。

【解】 (1)求支座反力

因对称关系,可得: $\qquad\qquad F_A = F_B = \dfrac{1}{2}ql\ (\uparrow)$

(2)列剪力方程和弯矩方程

以 A 处为坐标原点,取距 A 点为 x 处的任意截面,将梁假想截开,取左段为研究对象,列平衡方程,可得:

$$F_Q(x) = F_A - qx = \frac{1}{2}ql - qx \quad (0 < x < l) \tag{1}$$

$$M(x) = F_A x - \frac{1}{2}qx^2 = \frac{1}{2}qlx - \frac{1}{2}qx^2 \quad (0 \leqslant x \leqslant l) \tag{2}$$

(3)画剪力图和弯矩图

由式(1)可见,$F_Q(x)$ 是 x 的一次函数,即剪力方程为一直线方程,剪力图是一条斜直线。取两个控制点即可描出此函数的图形。当

$$x = 0 \text{ 时}, \quad F_{QA} = \frac{ql}{2}$$

$$x = l \text{ 时}, \quad F_{QB} = -\frac{ql}{2}$$

根据这两个截面的剪力值,画出剪力图,如图 10.12(b) 所示。

由式(2)知,$M(x)$ 是 x 的二次函数,说明弯矩图是一条二次抛物线,应至少计算三个截面的弯矩值,才可描绘出曲线的大致形状。当

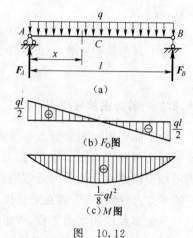

图 10.12

$$x = 0 \text{ 时}, \quad M_A = 0$$

$$x = \frac{l}{2} \text{ 时}, \quad M_C = \frac{ql^2}{8}$$

$$x = l \text{ 时}, \quad M_B = 0$$

根据以上计算结果,省略坐标轴,画出弯矩图,如图 10.12(c) 所示。

从剪力图和弯矩图中可知,受均布荷载作用的简支梁,其剪力图为斜直线,弯矩图为二次抛物线;最大剪力发生在两端支座处,绝对值为 $|F_Q|_{max} = \dfrac{1}{2}ql$;而最大弯矩发生在剪力为零的跨中截面上,其绝对值为 $|M|_{max} = \dfrac{1}{8}ql^2$ 。

10.4　用微分关系绘制剪力图和弯矩图

10.4.1　荷载集度、剪力和弯矩之间的微分关系

上一节从直观上总结出剪力图和弯矩图的一些规律和特点。现进一步讨论剪力图、弯矩图与荷载集度之间的关系。

如图 10.13(a) 所示,梁上作用有任意的分布荷载 $q(x)$,设 $q(x)$ 以向上为正。现取梁的微段来研究,如图 10.13(b),由平衡条件可得公式(10.1)、(10.2)和(10.3)。

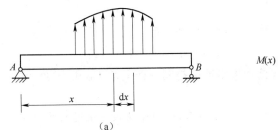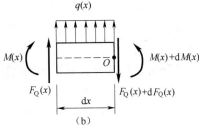

$$图 \quad 10.13$$

$$\frac{dF_Q(x)}{dx} = q(x) \tag{10.1}$$

$$\frac{dM(x)}{dx} = F_Q(x) \tag{10.2}$$

$$\frac{d^2M(x)}{dx^2} = q(x) \tag{10.3}$$

上述三式反映了弯矩、剪力与荷载集度之间的内在联系。对弯矩图和剪力图来说,这些关系式的几何意义是:式10.1表明剪力图上某点处的切线斜率等于该点处荷载集度的大小。式10.2表明弯矩图上某点处的切线斜率等于该点处剪力的大小。利用这些关系式有利于绘制梁的剪力图和弯矩图。下面结合常见的荷载情况作些说明,并结合上节的例题,对 F_Q 和 M 图的某些特征,一并汇总如下。

(1)梁上某区段内无荷载

若梁上某区段内无荷载作用,即 $q(x)=0$,则该区段内的剪力图为水平直线(或该区段内剪力均为零),弯矩图为倾斜直线(或为水平直线)。

(2)若梁上某区段内有均布荷载

若梁上某区段内有向下的均布荷载作用,即 $q(x)=$ 负常量,则该区段内的剪力图为向右下方倾斜的直线,弯矩图为向下凸的二次抛物线,如图 10.14(a)所示。当 $q(x)=$ 正常量时,剪力图为向右上方倾斜的直线,弯矩图为向上凸的二次抛物线,如图 10.14(b)所示。在剪力等于零的截面处,弯矩有极值,此处弯矩图切线的斜率为零。

(3)梁上的外力具有对称性

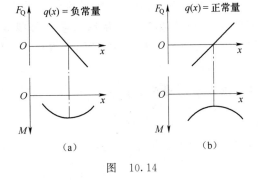

$$图 \quad 10.14$$

若梁上的外力包括外荷载和支座反力具有对称性时,则弯矩图为正对称,而剪力图为反对称。这可以从例 10.4 的 F_Q 和 M 图中看出。

(4)有集中力或集中力偶作用

在集中力作用处,剪力图有突变,突变量等于该集中力的大小,弯矩图有尖角;

在集中力偶作用处,弯矩图有突变,突变量等于该力偶的力偶矩值。

10.4.2　简易法作剪力图和弯矩图

作剪力、弯矩图的关键是确定图线的类型和位置,利用荷载集度、剪力和弯矩三函数间的关系来判断每一区段剪力图和弯矩图的图线类型,然后直接算出控制截面上的剪力和弯矩值,绘出内力图,而不必写出剪力方程和弯矩方程,从而使作图步骤简化,故称为简易作图法。简

易作图法的步骤如下:

(1)分段,即根据梁上外力及支承等情况将梁分成若干段;

(2)根据各段梁上的荷载情况,判断其剪力图和弯矩图的图线类型;

(3)各段利用计算内力的简便方法,直接求出该段控制截面上的 F_Q 和 M 值;

(4)逐段绘出梁的 F_Q 和 M 图。

【例 10.5】 一简支梁,梁上荷载如图 10.15(a)所示,试用简易法绘出梁的剪力图和弯矩图。

【解】 (1)求支座反力

$$F_A = 8 \text{ kN}(\uparrow), \qquad F_B = 16 \text{ kN}(\uparrow)$$

(2)对梁分段

根据梁上的外力情况将梁分为 AC、CB 两段。

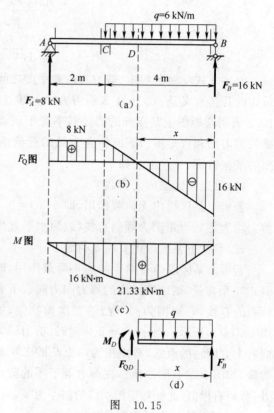

(3)计算控制截面剪力和弯矩

AC 段梁上无均布荷载,该段梁的剪力图为水平线,弯矩图为斜直线,其控制截面内力为

$$F_{QA} = 8 \text{ kN}, \qquad F_{QC左} = 8 \text{ kN}$$

$$M_A = 0, \qquad M_{C左} = 16 \text{ kN·m}$$

CB 段为有均布荷载区段,剪力图为斜直线,弯矩图为抛物线,其控制截面内力为

$$F_{QC右} = 8 \text{ kN}, \qquad F_{QB} = 16 \text{ kN}$$

$$M_{C右} = 16 \text{ kN·m}, \qquad M_B = 0$$

(4)绘剪力图和弯矩图

由以上结果可直接绘出剪力图,如图 10.15(b)所示。

由荷载可知,CB 段弯矩图为向下凸的二次抛物线,由剪力图可知该段内弯矩有极值,沿剪力为零的截面 D 将梁截开,取右段梁为研究对象,如图 10.15(d)所示,设 D 截面到右支座的距离为 x,由平衡条件 $\sum F_y = 0$,得

$$F_B + F_{QD} - qx = 0$$

因 $F_{QD} = 0$,得 $\quad x = \dfrac{8}{3}$ (m)

图 10.15

由 $\sum M = 0$, $\quad -M_D - \dfrac{1}{2} \cdot q \cdot \left(\dfrac{8}{3}\right)^2 + F_B \cdot \dfrac{8}{3} = 0$

得

$$M_D = \frac{64}{3} \approx 21.33 \text{ (kN·m)}$$

画出弯矩图如图 10.15(c)所示。

10.5　叠加法绘制弯矩图

10.5.1　叠加原理

如果梁上同时有几项荷载作用,如图 10.16(a)所示,那么每项荷载所引起的支座反力、内

力不会受其他荷载作用的影响。这样，就可以分别计算各项荷载单独作用时梁的某一量值（例如同一支座的同一种支反力，或同一截面的同一种内力），再求它们的代数和，即得几项荷载共同作用下的该量值。例如图 10.16(a)所示悬臂梁，其 B 端支座反力 F_B 可视为 F_P 引起的支座反力 F_{BF_P} 和均布荷载 q 引起的支座反力 F_{Bq}，即

$$F_B = F_{BF_P} + F_{Bq}$$

$$M_C = M_{CF_P} + M_{Cq}$$

同理，各截面内力也可通过叠加而得到。

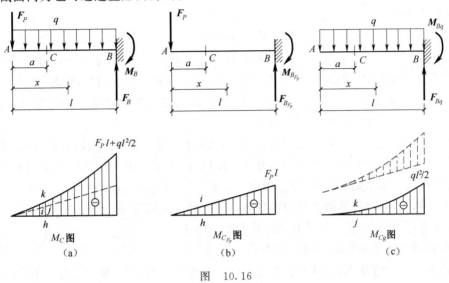

图　10.16

现将简单梁在单一荷载作用下的弯矩汇总在表 10.1 中，以便直接查用。

表 10.1　简单梁在单一荷载作用下的弯矩图

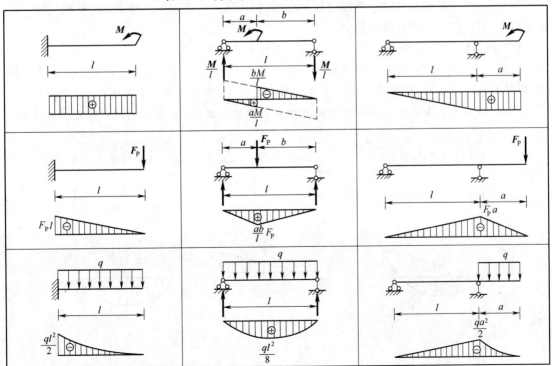

这里实际应用了一个带有普遍性的原理，即叠加原理：由几个荷载共同作用下所引起的某一量值（支反力、内力、应力或位移），等于各个荷载单独作用时所引起的该量值的代数和。

10.5.2 叠加法作弯矩图

根据叠加原理来绘制梁的内力图的方法称为叠加法。由于剪力图一般比较简单，因此可不用叠加法绘制。下面只讨论用叠加法作梁的弯矩图。其方法为，先分别作出梁在每一个荷载单独作用下的弯矩图，然后将各弯矩图中同一截面上的弯矩代数值相加，即可得到梁在所有荷载共同作用下的弯矩图。

在图 10.16 中，指定截面 C 的弯矩叠加表现在图形上是弯矩图上 C 截面处纵标线的叠加：视纵标线为有向线段，起于弯矩图的基线，终于弯矩图的图线。如图 10.16(b)中表示 F_P 引起的 C 截面弯矩 $M_{C F_P}$ 的纵标线 hi 及图 10.16(c)中表示 q 引起的 C 截面弯矩 $M_{C q}$ 的纵标线 jk。以第一条纵标线的终点为第二条纵标线的起点，按其方向作第二条纵标线，则完成纵标线的叠加，如图 10.16(a)中的 $h(i)(j)k$。

如果所有截面上的弯矩同时进行各自叠加，表现在图形上则为各截面处弯矩图纵标线同时各自叠加，组合成弯矩图的图形叠加，如图 10.16(a)所示。由于第二图形的所有纵标线的起点都要落在第一图形的图线上，第二图形一般都作了相应的错动。图形在垂直于杆轴线的方向错动之后，面积不变，其形心位置沿杆轴线方向的坐标也不变。

叠加法作弯矩图，经常采用弯矩图图形叠加的方法：

(1)作各项荷载单独作用下的弯矩图。

(2)错动后一个弯矩图，使其基线平行于前一个弯矩图的图线，叠加到前一个弯矩图上。

图形叠加的顺序为：在直线图形上叠加曲线图形，在长图形上叠加短图形。

(3)以第一个弯矩图的基线为基线，最后一个弯矩图的图线为图线，所形成的图形即为所求的弯矩图。（为了明显地显示叠加过程和叠加结果，除最后叠加上去的弯矩图的图线用实线画出之外，其他图线均用虚线表示。）

【例 10.6】 试用叠加法作图 10.17(a)所示简支梁的弯矩图。

【解】 将集中力偶、均布荷载分别单独作用在梁上，绘弯矩图。在直线图形上叠加曲线图形，即将曲线图形错动，使其基线平行于直线图形的图线，再让这两条平行线段重合。

作图：作简支梁在集中力偶作用下的弯矩图。图线画虚线，如图 10.17(a)所示。以这条

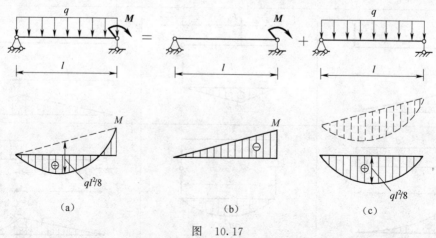

图 10.17

图线为基线作梁在均布荷载作用下的弯矩图，纵标线始终垂直于梁的轴线。以第一图形的基线为基线，第二图形的图线为图线，所形成的图形即为所求的弯矩图。

【例 10.7】 用叠加法作图 10.18 所示外伸梁的弯矩图。

【解】 先作外伸梁在均布荷载作用下的弯矩图，简支梁段的图线为斜直线，用虚线表示。以这条图线为基线，作集中力作用下的弯矩图（悬臂段弯矩为零，简支段弯矩图为三角形，集中力处的弯矩值为 $Fl/4 = 20$ kN·m）。以第一图形的图线为基线，第二图形的图线为图线，形成的图形即为所求的弯矩图，如图 10.18(b)所示。

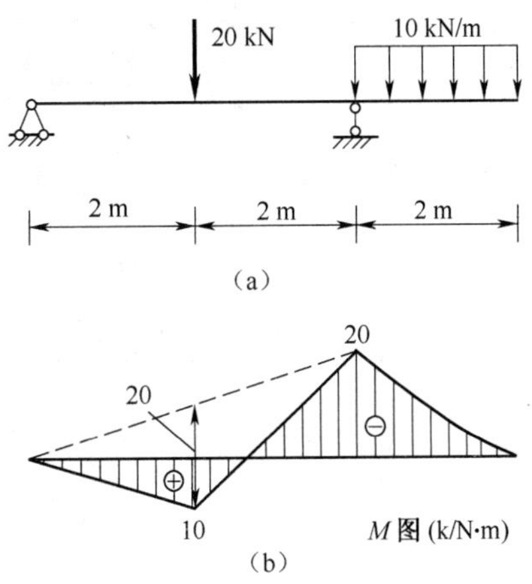

图 10.18

叠加法作弯矩图的优、缺点如下：

(1)在熟记一些梁在单一荷载作用下的弯矩图（表 10.1)的基础上，用叠加法可以迅速地绘出弯矩图。

(2)叠加法作弯矩图，能够给出一些规则图形的组合关系，这对学习后续课程内容（例如图乘法）十分有用。

(3)叠加法不一定能够给出弯矩极值，这不利于后面的强度计算。

也可将简易法和叠加法联合运用作弯矩图：按简易法分区段判断梁段弯矩图图线的类型，用叠加法计算梁段端截面的弯矩，描控制点，确定图线的位置。如例 10.7，用叠加法计算集中荷载处截面的弯矩为

$$M = \frac{20 \times 4}{4} - \frac{20}{2} = 10 \text{ (kN·m)}$$

描点确定弯矩图图线左、右直线段的位置。

10.5.3 区段叠加法作弯矩图

区段叠加就是先对梁进行分段处理，再对每一个区段运用叠加原理进行叠加。下面通过例 10.8 介绍用区段叠加法作梁的弯矩图。用区段叠加法作梁的弯矩图的方法是：计算某段梁两个端截面的弯矩值，描控制点并用虚线相连。以此虚线为基线，叠加此段梁作为简支梁时在荷载作用下的弯矩图。

【例 10.8】 试绘出图 10.19 所示梁的弯矩图。

【解】 (1)计算支座反力。

$$\sum M_B(F) = 0, \quad 6 \times 10 - F_A \times 8 + 2 \times 4 \times 6 + 8 \times 2 - 2 \times 2 \times 1 = 0$$
$$F_A = 15 \text{ (kN)}(\uparrow)$$
$$\sum M_A(F) = 0 \quad 6 \times 2 - 2 \times 4 \times 2 - 8 \times 6 + F_B \times 8 - 2 \times 2 \times 9 = 0$$
$$F_B = 11 \text{ (kN)}(\uparrow)$$

(2)选定外力变化处为控制截面，并求出它们的弯矩。

本例控制截面为 C、A、D、E、B、F 各处，可直接根据外力确定内力，得

$$M_C = 0, \quad M_A = -6 \times 2 = -12 \text{ (kN·m)}, \quad M_D = -6 \times 6 + 15 \times 4 - 2 \times 4 \times 2 = 8 \text{ (kN·m)}$$
$$M_E = -2 \times 2 \times 3 + 11 \times 2 = 10 \text{ (kN·m)}, \quad M_B = -2 \times 2 \times 1 = -4 \text{ (kN·m)}, \quad M_F = 0$$

(3)把整个梁分为 CA、AD、DE、EB、BF 五段，然后用区段叠加法绘制各段的弯矩图。方

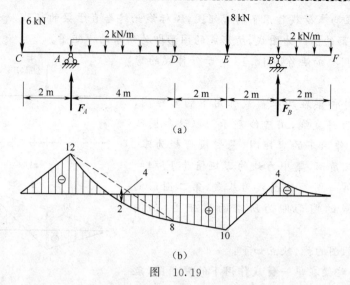

图 10.19

法是:先用一定比例绘出 CF 梁各控制截面的弯矩纵标,然后看各段是否有荷载作用,如果某段范围内无荷载作用(例如 CA、DE、EB 三段),则可把该段端部的弯矩纵标连以直线,即为该段弯矩图。如该段内有荷载作用(例如 AD 段),则把该段端部的弯矩纵标连一虚线,以虚线为基线叠加该段按简支梁求得的弯矩图。如 AD 段叠加的弯矩值为

$$\frac{1}{8}ql^2 = \frac{1}{8} \times 2 \times 4^2 = 4 \ (\text{kN} \cdot \text{m})$$

整个梁的弯矩图如图 10.19(b)所示。其中 AD 段中点的弯矩为 $M_{AD} = 2 \ \text{kN} \cdot \text{m}$。一般应用叠加法绘图时,只标注叠加值($4 \ \text{kN} \cdot \text{m}$),而不用标注该截面的具体弯矩值($2 \ \text{kN} \cdot \text{m}$)。

 ## 本章小结

了解梁的内力——剪力和弯矩,并通过截面法求出。为了计算梁的强度和刚度问题,除要计算指定截面的剪力和弯矩外,还须知道剪力和弯矩沿梁轴线的变化规律,从而找到梁内剪力和弯矩的最大值以及它们所在的截面位置,所以绘制梁的内力图的工作尤为重要。通过梁的内力图,可以了解梁的受力情况,为工程设计和施工提供依据。

 ## 复习思考题

10.1 用截面法将梁分成两部分,计算梁截面上的内力时,下列说法是否正确?如不正确如何改正。

(1)在截面的任一侧,向上的集中力产生正的剪力,向下的集中力产生负的剪力。

(2)在截面的任一侧,顺时针转向的集中力偶产生正弯矩,逆时针转向的集中力偶产生负弯矩。

10.2 绘制题 10.2 图梁的剪力、弯矩图。

10.3 试计算题 10.3 图示各梁中指定截面的剪力和弯矩。已知 $F_P = 10 \ \text{kN}$,$q = 2 \ \text{kN/m}$,$M = 4 \ \text{kN} \cdot \text{m}$,$a = 1 \ \text{m}$,$l = 3 \ \text{m}$。

10.4 用简易法绘各梁的剪力图和弯矩图。

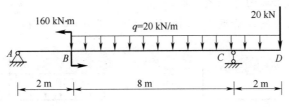

题 10.2 图

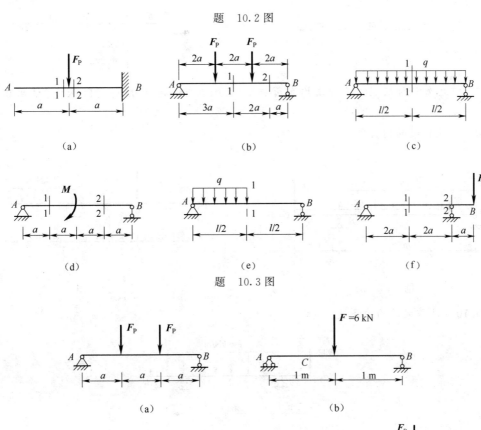

（a）　　　　　　　（b）　　　　　　　（c）

（d）　　　　　　　（e）　　　　　　　（f）

题 10.3 图

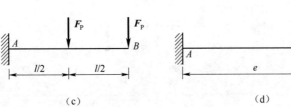

（a）　　　　　　　　　　（b）

（c）　　　　　　　　　　（d）

题 10.4 图

10.5 试用简易法绘制图示各梁的剪力图和弯矩图。已知 $q=10\ \text{kN/m}$，$l=6\text{m}$。

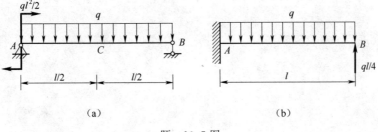

（a）　　　　　　　　　　（b）

题 10.5 图

10.6 试用叠加法求梁的弯矩图。

10.7 试作梁的内力图。跨度 $l = 6$ m，$F_P = 10$ kN，$q = 4$ kN/m。

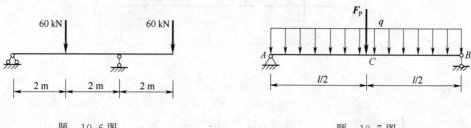

　　　　题　10.6 图　　　　　　　　　　　　　　題　10.7 图

10.8 已知外伸梁 AC 上作用均布荷载 $q = 20$ kN/m，集中力 $F_P = 20$ kN。试画出该梁的内力图。

10.9 试作梁的内力图。

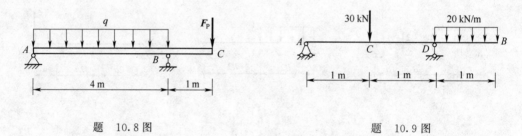

　　　　题　10.8 图　　　　　　　　　　　　　　題　10.9 图

10.10 试作梁的内力图。

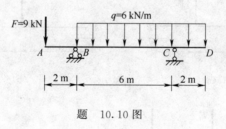

　　　　　　　　题　10.10 图

11　弯曲应力及强度计算

本章描述

　　本章通过对等截面梁在平面弯曲情况下的分析,介绍了梁弯曲时的应力计算公式和强度计算方法,得出提高梁弯曲强度的一些具体措施,这些措施为工程实际当中梁的应用提供了参考和借鉴。

教学目标

　　1. 知识目标

　　(1)明确纯弯曲和横力弯曲的概念,掌握推导弯曲正应力公式的方法;

　　(2)熟练掌握弯曲正应力的计算、强度条件及其应用;

　　(3)掌握常用截面梁横截面上最大切应力计算和弯曲切应力强度的校核方法;

　　(4)了解提高梁强度的一些主要措施。

　　2. 能力目标

　　能够将弯曲应力的理论知识与实际相结合,解决工程当中的问题,能够对提高梁弯曲强度的主要措施熟练掌握和合理使用。

　　3. 素质目标

　　培养学生分析问题和解决问题的能力。

相关案例——房屋楼板弯曲强度破坏

　　某市一住宅楼,由于开发商偷工减料,房屋在入住不到一年的时间内,楼板便出现大面积裂缝和脱落现象,造成重大经济损失。

　　经过调查发现,整个楼板所使用的钢筋不合格,而且数量较设计图有所减少,由于楼板的质量未达到要求,使大量楼板出现严重裂缝,如图11.1所示。

　　从力学角度分析,由于楼板所用钢筋为劣质材料,其弯曲许用应力很低,在住户日常使用时,其弯曲应力便超过许用应力,于是出现上述现象。本章为避免此类事故的发生和预防提供理论基础和计算分析方法。

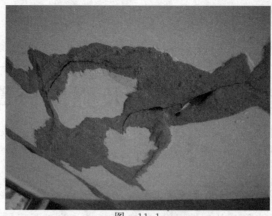

图　11.1

11.1　纯弯曲和横力弯曲

由弯曲内力分析可知,梁弯曲时其横截面上的内力是剪力 F_Q 和弯矩 M,它们是横截面上分布内力的合成结果,见图 11.2。显然,只有切向分布内力 $\int \tau dA$ 才能合成剪力 F_Q;只有法向分布内力 $\int \sigma dA$ 才能合成弯矩 M。所以在梁的横截面上一般既有正应力又有切应力。

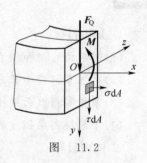

图　11.2

在一般情形下,梁弯曲时其横截面上既有弯矩 M 又有剪力 F_Q,这种弯曲称为横力弯曲,如果某段梁内各横截面上弯矩为常量而剪力为零,则该段梁的弯曲称为纯弯曲。图 11.3 中两种梁上的 AB 段就属于纯弯曲。

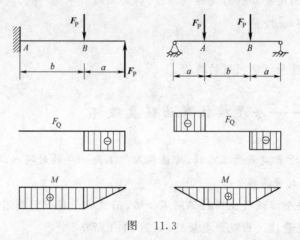

图　11.3

11.2　梁横截面上的正应力

11.2.1　纯弯曲时横截面上的正应力

1. 纯弯曲试验假设

取一段梁,变形前在梁的侧面上作平行于轴线的纵线 aa 和 bb,垂直于轴线的横线 mm 和 nn,如

图 11.4(a)所示,然后加载弯矩 M,使梁产生纯弯曲,如图 11.4(b)所示。可观察到下列现象:

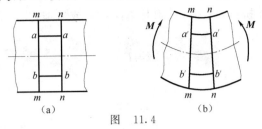

图 11.4

(1)纵向线 aa 和 bb 变为弧线,凹侧缩短,凸侧伸长。

(2)横向线 mm 和 nn 仍保持为直线,但发生了相对转动,仍与变成弧线的 $a'a'$、$b'b'$ 垂直。

根据该表面变形现象,我们可推想梁内部的变形并作如下假设:

(1)平面假设:梁的横截面在弯曲变形后仍然保持平面,且与变形后的轴线垂直,只是绕截面的某一轴线转过了一个角度。

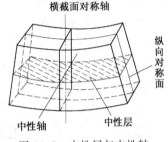

图 11.5 中性层与中性轴

(2)纵向纤维单向受力假设:设想梁由平行于轴线的众多纵向纤维组成,由于横截面相对转动的结果,凹侧的纵向纤维缩短,凸侧的纵向纤维伸长,而各纵向纤维之间没有挤压,梁的变形是连续的,中间必定有一层长度不变的纤维,称为**中性层**。中性层与横截面的交线称为**中性轴**,如图 11.5 所示。梁在弯曲时,各横截面就是绕中性轴作相对转动的。

2. 弯曲正应力公式建立

推导梁横截面上的正应力公式也要从几何、物理和静力学三方面来综合考虑。

(1)变形几何关系

根据平面假设,假想从梁中截取长 dx 的微段进行分析,横截面的对称轴为 y 轴,假设 y 轴向下方向为正方向,中性轴为 z 轴,如图 11.6(a)、(b)所示。变形后该微段[如图 11.6(c)]两横截面绕中性轴相对转过 $d\theta$ 角,中性层上纤维的曲率半径为 ρ。中性层上纤维 O_1O_2 的长度在梁变形后是不变的,距中性层为 y 处的纤维 b_1b_2 变形后的长度 $b_1'b_2'$ 为:

$$b_1'b_2' = (\rho + y)d\theta$$
$$b_1b_2 = dx = O_1O_2 = \rho d\theta$$

其线应变为

$$\varepsilon = \frac{(\rho + y)\,d\theta - \rho\,d\theta}{\rho\,d\theta} = \frac{y}{\rho} \tag{11.1}$$

式(11.1)表明线应变 ε 与它到中性层的距离 y 成正比。

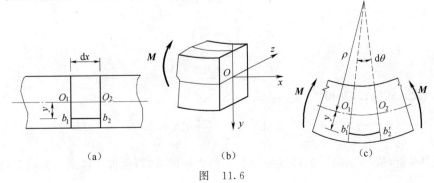

图 11.6

（2）物理关系

因为纵向纤维之间无挤压，每一纤维都是单向拉伸或压缩，当应力小于比例极限时，由胡克定律知

$$\sigma = E\varepsilon$$

将式（11.1）代入上式，得

$$\sigma = E\frac{y}{\rho} \tag{11.2}$$

式（11.2）表明横截面上任意一点的正应力 σ 与该点到中性轴的距离 y 成正比，在中性轴上（$y=0$），$\sigma=0$。

（3）静力关系

式（11.2）虽已解决了正应力的变化规律，但式中还有未知的 ρ；同时，中性轴的位置也未确定，故还不能用它来计算正应力 σ，这需要利用应力和内力间的静力关系来解决。

在梁的横截面上任取一微面积 $\mathrm{d}A$，在该面积上作用有微内力 $\sigma\mathrm{d}A$（图 11.7），构成了一个空间平行力系，因此有可能组成三个内力分量：轴力 $\boldsymbol{F}_N$，绕 y、z 轴之矩 $\boldsymbol{M}_y$、$\boldsymbol{M}_z$，即

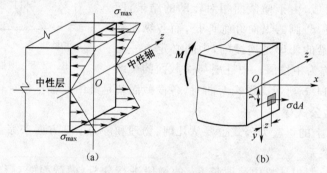

图 11.7　梁的横截面图

$$F_N = \int_A \sigma\ \mathrm{d}A$$

$$M_y = \int_A z\sigma\ \mathrm{d}A$$

$$M_z = \int_A y\sigma\ \mathrm{d}A$$

如前所述，梁在纯弯曲时，其横截面上的内力分量仅有弯矩 M，故截面上的 $\boldsymbol{F}_N$ 和 M_y 均等于零，而 M_z 就是横截面上的弯矩 M，即

$$\boldsymbol{F}_N = \int_A \sigma\ \mathrm{d}A = 0 \tag{11.3}$$

$$M_y = \int_A z\sigma\ \mathrm{d}A = 0 \tag{11.4}$$

$$M_z = \int_A y\sigma\ \mathrm{d}A = M \tag{11.5}$$

将式（11.2）代入式（11.3），得

$$\int_A \sigma\ \mathrm{d}A = \int_A \frac{E\ y}{\rho}\ \mathrm{d}A = 0$$

由于 E/ρ 为常量，故 $\int_A y\mathrm{d}A = 0$，即该截面对 z 轴之静矩为零，也即中性轴 z 通过横截面形心。

这样就确定了中性轴的位置。再将式(11.2)代入式(11.5),得

$$M = \int_A y\sigma \, \mathrm{d}A = \frac{E}{\rho} \int_A y^2 \, \mathrm{d}A \tag{11.6}$$

令

$$\int_A y^2 \, \mathrm{d}A = I_z$$

则 I_z 是截面对 z 轴(即中性轴)的惯性矩,是一个只与横截面的形状和尺寸有关的几何量。于是式(11.6)可写成

$$\frac{1}{\rho} = \frac{M}{EI_z} \tag{11.7}$$

式中说明,中性层的曲率 $1/\rho$ 与弯矩 M 成正比,与 EI_z 成反比。当弯矩 M 一定时,EI_z 越大,$1/\rho$ 越小,梁越不易变形,故 EI_z 称为梁的抗弯刚度。

将式(11.7)代入式(11.2),可得到直梁纯弯曲时的正应力计算公式:

$$\sigma = \frac{M y}{I_z} \tag{11.8}$$

将弯矩 M 和坐标 y 按规定的正负代入,所得到的正应力若为正,即为拉应力,若为负则为压应力。但在实际计算中,也可由弯曲变形直接判定。以中性层为界,梁在凸出的一侧受拉,凹入的一侧受压。在后续计算中,σ 常取绝对值计算,受拉(压)可直观判断。

常见的矩形截面 $I_z = \dfrac{bh^3}{12}$,圆形截面 $I_z = \dfrac{\pi D^4}{64}$,空心圆截面 $I_z = \dfrac{\pi D^4}{64}(1-\alpha^4)$。

11.2.2　横力弯曲时横截面上的正应力

在工程实际中,梁的横截面上不但有弯矩还有剪力。梁的横截面在梁变形后将发生翘曲,不再保持为平面,同时梁内各纵向线之间还会产生某种程度的挤压。但是,弹性理论分析和试验研究的结果表明,对于跨长 l 与截面高度 h 之比(跨高比)大于5的细长梁,切应力的存在对正应力的分布影响甚微,可以忽略不计。在实际工程中常用的梁,其跨高比 l/h 的值一般远远大于5。因此,应用纯弯曲时的正应力公式来计算梁在横力弯曲时横截面上的正应力时,足以满足工程上的精度要求,且梁的跨高比越大,计算结果的误差就越小。

11.3　梁的正应力强度计算

11.3.1　横截面的最大正应力

一般情况下,最大正应力的绝对值 $|\sigma_{\max}|$ 发生在弯矩最大的截面上,且离中性轴最远处,即

$$\sigma_{\max} = \frac{M_{\max} y_{\max}}{I_z} = \frac{M_{\max}}{\dfrac{I_z}{y_{\max}}} \tag{11.9}$$

令

$$W_z = \frac{I_z}{y_{\max}} \tag{11.10}$$

则

$$\sigma_{\max} = \frac{M_{\max}}{W_z} \tag{11.11}$$

式中 W_z 称为抗弯截面系数或抗弯截面模量。它与截面的几何形状有关,对于宽为 b,高为 h

的矩形截面,如图 11.8(a)所示,有

$$W_z = \frac{I_z}{y_{max}} = \frac{bh^3/12}{h/2} = \frac{bh^2}{6} \qquad (11.12)$$

对于直径为 D 的圆形截面,如图 11.8(b)所示,有

$$W_z = \frac{I_z}{y_{max}} = \frac{\pi D^4/64}{D/2} = \frac{\pi D^3}{32} \qquad (11.13)$$

对于内外径分别为 d 、D 的空心圆截面,如图 11.8(c)所示,有

$$W_z = \frac{I_z}{y_{max}} = \frac{\pi D^4(1-\alpha^4)/64}{D/2} = \frac{\pi D^3}{32}(1-\alpha^4) \qquad (11.14)$$

式中 $\alpha = \dfrac{d}{D}$ 。

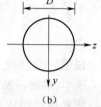

(a)

(b)

11.3.2　正应力强度条件

如果梁的最大工作应力不超过材料的许用应力,梁就是安全的。因此,梁弯曲时的正应力强度条件为

$$\sigma_{max} = \frac{M_{max}}{W_z} \leqslant [\sigma]$$

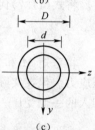

(c)

图　11.8

对于抗拉和抗压强度相等的材料（如碳钢）,只要绝对值最大的正应力不超过材料的许用应力即可。

对于抗拉和抗压能力不同的材料（如铸铁）,则应分别按最大拉应力 $\sigma_{l\,max}$ 和最大压应力 $\sigma_{y\,max}$ 建立其强度条件,即

$$\sigma_{l\,max} = \frac{M \cdot y_{l\,max}}{I_z} \leqslant [\sigma_l]$$

$$\sigma_{y\,max} = \frac{M \cdot y_{y\,max}}{I_z} \leqslant [\sigma_y]$$

11.3.3　梁的正应力强度计算

根据以上强度条件可进行三种强度计算:

(1)校核强度。已知 M_{max}、$[\sigma]$ 和 W_z,检验梁是否安全。

(2)确定许用荷载。已知 W_z 和 $[\sigma]$,可由 $M_{max} \leqslant W_z[\sigma]$ 确定许可荷载。

(3)设计截面。已知 M_{max} 和 $[\sigma]$,可由 $W_z \geqslant \dfrac{M_{max}}{[\sigma]}$ 确定截面尺寸。

【例 11.1】　由两根 28a 号槽钢组成的简支梁受三个集中力作用,如图 11.9(a)所示。已知该梁由 Q235 钢制成,其许用正应力 $[\sigma]$ =170MPa 。试求梁的许用荷载 $[F_P]$ 。

【解】　(1)求梁的支反力。由平衡条件,得

$$F_A = F_B = 1.5F_P$$

(2)作梁的弯矩图。如图 11.9(b)所示,从图上可以看出,该梁所承受的最大弯矩在梁的跨中截面上,其值为

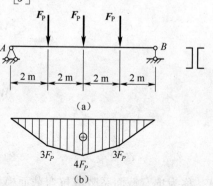

(a)

(b)

图　11.9

$$M_{\max} = 4F_P$$

（3）确定荷载。由型钢规格表查得 28a 号槽钢的抗弯截面系数为 340.328cm³，由于该梁是由两根 28a 号槽钢组成的，故梁的 W_z 值为

$$W_z = 2 \times 340.328 = 680.656 \times 10^3 (\text{mm}^3)$$

由式 $M_{\max} \leqslant W_z [\sigma]$ 得

$$4F_P \times 10^3 \leqslant 680.656 \times 10^3 \times 170$$
$$F_P \leqslant 28.9 \times 10^3 (\text{N}) = 28.9 (\text{kN})$$

故该梁的许用荷载 $[F_P] = 28.9\text{kN}$。

【例 11.2】 一矩形截面木梁如图 11.10(a)所示，已知 $F_P = 10\text{ kN}$，$a = 1.2\text{ m}$。木材的许用应力 $[\sigma] = 10\text{ MPa}$。设梁横截面的高宽比 $h/b = 2$，试选梁的截面尺寸。

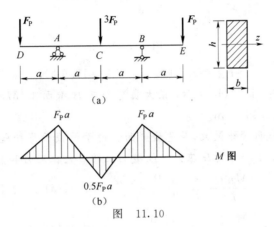

图 11.10

【解】 （1）求支反力。由平衡条件，得

$$F_A = F_B = 2.5F_P = 25\text{ kN}$$

（2）作弯矩图。如图 11.10(b)所示，最大负弯矩在 A、B 截面上，且都为

$$|M|_{\max} = F_P \cdot a = 12 (\text{kN} \cdot \text{m})$$

（3）选择截面尺寸。

A、B 截面最危险，该截面

$$W_z = \frac{bh^2}{6} = \frac{b(2b)^2}{6} = \frac{2b^3}{3}$$

由强度条件，得

$$\frac{M_{\max}}{W_z} = \frac{M_{\max}}{2b^3/3} \leqslant [\sigma]$$

所以

$$b \geqslant \sqrt[3]{\frac{3}{2} \frac{M_{\max}}{[\sigma]}} = \sqrt[3]{\frac{3}{2} \times \frac{12 \times 10^6}{10}} = 121.6 (\text{mm})$$
$$h = 243\text{ mm}$$

最后选用 125 mm×250 mm 的截面。

【例 11.3】 T 字形截面铸铁梁如图 11.11(a)所示。铸铁许用拉应力 $[\sigma_l] = 30\text{ MPa}$，许用压应力 $[\sigma_y] = 160\text{ MPa}$。已知中性轴位置 $y_1 = 52\text{ mm}$，截面对形心轴 z 的惯性矩为 $I_z = 763\text{ cm}^4$。试校核梁的强度。

【解】 分析题意，有两点值得注意：①铸铁的抗拉和抗压强度不同，要分别校核；②T 字形截面的中性轴不是对称轴，$y_1 \neq y_2$，注意全梁的最大拉应力和最大压应力所在截面位置。

（1）求支反力。由平衡条件，得

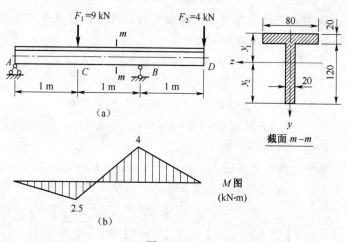

图 11.11

$$F_A = 2.5 \text{ kN}, \qquad F_B = 10.5 \text{ kN}$$

（2）作弯矩图。如图 11.11(b)所示，最大负弯矩在 B 截面上，$M_B = 4$ kN·m，最大正弯矩在 C 截面上，$M_C = 2.5$ kN·m。

（3）强度校核。B 截面弯矩最大，是危险截面。由于该截面弯矩是负值，所以该截面中性轴以上部分为拉应力，以下部分为压应力。B 截面上的最大拉应力和最大压应力分别为

$$\sigma_{l\max} = \frac{|M_B| y_1}{I_z} = \frac{4 \times 10^6 \times 52}{763 \times 10^4} = 27.3 (\text{MPa}) < [\sigma_l]$$

$$\sigma_{y\max} = \frac{|M_B| y_2}{I_z} = \frac{4 \times 10^6 \times 88}{763 \times 10^4} = 46.1 (\text{MPa}) < [\sigma_y]$$

除 B 截面外，C 截面也是危险截面，C 截面中性轴以上受拉，它们离中性轴的距离较远（$y_2 > y_1$），其最大拉应力值可能比 B 截面的大，所以也需校核。C 截面的最大拉应力为

$$\sigma_{l\max} = \frac{|M_C| y_1}{I_z} = \frac{2.5 \times 10^6 \times 88}{763 \times 10^4} = 28.8 (\text{MPa}) < [\sigma_l]$$

结果表明：梁的最大拉应力在 C 截面的下沿，最大压应力在 B 截面的下沿。由于最大拉应力和最大压应力均未超过材料的许用应力，故梁满足强度要求。从本例可知，对于中性轴不是对称轴的脆性材料梁（$[\sigma_l] \neq [\sigma_y]$），一般来说，其正、负最大弯矩所在的截面都可能是危险截面。

11.4 梁横截面上的切应力与切应力强度计算

在横力弯曲的情形下，梁的横截面上除了有正应力 σ 外，还有切应力 τ，切应力在截面上的分布规律较之正应力要复杂，下面仅对矩形截面梁、工字形截面梁、圆形截面梁的切应力分布规律作一简单介绍，具体的推导过程可参阅其他相关教材。

11.4.1 矩形截面

在截面高度 h 大于宽度 b 时，对矩形截面上的切应力作以下两个假设（图 11.12）：

（1）横截面上各点的切应力的方向都平行于剪力 F_Q；

（2）切应力沿截面宽度均匀分布。

根据以上假设可推得矩形截面距中性轴为 y 处横线上各点的切应力公式为

$$\tau = \frac{F_Q S_z^*}{I_z b} \tag{11.15}$$

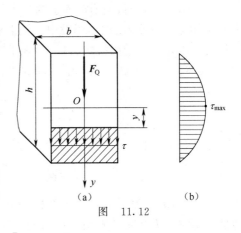

图　11.12

式中　F_Q——横截面的剪力；

　　　　I_z——整个横截面对中性轴 z 的惯性矩；

　　　　b——矩形横面宽度；

　　　　S_z^*——横截面上 τ 所在的横线外侧部分面积［即图 11.12（a）中阴影部分］对中性轴 z 的静矩。

$$S_z^* = b\left(\frac{h}{2} - y\right)\left[y + \frac{h/2 - y}{2}\right] = \frac{b}{2}\left(\frac{h^2}{4} - y^2\right)$$

$$I_z = \frac{bh^3}{12}$$

将以上两式代入式（11.15），得

$$\tau = \frac{6F_Q}{bh^3}\left(\frac{h^2}{4} - y^2\right) \tag{11.16}$$

式（11.16）表明切应力 τ 的大小沿高度呈抛物线规律分布，如图 11.12（b）所示，τ_{max} 在中性轴（$y=0$）处，其大小为

$$\tau_{max} = \frac{3}{2}\frac{F_Q}{bh} = \frac{3}{2}\frac{F_Q}{A} \tag{11.17}$$

τ_{max} 是平均切应力的 1.5 倍。

11.4.2　工字形截面

工字形截面由腹板和翼缘组成，如图 11.13（a）所示。由于腹板是一个狭长矩形，主要承受剪力 F_Q。腹板上的切应力可直接应用公式（11.15）计算，它的大小也是沿腹板的高度按抛物线规律分布，如图 11.13（b）所示。最大切应力仍在中性轴上，其值为

$$\tau_{max} = \frac{F_Q S_{z\,max}^*}{I_z b}$$

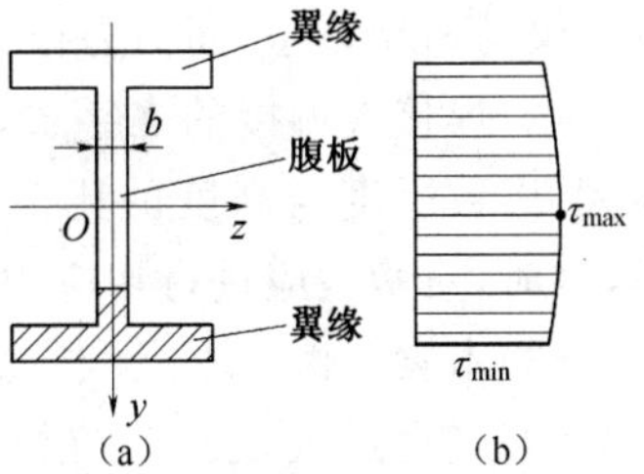

图　11.13

式中 $S_{z\,max}^*$ 为中性轴一侧（上侧或下侧）横截面积对中性轴 z 的静距。对于工字形的型钢截面，$I_z / S_{z\,max}$ 可在型钢规格表中查得。至于翼缘上的切应力，因其分布复杂，且数值较小，一般不予考虑。

11.4.3　圆形截面梁的切应力

圆形截面上的切应力分布规律比矩形截面还要复杂，此处也不作详细推导。由切应力互等定理可知，任意横截面上各点的切应力必与圆周相切，因此对矩形截面所作的两个假设在此

不成立。但研究表明，圆形截面上的最大切应力仍在中性轴上各点处，而在中性轴两端的切应力方向都与 y 轴平行，故可假设中性轴上切应力方向均平行于剪力 F_Q，且各点处的切应力大小相等。于是可以采用公式（11.15）来求最大切应力 τ_{max}，只是要将该式中的 b 用圆直径 d 代替，而 S_z^* 则为半圆面积对中性轴的静矩，其值为 $d^3/12$，再将圆形截面对中性轴的惯性矩 $I_z = \dfrac{\pi d^4}{64}$ 代入式（11.15），于是有

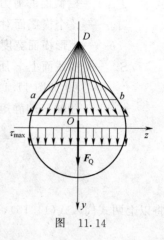

$$\tau_{max} = \frac{F_Q S_z^*}{I_z b} = \frac{F_Q \dfrac{d^3}{12}}{\dfrac{\pi d^4}{64} \cdot d} = \frac{4}{3} \frac{F_Q}{\dfrac{\pi}{4} d^2} = \frac{4}{3} \frac{F_Q}{A}$$

式中，$A = \pi d/4$ 为圆形截面的面积。由上式可知，圆形截面上的最大切应力为截面上平均切应力的 4/3 倍。圆形截面上的切应力分布规律如图 11.14 所示。

根据上述分析可知，在剪力为最大值的截面的中性轴上，出现最大切应力

$$\tau_{max} = \frac{F_{Q\,max} S_{max}^*}{I_z b}$$

图　11.14

11.4.4　梁的切应力强度校核

为了保证梁的剪切强度，梁内 τ_{max} 应不超过材料的许用切应力 $[\tau]$，即

$$\tau_{max} \leqslant [\tau]$$

这就是梁的弯曲切应力强度条件。

梁必须同时满足弯曲正应力和弯曲切应力的强度条件。在设计梁的截面时，通常先按正应力强度条件设计梁的截面，再按切应力强度条件进行强度校核。对于一般细长梁，正应力强度条件是主要的，正应力强度条件满足时，切应力强度条件一般都满足，故不作切应力强度校核。但对于下述情况的梁应作切应力强度校核：

（1）梁的跨度较短，或在支座附近作用较大的荷载，以致梁的弯矩较小，而剪力很大。

（2）焊接或铆接的工字梁，如果腹板较薄而截面高度很大，以致厚度与高度的比值小于型钢横截面的相应比值，这时，对腹板应进行切应力强度校核。

（3）木梁。由于木梁顺纹方向抗剪能力差，在中性层处，因切应力过大，会使木梁沿中性层破坏，因而对木梁还应该进行应力强度计算。

【例 11.4】　如图 11.15 所示，已知：$F_P = 50$ kN，$a = 0.15$ m，$l = 1$ m，$[\sigma] = 160$ MPa，$[\tau] = 100$ MPa，试选择工字钢的型号。

【解】　（1）求支反力。由平衡条件得

$$F_A = \left(1 + \frac{a}{l}\right) F_P, \quad F_B = \frac{a}{l} F_P$$

（2）作剪力图 [图 11.15(b)] 和弯矩图 [图 11.15(c)]。

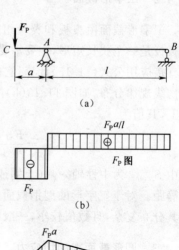

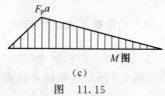

图　11.15

$$|F_Q|_{max} = F_P = 50 \text{ kN}$$
$$|M|_{max} = F_P = 7.5 \text{ kN} \cdot \text{m}$$

（3）按弯曲正应力强度条件，选择工字钢型号。

$$W_z \geqslant \frac{M_{max}}{[\sigma]} = \frac{7.5 \times 10^6}{160}$$
$$= 46.9 \times 10^3 (\text{mm}^3) = 46.9 (\text{cm}^3)$$

查型钢表，选用 10 号工字钢，其

$$W_z = 49.0 \text{ cm}^3, \qquad I_z : S_z^* = 8.59 \text{ cm}, \quad d = 4.5 \text{ mm}$$

（4）按弯曲切应力强度条件校核。

$$\tau_{max} = \frac{F_Q S_z^*}{I_z d} = \frac{50 \times 10^3}{(8.59 \times 10^{-2})(4.5 \times 10^{-3})} = 1.293 \times 10^8 (\text{Pa}) = 129.3 (\text{MPa}) > [\tau]$$

必须重新选择更大的截面。现以 12.6 号工字钢进行试算。

$$I_z : S_z^* = 10.8 \text{ cm}, \qquad d = 5.0 \text{ mm}$$

$$\tau_{max} = \frac{F_Q S_z^*}{I_z d} = \frac{50 \times 10^3}{(10.85 \times 10^{-2})(5.0 \times 10^{-3})} = 92.16 \times 10^6 (\text{Pa}) = 92.6 (\text{MPa}) < [\tau]$$

因此，要同时满足正应力和切应力强度条件，应选 12.6 号工字钢。

【例 11.5】 梁由 3 根木条胶合而成，如图 11.16 所示，$[\tau] = 1$ MPa，$[\sigma] = 10$ MPa，$[\tau_{胶}] = 0.34$ MPa，试求许可荷载 F_P。

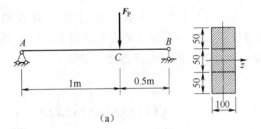

（a）

【解】（1）求支反力。由平衡条件得

$$F_A = \frac{F_P}{3}, \qquad F_B = \frac{2F_P}{3}$$

（2）作剪力图［图 11.16（b）］和弯矩图［图 11.16（c）］。

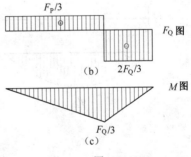

（b）

（c）

图 11.16

$$|F_Q|_{max} = \frac{2F_P}{3}, \quad M_{max} = \frac{F_P}{3}$$

（3）确定许可荷载 F_P。由弯曲正应力强度条件得

$$\sigma_{max} = \frac{M_{max}}{W_z} = \frac{F_P}{3W_z} \leqslant [\sigma]$$

$$F_P \leqslant 3W_z[\sigma] = 3 \times \frac{bh^2}{6} \times [\sigma] = \frac{0.1 \times (0.15)^2 \times 10 \times 10^6}{2 \times 1} = 11\,250(\text{N}) = 11.25(\text{kN})$$

（4）按弯曲切应力强度条件校核。

$$\tau_{max} = \frac{3}{2} \frac{F_{Qmax}}{bh} = \frac{F_P}{bh} \leqslant [\tau]$$

$$F_P \leqslant [\tau]bh = 1 \times 10^6 \times 0.1 \times 0.15 = 15\,000(\text{N}) = 15.0(\text{kN})$$

（5）按胶合面上切应力强度条件校核。

$$\tau_{胶} = \frac{F_Q S_z^*}{I_z b} = \frac{2F_P S_z^*}{3I_z b} \leqslant [\tau_{胶}]$$

$$F_P \leqslant \frac{3I_z b[\tau_{\text{胶}}]}{2S_z^*} = \frac{3 \times \dfrac{0.1 \times 0.15^3}{12} \times 0.1 \times 0.34 \times 10^6}{2 \times 0.1 \times 0.05 \times 0.05} = 5\ 737.5(\text{N}) = 5.74(\text{kN})$$

综上所述,胶合梁的许可荷载为 $F_P = 5.74$ kN。

11.5　提高梁强度的措施

对于一般细长梁来说,弯曲正应力是控制梁强度的主要因素。因此,在按强度条件设计梁时,主要的依据就是梁的正应力强度条件公式:

$$\sigma_{\max} = \frac{M_{\max}}{W} \leqslant [\sigma]$$

由此公式可见,要提高梁的弯曲强度,即降低横截面上的正应力,可以从两个方面来考虑:一是合理安排梁的受力情况,以降低最大弯矩 $M_{\max}$ 的数值;二是采用合理的截面形状,以提高抗弯截面系数 W 的数值。

11.5.1　合理安排梁支座和荷载

如图 11.17(a) 所示的承受均布荷载的简支梁,若将两个支座向内侧移动 $0.2l$,如图 11.17(b)所示,则其最大弯矩将从 $ql^2/8$ 降为 $ql^2/40$。又如图 11.18 所示将集中力 F_P 分为两个力 $F_P/2$,也可降低梁的最大弯矩。

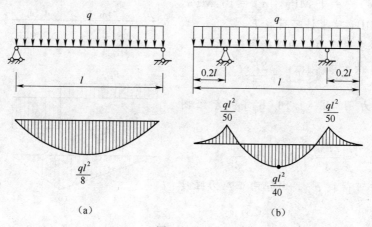

图　11.17

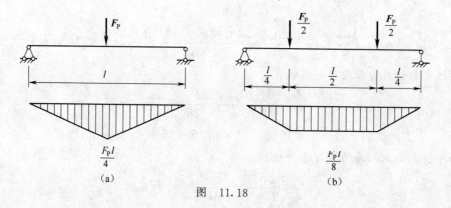

图　11.18

11.5.2 采用合理的截面形状

当弯矩值一定时,横截面上的最大正应力与抗弯截面系数成反比,即抗弯截面系数 W 越大越好。因此,在设计中应该力求在同样大小的截面积 A(即用料相同)的条件下,使截面的 W 值尽可能大,即截面的 W/A 值越大,截面越趋于合理。

综上所述,考虑各种形状截面是否合理,主要是看 W/A 的比值。比值越大,材料的使用越经济,截面也就越合理。表 11.1 给出了几种常用截面形式的 W/A 比值。

另外,截面是否合理,还应考虑材料的特性。对由抗拉和抗压强度相等的材料制成的梁,宜采用中性轴为其对称轴的截面,例如图 11.19 所示的工字形、矩形、圆形和环形截面等。

表 11.1 常用截面的 W/A 比值

截面形式	矩形	圆形	工字形	槽形
W/A	$0.167h$	$0.125\ h$	$(0.29 \sim 0.31)h$	$(0.27 \sim 0.31)h$

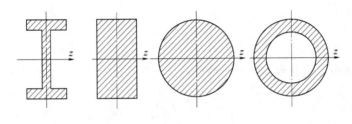

图 11.19

对由抗拉和抗压强度不相等的材料制成的梁(图 11.20),在加载和安置支座时,应尽量使最大拉应力 $\sigma_{l\max}$ 发生在距中性轴较近的一侧,最大压应力 $\sigma_{y\max}$ 发生在距中性轴较远的一侧,这样可使 $\sigma_{l\max}$ 和 $\sigma_{y\max}$ 同时接近各自的许用应力 $[\sigma_l]$ 和 $[\sigma_y]$,即采用中性轴偏于受拉一侧的截面。

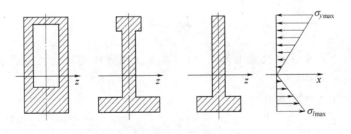

图 11.20

11.5.3 采用变截面梁

在一般情况下,梁的弯矩沿轴线是变化的。因此,在按最大弯矩所设计的等截面梁中,除最大弯矩所在的截面外,其余截面的材料强度均未能得到充分利用。为了减轻梁的自重和节省材料,常常根据弯矩的变化情况,将梁设计成变截面。在弯矩较大处,采用较大的截面;在弯矩较小处,采用较小的截面。这种截面沿轴线变化的梁,称为变截面梁。例如:机械的阶梯轴和土建工程中的鱼腹梁等,如图 11.21 所示。

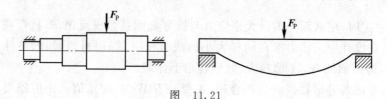

图　11.21

从弯曲强度考虑,理想的变截面梁应该使所有截面上的最大弯曲正应力均相同,且等于许用应力,即

$$\sigma_{max} = \frac{M(x)}{W(x)} = [\sigma]$$

这种梁称为等强度梁。由上式设计出的截面尺寸通常是沿梁轴连续变化的,这在制造工艺上有一定困难。因此,工程中常用近似等强度梁代替理论上的等强度梁。

 # 本章小结

11.1　梁弯曲时的正应力计算公式

梁在纯弯曲情形下横截面上任一点处的正应力公式为

$$\sigma = \frac{M\,y}{I_z}$$

上式由纯弯曲条件导出,可推广应用于横力弯曲情形下。梁的弯曲正应力沿截面高度呈线性分布,在中性轴处正应力为零,在截面上、下边缘处正应力达到最大值。

$$\sigma_{max} = \frac{M_{max}}{W_z}$$

正应力的正、负符号通常根据弯矩图直观判断。

11.2　梁弯曲时的切应力计算公式

梁上的最大切应力公式为

$$\tau_{max} = \frac{F_{Qmax}S^*_{max}}{I_z b}$$

梁的最大切应力发生在中性轴上各点处,而截面上下边缘处的切应力最小,一般为零。

11.3　梁的强度条件

梁弯曲时的正应力强度条件为

$$\sigma_{max} = \frac{M_{max}}{W_z} \leqslant [\sigma]$$

对于抗拉和抗压不等的材料,梁弯曲时的正应力强度条件为

$$\sigma_{l\,max} = \frac{My_{l\,max}}{I_z} \leqslant [\sigma_l]$$

$$\sigma_{y\,max} = \frac{My_{y\,max}}{I_z} \leqslant [\sigma_y]$$

切应力强度条件为

$$\tau_{max} = \frac{F_{Qmax}S^*_{z\,max}}{I_z b} \leqslant [\tau]$$

对于细长梁,其强度主要是由正应力控制的,切应力对强度的影响可以忽略不计,按照正应力强度条件设计的梁,除了在少数特殊情况下,一般都能满足切应力强度要求,不需要进行专门的切应力强度校核。

11.4 梁的合理强度设计

通过合理的强度设计,可以有效地提高梁的抗弯强度。在实际工程中,经常采用的合理设计方法包括:

(1)合理配置梁的荷载和支座。以有效降低梁内的最大弯矩值。

(2)合理选择截面形状。主要是看 W_z / A 的比值。比值越大,材料的使用越经济,截面也就越合理。

(3)采用变截面梁。通过使用等强度梁,可以节约材料、减轻自重。

复习思考题

11.1 何谓纯弯曲和横力弯曲?

11.2 在推导梁的弯曲正应力公式时作了什么假设?在什么条件下是正确的?

11.3 为什么梁在弯曲时,中性轴一定会通过横截面的形心?

11.4 若梁发生平面弯曲,试绘出题 11.4 图所示各种形状截面梁上弯曲正应力沿高度变化的分布规律。

11.5 以梁的弯曲强度条件 $\sigma_{max} = \dfrac{M_{max}}{W_z} \leqslant [\sigma]$ 和拉伸强度条件 $\sigma_{max} = \dfrac{F_{max}}{A} \leqslant [\sigma]$ 相对比,说明 W_z 的物理意义。

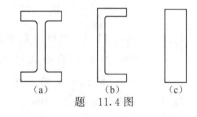

题 11.4 图

11.6 矩形截面梁,当横截面高度和宽度分别增大一倍时,该梁的抗弯能力分别增大几倍?当圆截面梁的直径增大一倍时,该梁的抗弯能力增大几倍?

11.7 如题 11.7 图所示吊车梁,承受吊车轮子传来的压力 F_P 作用,试求:(1)吊车在什么位置时,梁内的弯矩最大?最大弯矩等于多少?(2)吊车在什么位置时,梁的支座反力最大?最大支座反力和最大剪力各是多少?

11.8 矩形截面悬臂梁受力如题 11.8 图所示(截面尺寸为 mm)。试求 I—I 和 Ⅱ—Ⅱ 截面上 A、B、C、D 四点处的弯曲正应力。

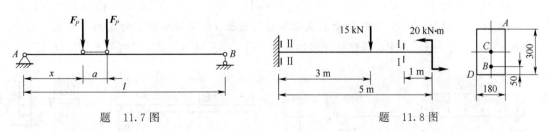

题 11.7 图 题 11.8 图

11.9 某圆轴的外部分系空心圆截面,所受横向荷载如题 11.9 图所示。试作该轴的弯矩图,并求轴内的最大正应力。

11.10 外伸木梁承受荷载如题 11.10 图所示。已知 $F_P = 9$ kN,$q = 9$ kN/m,木材的许用

应力 $[\sigma]$ =10 MPa,试选择梁的直径。

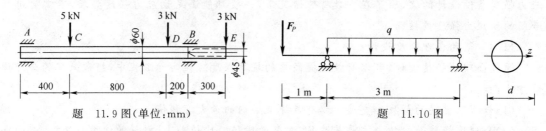

题 11.9 图（单位:mm）　　　　　题 11.10 图

11.11 简支梁受均布荷载作用如题 11.11 图所示,已知 $l=8$ m,截面为矩形,宽 $b=$ 120 mm,高 $h=180$ mm,材料的许用应力 $[\sigma]=20$ MPa。求梁的许可荷载。

11.12 一矩形截面梁如题 11.12 图所示,许用应力 $[\tau]=160$ MPa。试按下列两种情况校核此梁的强度:(1)梁的 120 mm 边竖直放置;(2)梁的 120 mm 边水平放置。

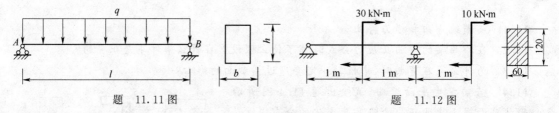

题 11.11 图　　　　　　　　　题 11.12 图

11.13 如题 11.13 图所示起重机在梁 AB 上可来回运动。已知:起重机自重 $Q=50$ kN,最大起重力 $F=10$ kN,梁由两根 No.28a 工字钢组成,材料的许用应力 $[\sigma]=160$ MPa, $[\tau]=100$ MPa。试校核梁的强度。

11.14 由两根槽钢(40a)和上下盖板焊接成的梁如题 11.14 图所示。设 $[\sigma]=160$ MPa,试校核梁的强度。

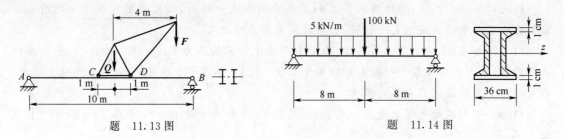

题 11.13 图　　　　　　　　　题 11.14 图

11.15 如题 11.15 图所示钢梁 $[\sigma]=160$ MPa, $[\tau]=100$ MPa,试选择工字钢的型号。

11.16 如题 11.16 图所示,制动装置的杠杆用直径 $d=30$ mm 的销钉支承在 B 处。若杠杆的许用应力 $[\sigma]=137$ MPa,销钉的许可切应力 $[\tau]=98$ MPa。试求许可荷载 $[F_1]$ 和 $[F_2]$。

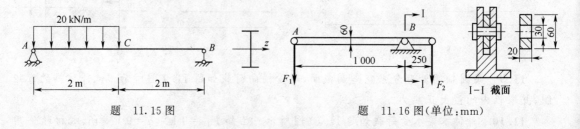

题 11.15 图　　　　　　　　　题 11.16 图（单位:mm）

12 梁的弯曲变形和刚度计算

本章描述

本章介绍了梁弯曲变形时变形量计算的积分和叠加两种方法,并建立梁的刚度条件,从而判别工程中的梁是否满足刚度要求,或者控制梁的变形以满足实际工程的刚度要求。

教学目标

1. 知识目标

(1)熟练掌握用积分法计算梁变形的方法;

(2)熟练掌握用叠加法计算梁变形的方法;

(3)掌握提高梁刚度的一些主要措施。

2. 能力目标

能够将积分法和叠加法两种计算方法与工程实际相联系,解决工程当中的具体问题。对提高梁弯曲变形的一些主要措施能熟练掌握和合理使用。

3. 素质目标

培养学生分析问题和解决问题的能力。

相关案例——工程中的弯曲变形

工程中的许多构件在承受弯曲时,对弯曲变形都有一定要求。一类要求是构件的弯曲变形不得超过一定数值,否则构件不能正常工作[图 12.1(a)],桥式起重机的横梁变形过大时,则会使小车行走困难,出现爬坡现象。

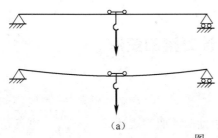
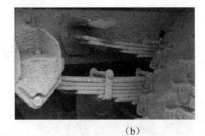

(a)　　　　　　　　　　　　　　　(b)

图 12.1

与上述情况相反,另一类要求是构件能产生较大的弯曲变形,以达到特定的目的[图 12.1(b)]。如车辆中用的叠板弹簧,就是利用其在车箱轮轴处能够产生较大位移的特点,来减小车身的冲击,达到减振的目的。本章将讨论梁的弯曲变形和相应的刚度计算。

12.1　梁弯曲变形的基本概念

12.1.1　挠　度

在线弹性小变形条件下,梁在横力作用时将产生平面弯曲,则梁轴线由原来的直线变为纵向对称面内的连续且光滑的平面曲线,该曲线称为挠曲线或弹性曲线,如图 12.2 所示。

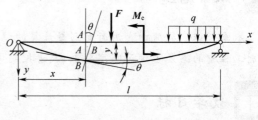

梁轴线上某点在梁变形后沿与原轴线方向的垂直位移(横向位移)称为该点的挠度用 y 表示。在小变形情况下,梁轴线上各点在梁变形后沿轴线方向的位移(水平位移)可以证明是横向位移的高阶微量,因而可以忽略不计。故以变形前的轴线为 x 轴,竖直向下为 y 轴,建立直角坐标系,则梁的挠曲线方程可表示为

图　12.2

$$y = y(x) \qquad (12.1)$$

一般情况下规定:挠度沿 y 轴正向(向下)为正,沿轴的负向(向上)为负。

12.1.2　转　角

梁变形后其横截面在纵向对称面内相对于原有位置转动的角度称为转角,用 θ 表示,如图 12.2 所示。

转角随梁轴线变化而变化,是 x 的连续函数,即

$$\theta = \theta(x) \qquad (12.2)$$

称为转角方程。

根据平面假设,变形后横截面仍垂直于挠曲线,故横截面的转角就等于挠曲线在该点的切线与 x 轴的夹角,如图 12.2 所示。由于梁的变形是小变形,所以梁的挠度和转角都很小,θ 和 $\tan \theta$ 是同阶小量,即:$\theta \approx \tan \theta$,于是有:

$$\theta = \frac{\mathrm{d}y(x)}{\mathrm{d}x} = y'(x) \qquad (12.3)$$

即转角方程等于挠曲线方程对 x 的一阶导数。一般情况下规定:转角顺时针转动时为正,而逆时针转动时为负。

12.2　积分法计算梁的变形

12.2.1　挠曲线的近似微分方程

在上一章推导弯曲正应力公式时,曾得到中性层的曲率表达式 $\dfrac{1}{\rho} = \dfrac{M}{EI_z}$,也就是挠曲线的曲率表达式,由于式中 M 和 ρ 均为 x 的函数,即

$$\frac{1}{\rho(x)} = \frac{M(x)}{EI_z} \qquad (12.4)$$

由高等数学的知识,可知平面曲线 $y = y(x)$ 的曲率公式可以写成:

$$\frac{1}{\rho(x)} = \pm \frac{y''(x)}{[1 + y'(x)^2]^{\frac{3}{2}}} \qquad (12.5)$$

由于梁的变形是小变形,即挠曲线 $y = y(x)$ 仅仅处于微弯状态,则其转角 $\theta = y'(x) \ll 1$,所以略去高阶微量,挠曲线的曲率公式可近似为:

$$\frac{1}{\rho(x)} = \pm y''(x) \qquad (12.6)$$

变形后梁轴线曲率的正负号与梁弯矩的正负号相反。将式(12.6)代入式(12.4),得

$$y'' = -\frac{M(x)}{EI} \qquad (12.7)$$

上式称为挠曲线的近似微分方程。其中,$I = I_z$ 是梁截面对中性轴的惯性矩。

12.2.2 积分法求弯曲变形量

根据梁的挠曲线近似微分方程式(12.7),可直接用积分求梁的变形。将挠曲线近似微分方程式(12.7)两边同时积分一次得到转角函数 θ,然后再积分一次得到挠度函数 y,即:

$$\begin{cases} \theta = -\displaystyle\int \frac{M(x)}{EI} dx + C \\ y = -\displaystyle\int \left[\int \frac{M(x)}{EI} dx \right] dx + Cx + D \end{cases} \qquad (12.8)$$

上面式中的 C、D 是两个积分常数,需由梁挠曲线上某些点的已知条件确定,这种已知条件称为边界条件。常见的梁的支承条件如表 12.1 所示。

一般情况下,梁的边界条件有两个,正好可以确定积分常数 C 和 D。

如果外力将梁分为几段,就必须分段列出梁的弯矩方程,则各段梁的挠曲线近似微分方

表 12.1 常见梁的支承条件

固定铰支承		$y(A) = 0$
移动铰支承		$y(A) = 0$
固定端支承		$y(A) = 0, \theta(A) = 0$

程也相应地不同。对各段梁的微分方程进行积分时,均出现两个积分常数。要确定这些积分常数,除利用边界条件外,还要考虑到整个梁的挠曲线是一条连续且光滑的曲线,故可利用两段梁在交界处的位移连续条件(光滑连续条件)求解,即两段梁在交界处具有相同的挠度和转角,否则两段梁在交界处错断(挠度不等)和裂开(转角不等)。

这种通过两次积分求弯曲变形的方法,称为二次积分法,简称积分法。现举例说明其具体应用。

【例 12.1】 如图 12.3 所示一抗弯刚度为 EI 的悬臂梁,在自由端受一集中力 F_P 作用。试求梁的挠曲线方程和转角方程,并确定其最大挠度 y_{max} 和最大转角 θ_{max}。

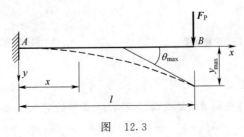

图 12.3

【解】 以梁左端 A 为原点，取直角坐标系，令 x 轴向右，y 轴向下为正。

(1)列弯矩方程

$$M(x) = -F_P(l-x) = -F_P l + F_P x$$

(2)列挠曲线近似微分方程并积分

$$EIy'' = -M(x) = F_P l - F_P x$$

积分一次得

$$EIy' = EI\theta = F_P l x - \frac{F_P x^2}{2} + C \tag{1}$$

再积分一次得

$$EIy = \frac{F_P l x^2}{2} - \frac{F_P x^3}{6} + Cx + D \tag{2}$$

(3)确定积分常数

该悬臂梁的边界条件：在 $x=0$ 处，$y=0$，$\theta=0$，代入式(1)和式(2)得

$$C=0,\qquad D=0$$

(4)建立转角方程和挠曲线方程

将求得的积分常数 C 和 D 代入式(1)和式(2)，得梁的转角方程和挠曲线方程分别为：

$$\theta = y' = \frac{F_P l x}{EI} - \frac{F_P x^2}{2EI} \tag{3}$$

$$y = \frac{F_P l x^2}{2EI} - \frac{F_P x^3}{6EI} \tag{4}$$

(5)求最大转角和最大挠度

由图 12.3 可以看出，绝对值最大的挠度和转角都发生在 B 截面，将 $x=l$ 代入式(3)和式(4)，得

$$\theta_{max} = \theta_B = \frac{F_P l^2}{2EI}$$

$$y_{max} = y_B = \frac{F_P l^3}{3EI}$$

所得的挠度为正值，说明 B 点向下移动；转角为正值，说明横截面 B 沿顺时针转向转动。

【例 12.2】 如图 12.4 所示阶梯状悬臂梁 AB，在自由端受集中力 F_P 作用，梁长度及抗弯刚度如图示，试求自由端的挠度以及梁中点截面的转角。

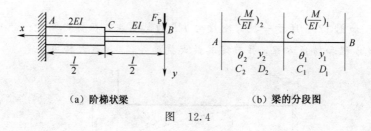

　　　　　(a) 阶梯状梁　　　　　　　　　　　(b) 梁的分段图
图　12.4

【解】 (1)列弯矩方程

建立图 12.4(a)所示的坐标系，由截面法可求得梁中的弯矩方程为：

$$M(x) = -F_P x \qquad (0 \leqslant x \leqslant l)$$

由于梁分为 BC 和 CA 两段，则两段梁的挠曲线方程分别为：

$$y''_1 = -\left(\frac{M}{EI}\right)_1 = \frac{F_P x}{EI} \left(0 \leqslant x \leqslant \frac{l}{2}\right), \quad y''_2 = -\left(\frac{M}{EI}\right)_2 = \frac{F_P x}{2EI} \left(\frac{l}{2} \leqslant x \leqslant l\right)$$

（2）求转角方程和挠度方程

转角方程：

$$\theta = \begin{cases} \theta_1(x) = \int -\left(\dfrac{M}{EI}\right)_1 \mathrm{d}x + C_1 = \dfrac{F_P x^2}{2EI} + C_1 & \left(0 \leqslant x \leqslant \dfrac{l}{2}\right) \\[3mm] \theta_2(x) = \int -\left(\dfrac{M}{EI}\right)_2 \mathrm{d}x + C_2 = \dfrac{F_P x^2}{4EI} + C_2 & \left(\dfrac{l}{2} \leqslant x \leqslant l\right) \end{cases}$$

挠度函数：

$$y = \begin{cases} y_1(x) = \int \theta_1 \mathrm{d}x + D_1 = \dfrac{F_P x^3}{6EI} + C_1 x + D_1 & \left(0 \leqslant x \leqslant \dfrac{l}{2}\right) \\[3mm] y_2(x) = \int \theta_2 \mathrm{d}x + D_2 = \dfrac{F_P x^3}{12EI} + C_2 x + D_2 & \left(\dfrac{l}{2} \leqslant x \leqslant l\right) \end{cases}$$

（3）确定积分常数

边界条件：$x = l$ 处，$\theta(l) = 0$，$y(l) = 0$。

根据梁的分段图可见：

$$\theta(l) = \theta_2(l) = \frac{F_P l^2}{4EI} + C_2 = 0, \qquad C_2 = -\frac{F_P l^2}{4EI}$$

$$y(l) = y_2(l) = \frac{F_P l^3}{12EI} + C_2 l + D_2 = 0, \qquad D_2 = -\frac{F_P l^3}{12EI} + \frac{F_P l^3}{4EI} = \frac{F_P l^3}{6EI}$$

连续性条件：$x = \dfrac{l}{2}$ 处，$\theta_1\left(\dfrac{l}{2}\right) = \theta_2\left(\dfrac{l}{2}\right)$，$y_1\left(\dfrac{l}{2}\right) = y_2\left(\dfrac{l}{2}\right)$。

$$\frac{F_P (l/2)^2}{2EI} + C_1 = \frac{F_P (l/2)^2}{4EI} + C_2, \qquad C_1 = -\frac{5F_P l^2}{16EI}$$

$$\frac{F_P (l/2)^3}{6EI} + C_1 \frac{l}{2} + D_1 = \frac{F_P (l/2)^3}{12EI} + C_2 \frac{l}{2} + D_2, \qquad D_1 = \frac{3F_P l^3}{16EI}$$

所以，梁的转角函数和挠度函数为：

$$\theta = \begin{cases} \theta_1(x) = \dfrac{F_P x^2}{2EI} - \dfrac{5F_P l^2}{16EI} & \left(0 \leqslant x \leqslant \dfrac{l}{2}\right) \\[3mm] \theta_2(x) = \dfrac{F_P x^2}{4EI} - \dfrac{F_P l^2}{4EI} & \left(\dfrac{l}{2} \leqslant x \leqslant l\right) \end{cases}$$

$$y = \begin{cases} y_1(x) = \dfrac{F_P x^3}{6EI} - \dfrac{5F_P l^2 x}{16EI} + \dfrac{3F_P l^3}{16EI} & \left(0 \leqslant x \leqslant \dfrac{l}{2}\right) \\[3mm] y_2(x) = \dfrac{F_P x^3}{12EI} - \dfrac{F_P l^2 x}{4EI} + \dfrac{F_P l^3}{6EI} & \left(\dfrac{l}{2} \leqslant x \leqslant l\right) \end{cases}$$

（4）求自由端的挠度以及梁中点截面的转角

自由端的挠度为：
$$y_B = y_1(0) = \frac{3F_P l^3}{16EI} \text{（向下）}$$

梁中点截面的转角为：
$$\theta_C = \theta_1\left(\frac{l}{2}\right) = \theta_2\left(\frac{l}{2}\right) = -\frac{F_P l^2}{8EI} \text{（顺时针）}$$

因梁 x 轴正方向是向左的，因此转角逆时针时为正。

12.3 叠加法计算梁的变形

积分法是求梁的挠度和转角的基本方法。但当梁上有多个荷载作用时,需要分段列出弯矩方程,分段愈多,积分常数就愈多,计算起来也愈复杂和烦琐。因此,有必要寻求更简单的方法计算梁的变形。由于梁的变形很小,梁变形后轴线方向的改变可略去不计,且梁的变形在弹性范围内,因而,梁的挠度和转角均与作用在梁上的荷载成线性关系。

在这种情况下,梁在几项荷载(如集中力、集中力偶或分布力)同时作用下某一横截面的挠度和转角,就分别等于每项荷载单独作用下该截面的挠度和转角的叠加,此即为叠加原理。用叠加原理求解的方法称为叠加法。

为了便于用叠加法求梁的挠度和转角,把梁在简单荷载作用下的挠度和转角列于表 12.2 中,以备查用。

利用叠加法计算位移时,通常会遇到两类情况:一类情况是梁上的荷载可以分成若干个典型荷载,其中每个荷载都可以直接查表求出位移,然后进行叠加计算;另一类情况是梁上的荷载不能化成可以直接查表的若干个典型荷载,需要将梁上荷载经过适当转化后,才能利用表中的结果进行叠加运算。前一类情况称为直接叠加或荷载叠加,后一类情况称为间接叠加或位移叠加,也称为逐段刚化法。

表 12.2 梁在简单荷载作用下的变形

序号	梁的简图	挠曲线方程	挠度和转角
1		$y=\dfrac{Mx^2}{2EI}$	$y_B=\dfrac{Ml^2}{2EI}$ $\theta_B=\dfrac{Ml}{EI}$
2		$y=\dfrac{Mx^2}{2EI}\quad(0\leqslant x\leqslant a)$ $y=\dfrac{Ma}{EI}\left[(x-a)+\dfrac{a}{2}\right](a\leqslant x\leqslant l)$	$y_B=\dfrac{Ma}{EI}\left(l-\dfrac{a}{2}\right)$ $\theta_B=\dfrac{Ma}{EI}$
3		$y=\dfrac{Fx^2}{6EI}(3l-x)$	$y_B=\dfrac{Fl^3}{3EI}$ $\theta_B=\dfrac{Fl^2}{2EI}$
4		$y=\dfrac{Fx^2}{6EI}(3a-x)$ $(0\leqslant x\leqslant a)$ $y=\dfrac{Fa^2}{6EI}(3x-a)$ $(a\leqslant x\leqslant l)$	$y_B=\dfrac{Fa^2}{6EI}(3l-a)$ $\theta_B=\dfrac{Fa^2}{2EI}$
5		$y=\dfrac{qx^2}{24EI}(x^2-4lx+6l^2)$	$y_B=\dfrac{ql^4}{8EI}$ $\theta_B=\dfrac{ql^3}{6EI}$

序号	梁的简图	挠曲线方程	挠度和转角
6		$y = \dfrac{Mx}{6lEI}(l-x)(2l-x)$	在 $x = \left(1 - \dfrac{1}{\sqrt{3}}\right)l$ 处, $y_{max} = \dfrac{Ml^2}{9\sqrt{3}EI}$ 在 $x = \dfrac{l}{2}$ 处, $y_{l/2} = \dfrac{Ml^2}{16EI}$ $\theta_A = \dfrac{Ml}{3EI}, \quad \theta_B = -\dfrac{Ml}{6EI}$
7		$y = \dfrac{Mx}{6lEI}(l^2 - x^2)$	在 $x = \dfrac{l}{\sqrt{3}}$ 处, $y_{max} = \dfrac{Ml^2}{9\sqrt{3}EI}$ 在 $x = \dfrac{l}{2}$ 处, $y_{l/2} = \dfrac{Ml^2}{16EI}$ $\theta_A = \dfrac{Ml}{6EI}, \quad \theta_B = -\dfrac{Ml}{3EI}$
8		$y = -\dfrac{Mx}{6lEI}(l^2 - 3b^2 - x^2)$ $(0 \leqslant x \leqslant a)$ $y = \dfrac{M}{6lEI}(l-x)(3a^2 - 2(x + x^2)$ $(a \leqslant x \leqslant l)$	在 $x = \sqrt{\dfrac{l^2 - 3b^2}{3}}$ 处, $y = -\dfrac{M(l^2 - 3b^2)^{3/2}}{9\sqrt{3}\,lEI}$ 在 $x = \sqrt{\dfrac{l^2 - 3a^2}{3}}$ 处, $y = \dfrac{M(l^2 - 3a^2)^{3/2}}{9\sqrt{3}\,lEI}$ $\theta_A = -\dfrac{M}{6lEI}(l^2 - 3b^2)$ $\theta_B = -\dfrac{M}{6lEI}(l^2 - 3a^2)$ $\theta_C = \dfrac{M}{6lEI}(3a^2 + 3b^2 - l^2)$
9		$y = \dfrac{Fx}{48EI}(3l^2 - 4x^2)$ $\left(0 \leqslant x \leqslant \dfrac{l}{2}\right)$	在 $x = l/2$ 处, $y_{max} = \dfrac{Fl^3}{48EI}$ $\theta_A = -\theta_B = \dfrac{Fl^2}{16EI}$
10		$y = \dfrac{Fbx}{6lEI}(l^2 - x^2 - b^2)$ $(0 \leqslant x \leqslant a)$ $y = \dfrac{Fa}{6lEI} \times$ $(l-x)(x^2 + a^2 - 2lx)$ $(a \leqslant x \leqslant l)$	设 $a > b$, 在 $x = \sqrt{\dfrac{l^2 - b^2}{3}}$ 处, $y_{max} = \dfrac{Fb(l^2 - b^2)^{3/2}}{9\sqrt{3}\,lEI}$ 在 $x = l/2$ 处, $y_{l/2} = \dfrac{Fb(3l^2 - 4b^2)}{48EI}$ $\theta_A = \dfrac{Fab(l+b)}{6lEI}$ $\theta_B = -\dfrac{Fab(l+a)}{6lEI}$

序号	梁的简图	挠曲线方程	挠度和转角
11		$y = \dfrac{qx}{24EI}(l^3 - 2lx^2 + x^3)$	在 $x = l/2$ 处， $y_{\max} = \dfrac{5ql^4}{384EI}$ $\theta_A = -\theta_B = \dfrac{ql^3}{24EI}$
12		$y = \dfrac{ql}{48EI}\left[\dfrac{7}{8}l^2x - x^3\right]$ $\left(0 \leqslant x \leqslant \dfrac{l}{2}\right)$ $y = \dfrac{q}{48EI}\left[\dfrac{7}{8}l^3x + \dfrac{1}{8} \times \right.$ $\left.(2x-l)^4 - lx^3\right]$ $\left(\dfrac{l}{2} \leqslant x \leqslant l\right)$	$y_{\max} \approx \left\| y_{l/2} \right\| = \dfrac{5ql^4}{768EI}$ $\theta_A = \dfrac{7ql^3}{384EI}$ $\theta_B = -\dfrac{9ql^3}{384EI}$

12.3.1　直接叠加计算梁的位移

当计算梁在若干个典型荷载同时作用下的位移时，可以查表求出每一个典型荷载单独作用时的位移，然后进行叠加，得出最后结果。

【例 12.3】 图 12.5 所示简支梁，同时受均布荷载 q 和集中荷载 F 作用，试用叠加法计算梁的最大挠度。设 EI 为常数。

【解】 （1）查表 12.2 中（9）和（11），简支梁在集中力荷载和均布荷载单独作用下的最大挠度都发生在跨中：

$$y_{CF} = \frac{Fl^3}{48EI}(\downarrow)$$

$$y_{Cq} = \frac{5ql^4}{384EI}(\downarrow)$$

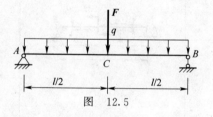

图　12.5

（2）在荷载 q 和 F 共同作用下，该梁的最大挠度为：

$$y_{\max} = y_{Cq} + y_{CF} = \frac{5Fl^4}{384EI} + \frac{Fl^3}{48EI}(\downarrow)$$

【例 12.4】 简支梁 AB 所受荷载如图 12.6 所示。试用叠加法求梁中点 C 处的挠度 y_C 和支座 A、B 处的转角 θ_A、θ_B。梁的抗弯刚度 EI 已知。

【解】 （1）分解力学模型

把图 12.6(a)所示梁的受力分解为图 12.6(b)、(c)、(d)所示三种受力形式的叠加。

（2）查表求解每一种荷载作用下梁的位移

由表 12.2(9)查得 F 单独作用下梁的挠度和转角，即

$$y_{CF} = -\frac{Fl^3}{48EI} \ (\uparrow), \qquad \theta_{AF} = -\frac{Fl^2}{16EI} = -\theta_{BF} \ (\text{↶})$$

由表 12.2(11)查得 q 单独作用下梁的挠度和转角，即

$$y_{Cq} = \frac{5ql^4}{384EI} \ (\downarrow), \qquad \theta_{Aq} = -\theta_{Bq} = \frac{ql^3}{24EI} \ (\text{↷})$$

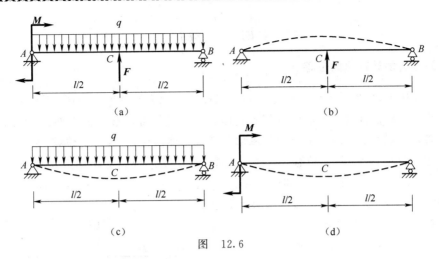

图 12.6

由表 12.1(6)查得 M 单独作用下梁的挠度和转角,即

$$y_{CM} = \frac{Ml^2}{16EI} (\downarrow), \qquad \theta_{AM} = \frac{Ml}{3EI} (\curvearrowleft), \qquad \theta_{BM} = -\frac{Ml}{6EI} (\curvearrowright)$$

(3)叠加相应截面位移和转角

$$y_C = y_{CF} + y_{Cq} + y_{CM} = -\frac{Fl^3}{48EI} + \frac{5ql^4}{384EI} + \frac{Ml^2}{16EI}$$

$$\theta_A = \theta_{AF} + \theta_{Aq} + \theta_{AM} = -\frac{Fl^2}{16EI} + \frac{ql^3}{24EI} + \frac{Ml}{3EI}$$

$$\theta_B = \theta_{BF} + \theta_{Bq} + \theta_{BM} = \frac{Fl^2}{16EI} - \frac{ql^3}{24EI} - \frac{Ml}{6EI}$$

【例 12.5】 悬臂梁 AB 所受荷载如图 12.7(a)所示,已知梁抗弯刚度 EI,试求自由端 B 处的转角 θ_B 和挠度 y_B。

【解】 (1)分解力学模型。把图 12.7(a)所示梁的受力视为图 12.7(b)、(c)两种受力形式的叠加。

(2)由表 12.2(5)查得图 12.7(b)情形下 B 截面的转角和挠度为

$$\theta_{B1} = \frac{ql^3}{6EI}, \qquad y_{B1} = \frac{ql^4}{8EI}$$

图 12.7(c)中,CB 段无荷载作用,为直线段,其各横截面转角相等,由表 12.2(5)查得图 12.7(c)情形 B 截面的转角和挠度为

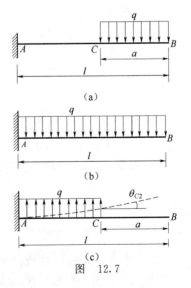

图 12.7

$$\theta_{B2} = \theta_{C2} = -\frac{q(l-a)^3}{6EI}$$

$$y_{B2} = y_{C2} + a\theta_{C2} = -\frac{q(l-a)^4}{8EI} - \frac{q(l-a)^3 a}{6EI}$$

(3)叠加相应截面,得

$$\theta_B = \theta_{B1} + \theta_{B2} = \frac{q[l^3 - (l-a)^3]}{6EI}$$

$$y_B = y_{B1} + y_{B2} = \frac{ql^4}{8EI} - \frac{q(l-a)^4}{8EI} - \frac{q(l-a)^3 a}{6EI}$$

12.3.2　间接叠加计算梁的位移

在荷载作用下,杆件的整体变形是由各个微段变形积累的结果。同样,杆件在某点处的位移也是各部分变形在该点处引起的位移的叠加。杆件常常可以被看成由两部分组成:基本部分和附属部分。基本部分的变形将使附属部分产生刚体位移,称为牵连位移;附属部分由于自身变形引起的位移,称为附加位移。因此,附属部分的实际位移等于牵连位移与附加位移之和,这就是间接叠加法。在计算外伸梁、变截面悬臂梁和折杆的位移时常用到这种方法。

【**例 12.6**】 图 12.8(a)所示为变截面悬臂梁,设 EI 为常数。试用叠加法计算:

(1)梁 B 截面处的挠度和转角。

(2)梁自由端 C 处的挠度和转角。

解题分析:①求梁 B 截面处的挠度和转角,可用直接叠加法。查表 12.2 中的(1)和(3),计算时注意表 12.2 公式中的梁长 l,应代 $l/2$。②求梁自由端 C 处的挠度和转角,注意到 BC 段上无外力,BC 段自身不产生变形。但在 AB 段变形的前提下,BC 段随之产生刚性位移,所以 BC 段的挠曲线为与 B 点相切的斜直线。求得 y_B 和 θ_B 后,利用几何关系即可求得截面 C 处的挠度和转角。

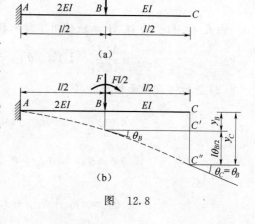

图　12.8

【**解**】 (1)计算梁 B 截面处的挠度和转角

查表 12.2(1)得:

$$\theta_{B3} = \frac{Ml}{EI} = \frac{\frac{Fl}{2} \cdot \left(\frac{l}{2}\right)}{(2EI)} = \frac{F \cdot l^2}{8EI}(\curvearrowright), \quad y_{B3} = \frac{Ml^2}{2EI} = \frac{\frac{Fl}{2} \cdot \left(\frac{l}{2}\right)^2}{2(2EI)} = \frac{F \cdot l^3}{32EI}(\downarrow)$$

查表 12.2(3)得:

$$\theta_{B1} = \frac{Fl^2}{2EI} = \frac{F \cdot \left(\frac{l}{2}\right)^2}{2(2EI)} = \frac{F \cdot l^2}{16EI}(\curvearrowright), \quad y_{B1} = \frac{Fl^3}{3EI} = \frac{F \cdot \left(\frac{l}{2}\right)^3}{3(2EI)} = \frac{F \cdot l^3}{48EI}(\downarrow)$$

叠加可得 B 截面的挠度和转角分别为:

$$\theta_B = \theta_{B1} + \theta_{B3} = \frac{Fl^2}{16EI} + \frac{Fl^2}{8EI} = \frac{3Fl^2}{16EI}(\curvearrowright)$$

$$y_B = y_{B1} + y_{B3} = \frac{Fl^3}{48EI} + \frac{Fl^3}{32EI} = \frac{5Fl^3}{96EI}(\downarrow)$$

(2)计算梁自由端 C 处的挠度和转角

利用几何关系,考虑到梁的变形为小变形,由图 12.8(b)即可求得截面 C 处的挠度和转角:

$$\theta_C = \theta_B = \frac{3Fl^2}{16EI}(\curvearrowright)$$

$$y_C = CC' + C'C'' = y_B + \theta_B \cdot \frac{l}{2} = \frac{5Fl^3}{96EI} + \frac{3Fl^2}{16EI} \times \frac{l}{2} = \frac{7Fl^3}{48EI}(\downarrow)$$

【例 12.7】　如图 12.9(a)所示变截面悬臂梁,试用叠加法计算梁自由端 C 处的挠度和转角。设 EI 为常数。

解题分析:该梁的基本部分为 AB 梁段,附属部分为 BC 梁段。所求 C 点位移由 AB 段和 BC 段共同变形引起。首先将 AB 梁段刚化(不会发生位移),计算 BC 梁段在外荷载作用下 C 点的位移(附加位移)。然后将 BC 梁段刚化,利用理论力学中的刚体荷载平移定理,将集中力荷载 F 平移到 B 点,计算 AB 梁段(基本部分)变形引起的 C 点位移(牵连位移)。最后将 C 点的附加位移和牵连位移叠加即可。

【解】　(1)将 AB 梁段刚化,如图 12.9(b)所示,计算 C 点附加位移。
查表 12.2(3)得

$$y_{C1} = \frac{F\left(\dfrac{l}{2}\right)^3}{3EI} = \frac{Fl^3}{24EI} \ (\downarrow), \quad \theta_{C1} = \frac{F\left(\dfrac{l}{2}\right)^2}{2EI} = \frac{Fl^2}{8EI} (\curvearrowright)$$

(2)将 BC 梁段刚化,计算 C 点牵连位移。BC 梁段刚化后,将集中力荷载 F 由 C 点平移至 B 点,如图 12.9(c)所示。

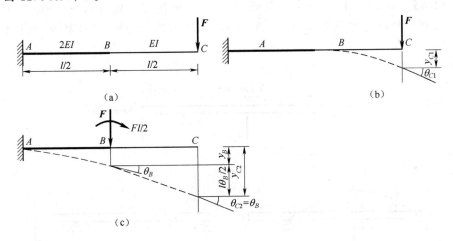

图　12.9

查表 12.2(1)、(3)得截面 B 的挠度和转角(可直接利用例 12.6 中的计算结果):

$$y_B = \frac{Fl^3}{48EI} + \frac{Fl^3}{32EI} = \frac{5Fl^3}{96EI}(\downarrow), \qquad \theta_B = \frac{Fl^2}{16EI} + \frac{Fl^2}{8EI} = \frac{3Fl^2}{16EI}(\curvearrowright)$$

C 点的牵连位移(悬臂梁 AB 变形引起的 BC 段平移)为:

$$y_{C2} = y_B + \frac{l}{2}\theta_B = \frac{5Fl^3}{96EI} + \frac{l}{2} \cdot \frac{Fl^2}{16EI} = \frac{7Fl^3}{48EI}(\downarrow)$$

$$\theta_{C2} = \theta_B = \frac{3Fl^2}{16EI}(\curvearrowright)$$

(3)叠加求解 C 的位移:

$$y_C = y_{C1} + y_{C2} = \frac{Fl^3}{24EI} + \frac{7Fl^3}{48EI} = \frac{3Fl^3}{16EI}(\downarrow)$$

$$\theta_C = \theta_{C1} + \theta_{C2} = \frac{Fl^2}{8EI} + \frac{3Fl^2}{16EI} = \frac{5Fl^2}{16EI}(\curvearrowright)$$

12.4 梁的刚度计算及提高梁刚度的措施

12.4.1 梁的刚度计算

要保证梁能正常工作,除满足梁的强度条件,还应满足梁的刚度要求,即应使梁的最大变形值不超过允许的范围,即梁的刚度条件为:

$$|y_{\max}| \leqslant [y] , \qquad |\theta_{\max}| \leqslant [\theta]$$

其中 $[\theta]$ 称为许用转角;$[y]$ 称为许用挠度。

对于土木、建筑工程中的梁,一般不必进行转角的校核,常常采用最大挠度和跨度之比小于许用挠跨比的刚度条件对梁的刚度进行计算,即

$$\frac{y_{\max}}{l} \leqslant \left[\frac{y}{l}\right]$$

式中的 y/l 为梁的许用挠跨比,可以查阅相关设计规范,一般在 $1/100 \sim 1/1\,000$ 之间。

【**例 12.8**】 如图 12.10 为一空心圆梁,内外径分别为:$d=40\,\text{mm}, D=80\,\text{mm}$,梁的 $E=210\,\text{GPa}$,工程设计规定 C 点的 $[y]=0.000\,01\,\text{m}$,B 点的 $[\theta]=0.001$ 弧度,试校核此梁的刚度。

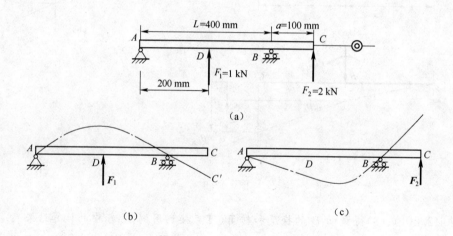

图　12.10

【**解**】 (1)分解力学模型

把图 12.10(a)所示梁的受力视为图 12.10(b)、(c)两种受力形式的叠加。图(b)中 BC' 段为直线,故 $|y_C|=\theta_{FB} \cdot a$,于是由表 12.2 查得,$B$ 截面的转角和 C 点挠度为

$$\theta_{F_1B}=\frac{F_1L^2}{16EI}, \qquad y_{F_1C}=\theta_{F_1B}a=\frac{F_1L^2a}{16EI}$$

$$\theta_{F_2B}=-\frac{F_2aL}{3EI}, \qquad y_{F_2C}=-\frac{F_2a^2(a+L)}{3EI}$$

(2)叠加复杂荷载下的变形

$$y_C=y_{F_1C}+y_{F_2C}=\frac{F_1L^2a}{16EI}-\frac{F_2a^3}{3EI}-\frac{F_2a^2L}{3EI}, \qquad \theta_B=\theta_{F_1B}+\theta_{F_2B}=\frac{F_1L^2}{16EI}-\frac{F_2La}{3EI}$$

内外径分别为 $d=40\,\text{mm}, D=80\,\text{mm}$,代入相应公式有:

$$I = \frac{\pi}{64}(D^4 - d^4) = \frac{3.14}{64}(80^4 - 40^4) \times 10^{-12} = 188 \times 10^{-8}(\text{m}^4)$$

$$y_C = \frac{F_1 L^2 a}{16EI} - \frac{F_2 a^3}{3EI} - \frac{F_2 a^2 L}{3EI} = -5.19 \times 10^{-6}(\text{m})$$

$$\theta_B = \frac{F_1 L^2}{16EI} - \frac{F_2 La}{3EI} = \frac{400}{210 \times 188}\left(\frac{400}{16} - \frac{200}{3}\right) \times 10^{-4} = -0.423 \times 10^{-4}(\text{rad})$$

（3）校核刚度

$$|y_C| = 5.19 \times 10^{-6} \text{m} < [y] = 10^{-5} \text{m}$$

$$|\theta_B| = 0.423 \times 10^{-4} < [\theta] = 0.001(\text{rad})$$

所以刚度足够。

【例 12.9】 圆木简支梁受分布荷载作用，如图 12.11 所示。已知 $l = 4$ m，$q = 1.5$ kN/m，材料的许用正应力 $[\sigma] = 10$ MPa，弹性模量 $E = 10^4$ MPa，许用挠跨比 $[y/l] = 1/200$。求解梁横截面所需直径 d。

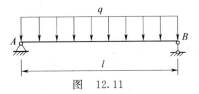

图　12.11

【解】 （1）根据强度条件求解

$$\sigma_{\max} = \frac{M_{\max}}{W} \leqslant [\sigma]$$

其中，最大弯矩发生在跨中截面，$M_{\max} = \dfrac{ql^2}{8}$，$W = \dfrac{\pi \cdot d^3}{32}$，代入上式得：

$$\frac{ql^2/8}{\pi d^3/32} \leqslant [\sigma]$$

整理得：

$$d \geqslant \sqrt[3]{\frac{4ql^2}{\pi[\sigma]}} = \sqrt[3]{\frac{4 \times 1.5 \times 10^3 / 10^3 \times 4^2 \times 10^6}{\pi \times 10}} = 145.14(\text{mm})$$

（2）根据刚度条件求解

$$\frac{y_{\max}}{l} \leqslant \left[\frac{y}{l}\right]$$

其中，最大挠度发生在跨中截面，由表 12.2 可知 $y_{\max} = 5ql^4/(384EI)$，$I = \pi d^4/64$，代入上式得：

$$\frac{5ql^3}{384E \dfrac{\pi d^4}{64}} \leqslant \left[\frac{y}{l}\right]$$

整理得：

$$d \geqslant \sqrt[4]{\frac{5ql^3}{6\pi E \left[\dfrac{y}{l}\right]}} = \sqrt[4]{\frac{5 \times 1.5 \times 10^3 / 10^3 \times (4 \times 10^3)^3}{6\pi \times 10^4 \times (1/200)}} = 150.24(\text{mm})$$

为了同时满足强度条件和刚度条件，该圆木梁所需最小直径应大于 150.24mm，现取 $d = 155$ mm。

12.4.2 提高梁的刚度的措施

由梁的变形表（表 12.2）可见，梁的变形（挠度和转角）除了与梁的支承和荷载情况有关外，还与梁的抗弯刚度 EI 成反比。为了提高梁的刚度，在不影响对梁的使用要求的情况下，还可采用下述方法。

(1)增大梁的弯曲刚度 EI

这里包含两个因素,材料弹性模量 E 和截面的惯性矩 I。因此,在选择材料时,应尽量选择弹性模量大的材料,以便提高梁的刚度。对于钢材来说,采用高强度钢可以显著提高梁的强度,但对刚度的改善并不明显,因高强度钢与普通低碳钢的 E 值相近。因此,为增大梁的刚度,应设法增大 I 值。

在截面面积不变的情况下,采用适当形状的截面使截面面积分布在距中性轴较远处,可增大截面的惯性矩 I,这样不仅可以提高梁的抗弯刚度,而且也能提高梁的强度。所以工程上常采用工字形、箱形等截面。

(2)调整跨长和改变结构

从表 12.2 中可以看到,梁的挠度和转角与梁长的 n 次幂成正比(在不同的荷载形式下,n 分别等于1、2、3、4)。如果在满足使用要求的前提下,能设法缩短梁的跨长,就能显著的减小梁的挠度和转角。例如,桥式起重机的钢梁通常采用双外伸梁,如图 12.12(a)所示,而不是简支梁,如图 12.12(b)所示,这样可使最大挠度减小许多。

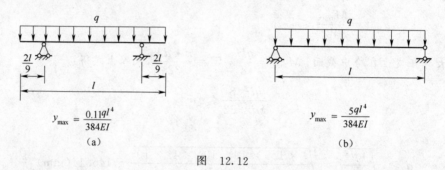

图　12.12

在跨度不能缩短的情况下,可采取增加支座的方法来减小梁的变形。例如,在悬臂梁的自由端或简支梁的跨中增加支座,都可以显著地减小梁的挠度。当然,增加支座后,原来的静定梁就成为超静定梁。有关超静定梁的求解,将在结构力学课程中学习。

 本章小结

12.1　梁的挠曲线近似微分方程及其积分

梁的挠曲线近似微分方程为

$$y'' = -\frac{M(x)}{EI}$$

建立这一方程时应用了梁小变形的假设,所以这一方程只适用于小变形情况。对这一方程进行积分,并利用梁的边界条件(当梁的弯矩方程分段表示时还要利用梁挠度与转角的连续条件)确定积分常数,就可以得到梁的挠曲线方程和转角方程。

在小变形的约定条件下,在求解梁的位移时可以利用叠加原理。当梁受到几项荷载作用时,可以先分别计算(或查表得到)各项荷载单独作用下梁的变形,然后求它们的代数和,就得到了这几项荷载共同作用下的变形。

12.2　梁的刚度条件为

$$|y_{max}| \leqslant [y], \qquad |\theta_{max}| \leqslant [\theta]$$

利用上述条件可以对梁进行刚度校核、截面设计和许用荷载的计算。

12.3 提高梁刚度的两种措施

(1)增大梁的弯曲刚度 EI。

(2)调整跨长和改变结构。

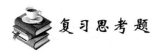

复习思考题

12.1 什么是挠度？什么是转角？

12.2 梁的挠曲线近似微分方程为什么不适用于大挠度情况？

12.3 在相关章节和本章里，曾运用叠加原理求梁的内力或变形，叠加原理适用的条件是什么？

12.4 试用积分法求题 12.4 图所示各梁的转角方程、挠度曲线方程及指定截面的转角和挠度。设梁的抗弯刚度为 EI。

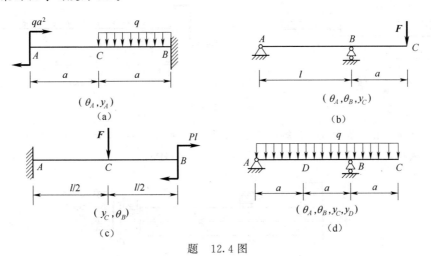

题 12.4 图

12.5 试用叠加法求题 12.5 图所示各梁的 y_A 和 θ_B。已知梁的抗弯刚度 EI。

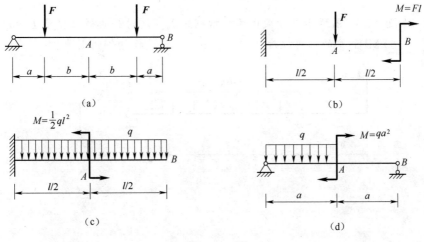

题 12.5 图

12.6　如题12.6图所示简支梁，中间CD段受均布荷载q作用，已知EI为常量。试用叠加法求梁中点H的挠度。

12.7　试用叠加法求题12.7图所示多跨梁的θ_B和y_C。已知EI为常量。

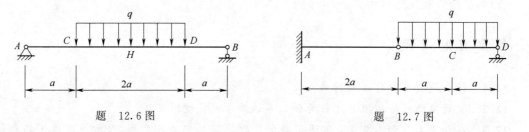

题　12.6图　　　　　　　　　　　题　12.7图

12.8　试用叠加法求题12.8图所示各梁C截面的挠度和转角。

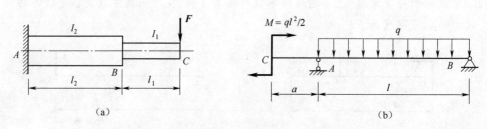

（a）　　　　　　　　　　　　　　（b）

题　12.8图

12.9　如题12.9图所示，已知一钢轴上的飞轮重力$F=20\ \text{kN}$，而轴承B处允许转角$[\theta]=0.5°$，试确定轴所需的直径d（弹性模量$E=200\ \text{GPa}$）。

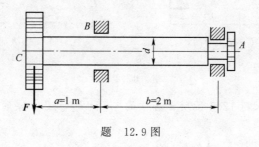

题　12.9图

12.10　如题12.10图所示外伸梁由两根槽钢组成。设材料的弹性模量$E=200\ \text{GPa}$，许用应力$[\sigma]=160\ \text{MPa}$，梁的许可挠度$[y]=5\ \text{mm}$。试选择槽钢的型号。

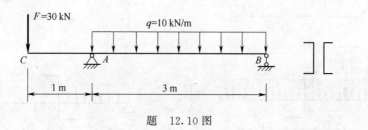

题　12.10图

13 应力状态分析·强度理论

本章描述

本章主要讲述构件内一点处不同方位截面上的应力变化规律,寻找构件破坏机理,给出相应的强度理论,以达到在工程中合理设计构件的目的。

教学目标

1. 知识目标
(1)掌握单元体和应力状态的概念,以及平面应力状态分析的解析法和图解法的计算;
(2)会运用广义胡克定律及常用的强度理论。
2. 能力目标
能够掌握平面应力状态和空间应力状态的应力变化规律,并会合理选用强度理论解决工程设计中强度计算的问题。
3. 素质目标
培养学生会应用理论知识解决实际工程问题的能力。

13.1 应力状态的概念

13.1.1 一点的应力状态概念

在前面几章中,在计算杆件内的应力时,一般都是取杆的横截面来研究的,并根据横截面上的最大应力建立相应的强度条件,即

$$\sigma_{\max} \leqslant [\sigma] , \qquad \tau_{\max} \leqslant [\tau]$$

但是,不同的材料,在不同的受力情况下,其破坏面并不都是发生在横截面上。例如,铸铁在轴向拉伸时其破坏面发生在横截面上,但在轴向压缩时,却是沿着大约 45°的斜截面破坏。又例如,当低碳钢构件在扭转受力时,破坏面发生在横截面上,如果是铸铁构件受扭,破坏面却发生在约 45°的螺旋面上。如果杆件受到几种基本变形的组合作用时,破坏面也不都是发生在横截面上。产生这些情况的原因说明了斜截面上的应力可能大于横截面上的应力,因此有必要对杆件内某一点应力情况有个全面的了解。一般来说,受力杆件内某点处不同方位截面上的应力的集合,称为该点的应力状态。本章主要研究一点处的应力状态。

13.1.2 主平面和主应力单元体概念

由于构件内的应力分布一般是不均匀的,所以在分析各个不同方向截面上的应力时,不宜截取构件的整个截面来研究,通常围绕一点取出一个无限小的正六面体——单元体来研究。

如图 13.1(a)所示,在杆件内任一点 A 处,取出单元体如图 13.1(b)所示,由于单元体的边长无限小,所以可认为单元体各面上的应力是均匀的,且在单元体内相互平行的截面上,应力都是相同的,同等于通过 A 点的平行面上的应力。所以这样的单元体的应力状态可以代表一点的应力状态。研究通过一点的不同截面上的应力变化情况,就是应力分析的内容。

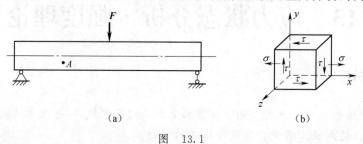

图　13.1

单元体上切应力为零的面称为主平面,主平面上的正应力称为主应力。根据切应力互等定理,当单元体上某个面切应力为零时,与之垂直的另两个面的切应力也同时为零,即三个主平面是相互垂直的。由此,对应的三个主应力也是相互垂直的。若单元体三个主应力中只有一个不等于零,称为单向应力状态。若三个主应力中有两个不等于零,称为二向或平面应力状态。当三个主应力皆不等于零时,称为三向或空间应力状态。单向应力状态也称为简单应力状态,二向和三向应力状态也统称为复杂应力状态。

13.2　平面应力状态分析

13.2.1　平面应力状态分析的解析法

平面应力状态的单元体及其平面图形分别如图 13.2(a)、(b)所示,在单元体上建立直角坐标系,让 x、y 轴的正向分别与两个互相垂直的平面的外法线的方向一致。这两个平面分别称为 x 平面和 y 平面。设 x 平面和 y 平面上的应力分别为 σ_x、τ_x 和 σ_y、τ_y。设任一斜截面 ef 的外法线 n 与 x 轴的夹角为 α,该斜截面也称为 α 截面。现在用截面法求单元体上任一斜截面 ef 上的应力。

在以下的计算中,规定从 x 轴正向到外法线 n 为逆时针转向时,角 α 为正,反之为负。应力的符号规定与以前相同,即对正应力,规定拉应力为正,压应力为负;对于切应力,规定其对单元体内任一点的矩为顺时针转动方向时为正,反之为负。图 13.2(c)中的 σ_x、τ_x 和 σ_y、σ_α、τ_α 均为正值,τ_y 为负值。

用 α 截面将单元体截开,取左边部分 ebf 为研究对象,α 截面上的应力用 σ_α、τ_α 来表示,如图 13.2(c)所示。设斜截面 ef 的面积为 $\mathrm{d}A$,则 eb 面积为 $\mathrm{d}A\cos\alpha$,bf 面的面积为 $\mathrm{d}A\sin\alpha$。将作用于楔形体上所有的力分别向 n 和 t 轴投影,如图 13.2(d)所示,列出平衡方程:

$$\sum n = 0$$

$$\sigma_\alpha \mathrm{d}A + (\tau_x \mathrm{d}A\cos\alpha)\sin\alpha - (\sigma_x \mathrm{d}A\cos\alpha)\cos\alpha + (\tau_y \mathrm{d}A\sin\alpha)\cos\alpha - (\sigma_y \mathrm{d}A\sin\alpha)\sin\alpha = 0$$

$$\sum t = 0$$

$$\tau_\alpha \mathrm{d}A - (\tau_x \mathrm{d}A\cos\alpha)\cos\alpha - (\sigma_x \mathrm{d}A\cos\alpha)\sin\alpha + (\tau_y \mathrm{d}A\sin\alpha)\sin\alpha + (\sigma_y \mathrm{d}A\sin\alpha)\cos\alpha = 0$$

利用三角函数关系,将上面的式子整理后,可以得到任意斜截面上正应力 σ_α 和切应力 τ_α 的计算公式为

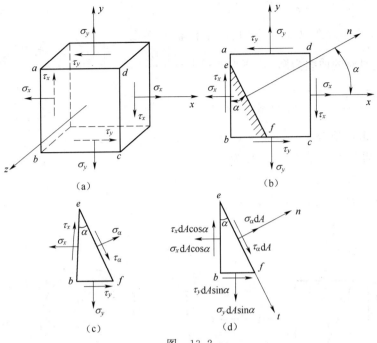

图 13.2

$$\sigma_\alpha = \frac{\sigma_x + \sigma_y}{2} + \frac{\sigma_x - \sigma_y}{2}\cos2\alpha - \tau_x\sin2\alpha \qquad (13.1)$$

$$\tau_\alpha = \frac{\sigma_x - \sigma_y}{2}\sin2\alpha + \tau_x\cos2\alpha \qquad (13.2)$$

【例 13.1】 受力构件内某一点的单元体如图 13.3 所示,应力单位为 MPa。求图示斜截面 ef 上的应力。

【解】 ef 面外法线与 x 轴的夹角 $\alpha = 30°$,
$\sigma_x = -20$ MPa,$\tau_x = -50$ MPa,$\sigma_y = 40$ MPa。将已知应力代入式(13.1)和式(13.2),得

$$\sigma_{30°} = \frac{-20 + 40}{2} + \frac{-20 - 40}{2}\cos(2 \times 30°) -$$

$$(-50)\sin(2 \times 30°) = 38.3(\text{MPa})$$

$$\tau_{30°} = \frac{-20 - 40}{2}\sin(2 \times 30°) + (-50)\cos(2 \times 30°)$$

$$= -51(\text{MPa})$$

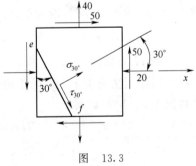

图 13.3

13.2.2 平面应力状态分析的图解法

在上节对平面应力状态分析的解析法中,已知单元体的 σ_x、σ_y 和 τ_x、τ_y,可由解析法计算出任一斜面上的应力 σ_α 和 τ_α,下面将用图解的方式来描述单元体上的应力情况。

将式(13.1)改写为

$$\sigma_\alpha - \frac{\sigma_x + \sigma_y}{2} = \frac{\sigma_x - \sigma_y}{2}\cos2\alpha - \tau_x\sin2\alpha \qquad (13.3)$$

将式(13.2)和式(13.3)两边平方后相加得

$$\left(\sigma_\alpha - \frac{\sigma_x + \sigma_y}{2}\right)^2 + \tau_\alpha^2 = \left(\frac{\sigma_x - \sigma_y}{2}\right)^2 + \tau_x^2 \quad (13.4)$$

从式（13.4）可以看出，在以 σ、τ 为横、纵坐标轴的平面内，式（13.4）所对应的曲线为圆，其圆心坐标为（$\frac{\sigma_x + \sigma_y}{2}$，

0），半径为 $\sqrt{\left(\frac{\sigma_x - \sigma_y}{2}\right)^2 + \tau_x^2}$，如图 13.4 所示，而圆周上

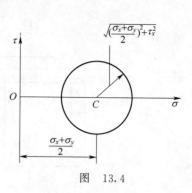

图 13.4

任一点的横、纵坐标值分别代表单元体相应截面上的正应力和切应力，此圆称为应力圆，也称为莫尔圆。

下面根据已知应力 σ_x、σ_y 和 τ_x、τ_y [图 13.5（a）]，做出相应的应力圆，如图 13.5（b）所示。

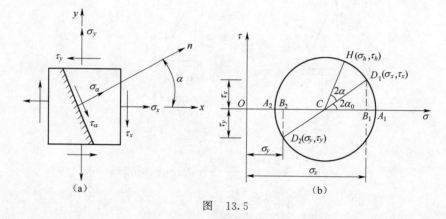

图 13.5

在 $\sigma - \tau$ 直角坐标系内，选取适当比例，量取 $OB_1 = \sigma_x$，$B_1 D_1 = \tau_x$，得点 $D_1(\sigma_x, \tau_x)$，量 $OB_2 = \sigma_y$，$B_2 D_2 = \tau_y$，得点 D_2 点 (σ_y, τ_y)，连接 $D_1 D_2$ 两点，$D_1 D_2$ 与 σ 轴相交于点 C，以 C 为圆心，CD_1 为半径作圆，即为单元体所对应的应力圆。

应力圆确定后，若欲求 α 面应力，则只需将应力圆的半径 $\overline{CD_1}$ 沿逆时针方向旋转 2α 角到 $\overline{CH}$ 处，得到 H 点的横坐标 σ_H 和纵坐标 τ_H，便是 α 面上的正应力 σ_α 和切应力 τ_α。

以上用作图法所求 σ_α、τ_α 的正确性可证明如下：

由图 13.5（b）可以看出

$$\begin{aligned}
\sigma_H &= \overline{OC} + \overline{CH}\cos(2\alpha_0 + 2\alpha) = \overline{OC} + \overline{CD_1}\cos(2\alpha_0 + 2\alpha) \\
&= \overline{OC} + \overline{CD_1}\cos 2\alpha_0 \cos 2\alpha - \overline{CD_1}\sin 2\alpha_0 \sin 2\alpha \\
&= \frac{\sigma_x + \sigma_y}{2} + \frac{\sigma_x - \sigma_y}{2}\cos 2\alpha - \tau_x \sin 2\alpha
\end{aligned}$$
$$(13.5)$$

$$\begin{aligned}
\tau_H &= \overline{CH}\sin(2\alpha_0 + 2\alpha) = \overline{CD_1}\sin(2\alpha_0 + 2\alpha) \\
&= \overline{CD_1}\sin 2\alpha_0 \cos 2\alpha + \overline{CD_1}\cos 2\alpha_0 \sin 2\alpha \\
&= \tau_x \cos 2\alpha + \frac{\sigma_x - \sigma_y}{2}\sin 2\alpha
\end{aligned}$$
$$(13.6)$$

将式（13.5）、式（13.6）和式（13.1）、式（13.2）比较，可见：

$$\sigma_H = \sigma_\alpha, \qquad \tau_H = \tau_\alpha$$

即 H 点的横坐标和纵坐标分别等于 α 面的正应力和切应力。

由此可见,应力圆上各点与单元体上的面存在一一对应关系,其对应原则为:基准一致,点面对应,转角两倍,转向相同。根据这种对应关系,只要单元体 x、y 面上的应力已知(σ_x、σ_y、τ_x、τ_y),即可作出应力圆,于是可以很方便地确定任一 α 面的应力 σ_α、τ_α。

【例 13.2】 如图 13.6 所示单元体上的应力均为已知,应力单位为 MPa。求斜截面 ef 上的应力。

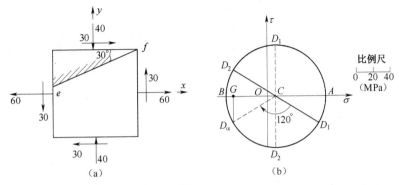

图 13.6

【解】 按选定的比例尺,在 $\sigma-\tau$ 坐标系上由 $\sigma_x=60$ MPa 和 $\tau_x=-30$ MPa 定出 D_1 点。由 $\sigma_y=-40$ MPa 和 $\tau_y=30$ MPa 定出 D_2 点。连结 D_1、D_2 交 σ 轴于 C 点,以 C 为圆心,CD_1 为半径作应力圆,如图 13.6(b)所示。

斜截面 ef 的方位角 $\alpha=-60°$,故在应力圆上由 D_1 点按顺时针转向沿圆周量取 120°圆心角,得到 D_α 点,则 D_α 点的横、纵坐标即为 ef 面上的正应力和剪应力。按所用的比例尺从应力圆上量得:

$$\sigma_{-60°}=-\overline{OG}=-41 \text{ MPa}$$

$$\tau_{-60°}=-\overline{D_\alpha G}=-28 \text{ MPa}$$

13.2.3 主应力和主应力方位

利用应力圆还可以确定主应力的数值和方位,如图 13.7(b)所示,应力圆上的点 A_1、A_2 分别是横坐标轴上的最大值和最小值(此处切应力值为零),该两点即代表主平面上的主应力,主应力公式为:

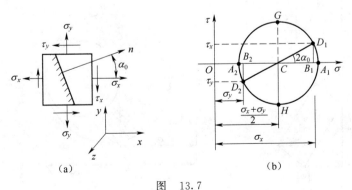

图 13.7

$$\overline{OA_1}=\overline{OC}+\overline{CA_1}=\overline{OC}+\sqrt{\overline{CB_1}^2+\overline{B_1D_1}^2}=\sigma_1=\frac{\sigma_x+\sigma_y}{2}+\sqrt{\left(\frac{\sigma_x-\sigma_y}{2}\right)^2+\tau_x^2} \quad (13.7)$$

$$\overline{OA_2} = \overline{OC} - \overline{CA_2} = \overline{OC} - \sqrt{\overline{CB_2}^2 + \overline{B_2D_2}^2} = \sigma_3 = \frac{\sigma_x + \sigma_y}{2} - \sqrt{\left(\frac{\sigma_x - \sigma_y}{2}\right)^2 + \tau_x^2} \quad (13.8)$$

主平面的方位由应力圆上的点 D_1 转到点 A_1, D_1A_1 所对应的圆心角为 $2\alpha_0$(设 α_0 顺时针转向为负)。因为

$$\tan 2\alpha_0 = -\frac{\overline{D_1B_1}}{\overline{CB_1}} = -\frac{2\tau_x}{\sigma_x - \sigma_y} \quad (13.9)$$

如图 13.7(a)所示,在单元体上从 x 面的法线顺时针转 α_0 即为主平面方位。

从图 13.7(b)中可以看出,应力圆上存在 G、H 两个极值点,由此得单元体在平行于 z 轴的截面中最大和最小切应力分别为

$$\tau_{\max} = \tau_G = \frac{1}{2}(\sigma_{\max} - \sigma_{\min}) = \sqrt{\left(\frac{\sigma_x - \sigma_y}{2}\right)^2 + \tau_x^2} \quad (13.10)$$

$$\tau_{\min} = \tau_H = -\sqrt{\left(\frac{\sigma_x - \sigma_y}{2}\right)^2 + \tau_x^2} \quad (13.11)$$

它们所在截面也相互垂直,且与最大和最小正应力所在面方向相差 $45°$。

13.3　空间应力状态分析简介

当一点处的三个主应力都不等于零时,称该点处的应力状态为空间应力状态(三向应力状态)。

设单元体上的三个主应力 σ_1、σ_2、σ_3 已知,如图 13.8(a)所示,讨论与 σ_3 平行,即与 σ_3 所在主平面垂直的斜截面上的应力。

根据截面法,设想用平行于 σ_3 的任意斜截面将单元体截开,研究左边楔形体的平衡。如图 13.8(a)中所示垂直于主应力 σ_3 所在平面的斜截面,其上的应力由图 13.8(b)所示分离体可知,它们与 σ_3 无关,因而显示这类斜截面上应力的点必落在以 σ_1 和 σ_2 作出的应力圆上,如

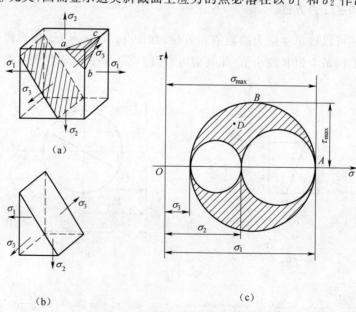

图　13.8

图 13.8(c)所示。

同理,显示与 σ_2(或 σ_1)所在主平面垂直的那类斜截面上应力的点必落在以 σ_1 和 σ_3(或 σ_2 和 σ_3)作出的应力圆上。

进一步的研究证明,表示与三个主平面均斜交的任意斜截面[图(a)中的截面]上应力的点 D 必位于如图 13.8(c)所示以主应力作出的三个应力圆所围成的阴影范围内。

据此可知,受力物体内一点处代数值最大的正应力 $\sigma_{\max}$ 就是主应力 σ_1,而最小正应力 $\sigma_{\min}$ 就是主应力 σ_3。

最大切应力为

$$\tau_{\max} = \frac{1}{2}(\sigma_1 - \sigma_3) \tag{13.12}$$

并位于与 σ_1 和 σ_3 均成 45°的截面内。

上述结论同样适用于单向和二向应力状态。

13.4 梁的主应力迹线·广义胡克定律

13.4.1 梁的主应力

设图 13.9(a)所示矩形截面梁 $m-m$ 截面上的剪力 $F_Q > 0$,弯矩 $M > 0$,可以求出 $m-m$ 截面上五个点的正应力和剪应力,这五个点的单元体图示于图 13.9(b)中。其中 1、5 两点在梁的上下边缘处,单元体上只有正应力,而无切应力,该正应力即为主应力。3 点在中性轴上,其单元体上只有剪应力而无正应力,是平面应力状态中的纯剪切应力状态。而 2、4 两点处的单元体上既有正应力又有切应力,属一般的平面应力状态。可用解析法(或图解法)求出它们的主应力与主平面。$m-m$ 截面五个点处主应力状态的单元体图如图 13.9(c)所示。对于 2、3、4 这一类的点,由于忽略梁各层纤维间的挤压力,即 $\sigma_y = 0$,由式(13.8)和式(13.9)可得这些点的主应力为:

$$\begin{cases} \sigma_1 = \dfrac{\sigma}{2} + \dfrac{1}{2}\sqrt{\sigma^2 + 4\tau^2} \\[2mm] \sigma_3 = \dfrac{\sigma}{2} - \dfrac{1}{2}\sqrt{\sigma^2 + 4\tau^2} \end{cases} \tag{13.13}$$

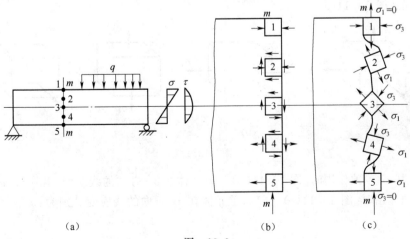

图 13.9

式中第二项的绝对值必大于第一项，即两个主应力中必有一个是主拉应力，另一个是主压应力，两者的方向互相垂直。

13.4.2　主应力迹线

纵观全梁，各点处均有由正交的主拉应力和主压应力构成的主应力状态，在全梁内形成主应力场。为了能直观地表示梁内各点主应力的方向，可以用两组互为正交的曲线描述主应力场。其中一组曲线上每一点的切线方向是该点处主拉应力方向；而另一组曲线上每一点的切线方向是该点处主压应力方向。这两组曲线称为主应力迹线，前者为主拉应力迹线，后者为主压应力迹线。受均布荷载作用的简支梁的主应力迹线如图 13.10(a)所示。实线为主拉应力迹线，虚线为主压应力迹线。

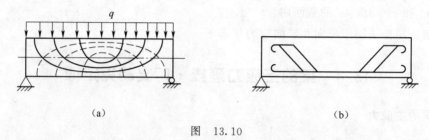

(a)　　　　　　　　　　　　(b)

图　13.10

梁的主应力迹线在工程设计中是非常有用的，例如在钢筋混凝土梁的设计中，可以根据主拉应力的方向判断可能产生裂缝的方向，从而合理地布置钢筋。矩形截面钢筋混凝土梁中主要受力钢筋的布置如图 13.10(b)所示。

13.4.3　广义胡克定律

在研究单向拉伸与压缩时，已经知道了当正应力未超过比例极限时，正应力与线应变成线性关系，即

$$\sigma = E\varepsilon \tag{13.14}$$

本节研究在三向应力状态下，应力与应变之间的关系。现取一个主应力单元体为研究对象，如图 13.11 所示，单元体沿 σ_1、σ_2、σ_3 方位产生的线应变分别为 ε_1、ε_2、ε_3。由于三个主应力均在比例极限内，可以利用叠加原理，认为三向应力状态单元体是由三个单向应力状态单元体叠加而成的[图 13.11(a)]。

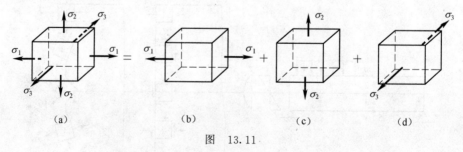

(a)　　　　　　(b)　　　　　　(c)　　　　　　(d)

图　13.11

在主应力 σ_1 单独作用时[图 13.11(b)]，单元体在 σ_1 方向的线应变 $\varepsilon_{11} = \sigma_1/E$，在主应力 σ_2 和 σ_3 单独作用时[图 13.11(c)、(d)]，单元体在 σ_1 方向的线应变分别为：

$$\varepsilon_{12} = -\mu\frac{\sigma_2}{E}, \qquad \varepsilon_{13} = -\mu\frac{\sigma_3}{E}$$

在 σ_1、σ_2、σ_3 共同作用下,单元体在 σ_1 方向的线应变为:

$$\varepsilon_1 = \varepsilon_{11} + \varepsilon_{12} + \varepsilon_{13} = \frac{1}{E}[\sigma_1 - \mu(\sigma_2 + \sigma_3)]$$

同理,可得 ε_2 和 ε_3,经整理后即得

$$\left.\begin{array}{l} \varepsilon_1 = \dfrac{1}{E}[\sigma_1 - \mu(\sigma_2 + \sigma_3)] \\[2mm] \varepsilon_2 = \dfrac{1}{E}[\sigma_2 - \mu(\sigma_1 + \sigma_3)] \\[2mm] \varepsilon_3 = \dfrac{1}{E}[\sigma_3 - \mu(\sigma_1 + \sigma_2)] \end{array}\right\} \tag{13.15}$$

这就是三向应力状态时的广义胡克定律,ε_1、ε_2、ε_3 分别与主应力 σ_1、σ_2、σ_3 的方向一致,称为一点处的主应变。三个主应变按代数值的大小排列,$\varepsilon_1 \geqslant \varepsilon_2 \geqslant \varepsilon_3$。其中,$\varepsilon_1$ 和 ε_3 分别是该点处沿各方向线应变的最大值和最小值,即 $\varepsilon_1 = \varepsilon_{\max}$,$\varepsilon_3 = \varepsilon_{\min}$。

当应力单元体的各表面上既有正应力,又有切应力时,由于对各向同性材料,在小变形情况下,线应变只与正应力有关,而与切应力无关,故沿正应力 σ_x、σ_y、σ_z 方向的线应变 ε_x、ε_y、ε_z 与 σ_x、σ_y、σ_z 的关系可用公式(13.15)来表达,即只需将该公式中各应力、应变字符的下标 1、2、3 分别改为 x、y、z 即可。

13.5 强度理论及其简单应用

13.5.1 强度理论的概念

本书前几章在有关各基本变形强度的分析中,建立了相应的强度条件,它们总的可写成

$$\sigma_{\max} \leqslant [\sigma], \qquad \tau_{\max} \leqslant [\tau]$$

式中的许用应力是从试验测得的极限应力除以安全因数而得到的。这种建立强度条件的方法,对处于单向拉(压)和纯剪切应力状态时是可行的,但对于复杂应力状态的情况不再适用。因为在复杂应力状态下三个主应力值的组合有多种情况,要对每一种组合都用试验的方法来确定极限应力,是不切实际的。所以,如何建立材料在复杂应力状态下的强度条件,是工程中的一个重要问题。

在工程实际中,大多数受力构件都处于复杂应力状态下。如果从主应力来考虑,一般情况下三个主应力 σ_1、σ_2、σ_3 之间可能有各种比值。实际上很难用试验方法来测出各种主应力比例下材料的极限应力。因此,人们希望找到一种方法,可以由简单应力状态下试验所得到的材料极限应力,建立复杂应力状态下的强度条件,从而解决其强度问题。

为了解决这个问题,人们从对破坏现象的分析着手,研究材料的破坏规律,寻找引起材料破坏的原因,研究复杂应力状态下的强度问题。

综合分析材料破坏的现象,在静荷载下,材料的破坏现象有所不同,但破坏形式有两种:

(1)塑性屈服或变形。材料破坏前产生明显的变形,并且变形中大部分是塑性变形,破坏断面较光滑,且多发生在最大切应力面上。

(2)脆性断裂。材料在没有明显变形时就突然断裂,断面较粗糙,且多发生在垂直于最大正应力的截面上。

通过对材料在各种情况下的破坏现象观察,对强度破坏提出了各种不同的假说。各种假说尽管各有差异,但人们都认为:材料之所以按某种方式破坏(屈服或断裂),是由于应力、应变

等诸因素中的某一因素引起的。按照这类假说，无论单向应力状态还是复杂应力状态，造成破坏原因是相同的，即引起破坏的因素是相同的。强度理论就是关于材料破坏现象主要原因的假设。即认为不论是简单应力状态还是复杂应力状态，材料某一类型的破坏是由于某一种因素引起的。据此，可以利用简单应力状态的试验结果，来建立复杂应力状态的强度条件，我们称其为强度理论。

13.5.2 常用的四个强度理论

1. 第一强度理论——最大拉应力理论

这一理论认为破坏主因是最大拉应力。不论复杂、简单的应力状态，只要最大拉应力 σ_1 达到单向拉伸时的强度极限 σ_b，即断裂。

破坏条件：
$$\sigma_1 = \sigma_b$$

强度条件：
$$\sigma_1 \leqslant [\sigma]$$

试验证明，该强度理论较好地解释了脆性材料（石料、铸铁等材料）沿最大拉应力所在截面发生断裂的现象；而对于单向受压或三向受压等没有拉应力的情况则不适合，未考虑其他两主应力对材料断裂破坏的影响。

2. 第二强度理论——最大拉应变理论

这一理论认为破坏主因是最大拉应变。不论复杂、简单的应力状态，只要最大拉应变 ε_1 达到单向拉伸时的极限值 ε_{jx}，即断裂。

脆断破坏条件：

$$\varepsilon_1 = \varepsilon_{jx} = \frac{\sigma_b}{E}$$

$$\varepsilon_1 = \frac{1}{E}[\sigma_1 - \mu(\sigma_2 + \sigma_3)]$$

或
$$\sigma_1 - \mu(\sigma_2 + \sigma_3) = [\sigma_b]$$

强度条件：
$$\sigma_1 - \mu(\sigma_2 + \sigma_3) \leqslant [\sigma]$$

试验证明，该强度理论较好地解释了石料、混凝土等脆性材料受轴向拉伸时沿横截面发生断裂的现象。但是，其试验结果只与很少的材料吻合，因此已经很少使用。

3. 第三强度理论——最大切应力理论

这一理论认为破坏主因是最大切应力。不论复杂、简单的应力状态，只要最大切应力 τ_{max} 达到单向拉伸时的极限切应力值 τ_{jx}，即屈服。

最大切应力：

$$\tau_{max} = \tau_{jx}$$

$$\tau_{max} = \frac{\sigma_1 - \sigma_3}{2}$$

$$\tau_{jx} = \frac{\sigma_s}{2}$$

破坏条件：
$$\sigma_1 - \sigma_3 = \sigma_s$$

强度条件：
$$\sigma_1 - \sigma_3 \leqslant [\sigma]$$

试验证明,这一理论可以较好地解释塑性材料出现塑性变形的现象。但是,由于没有考虑σ_2的影响,故按这一理论设计的构件偏于安全。

4. 第四强度理论——形状改变比能理论

弹性体在外力作用下发生变形,荷载作用点随之产生位移。因此在弹性体变形过程中,荷载在相应位移上做功。根据能量守恒定律可知,若所加外力是静荷载,则荷载做的功全部转化为积蓄在弹性体内部的能量,称之为弹性变形能。处在应力作用下的单元体,其形状和体积一般均发生改变,故变形能又可分解成为体积改变能和形状改变能,而单位体积内的形状改变能称为形状改变比能。

形状改变比能理论认为:引起材料发生塑性屈服破坏的主要因素是形状改变比能。无论材料处于何种应力状态,只要构件内危险点处的形状改变比能达到材料在单向拉伸时发生塑性屈服的极限形状改变比能,该点处的材料就会发生塑性屈服破坏。

可以证明,根据这一理论建立的强度条件为

$$\sqrt{\frac{1}{2}\left[(\sigma_1-\sigma_2)^2+(\sigma_2-\sigma_3)^2+(\sigma_3-\sigma_1)^2\right]} \leqslant [\sigma]$$

这一理论较全面地考虑了各主应力对强度的影响。对塑性材料,此理论比第三强度理论更符合试验结果,在工程中得到了广泛应用。

综合四个强度理论,可写为统一形式:

$$\sigma_{xd} \leqslant [\sigma]$$

式中σ_{xd}为相当应力,则各个强度理论的相当应力为

$$\sigma_{xd1}=\sigma_1, \qquad \sigma_{xd2}=\sigma_1-\mu(\sigma_2+\sigma_3)$$

$$\sigma_{xd3}=\sigma_1-\sigma_3, \qquad \sigma_{xd4}=\sqrt{\frac{1}{2}\left[(\sigma_1-\sigma_2)^2+(\sigma_2-\sigma_3)^2+(\sigma_3-\sigma_1)^2\right]}$$

13.5.3 强度理论的运用

一般情况而言,对于脆性材料,如混凝土、石料、铸铁等,通常发生脆性断裂破坏;对于塑性材料,如碳钢、铜、铝等,通常发生塑性屈服破坏。但应力状态对材料的破坏形式有很大影响。例如,低碳钢在单向拉伸时会发生明显的屈服现象,而用低碳钢制成的丝杆承受拉伸时,其螺纹根部由于应力集中处于三向拉伸的应力状态,故而发生脆性断裂破坏,且断口平齐,与铸铁拉伸试件的断口相仿。又如,淬火钢球压在铸铁板上时,铸铁板上会出现明显的塑性凹坑,这是因为接触点附近的铸铁材料处于三向压缩的应力状态,尽管铸铁是脆性材料,但在该种情况下也会发生塑性变形。

由以上分析,可得到如下选择强度理论的一般性原则:

(1)对于混凝土、石料、铸铁等脆性材料,通常发生脆性断裂破坏,宜采用最大拉应力理论、最大拉应变理论。

(2)对于碳钢、铜、铝等塑性材料,通常发生塑性屈服破坏,宜采用最大切应力理论或形状改变比能理论。最大切应力理论的算式简单,计算结果偏于安全;但形状改变比能理论更符合实际。

(3)在三向拉伸应力状态下,不论是脆性材料还是塑性材料,通常发生脆性断裂破坏,宜采用最大拉应力理论。

(4)在三向压缩应力状态下,不论塑性材料还是脆性材料,通常发生塑性屈服破坏,宜采用

最大切应力理论或形状改变比能理论。

应该指出，在不同的情况下究竟如何选用强度理论，这并不单纯是个力学问题，而与有关工程部门长期积累的经验，以及根据这些经验制定的一整套计算方法和规定的许用应力数值都有关系。所以在不同的工程技术部门中，对于在不同情况下如何选用强度理论的问题看法上并不完全一致。

【例 13.3】 某钢结构危险点的应力状态如图 13.12 所示，其中 $\sigma_x = 120$ MPa，$\tau_x = 60$ MPa。材料为钢材，许用应力 $[\sigma] = 170$ MPa，试校核此结构是否安全。

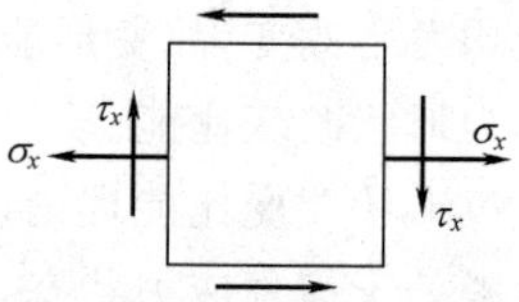

【解】 主应力为

$$\sigma_1 = \frac{\sigma_x}{2} + \frac{1}{2}\sqrt{\sigma_x^2 + 4\tau_x^2}$$

$$\sigma_2 = 0$$

$$\sigma_3 = \frac{\sigma_x}{2} - \frac{1}{2}\sqrt{\sigma_x^2 + 4\tau_x^2}$$

图　13.12

因为材料为钢，故可采用第三和第四强度理论作强度计算。两种理论的相当应力分别为

$$\sigma_{xd3} = \sigma_1 - \sigma_3 = \sqrt{\sigma^2 + 4\tau^2} = 169.7 \text{(MPa)}$$

$$\sigma_{xd4} = \sqrt{\frac{1}{2}\left[(\sigma_1 - \sigma_2)^2 + (\sigma_2 - \sigma_3)^2 + (\sigma_3 - \sigma_1)^2\right]} = \sqrt{\sigma^2 + 3\tau^2} = 158.7 \text{(MPa)}$$

两者均小于 $[\sigma] = 170$ MPa。可见，无论采用第三或是第四强度理论进行强度校核，该结构都是安全的。

本章小结

13.1　一点的应力状态

在一般受力情况下，构件内各点处的应力一般是不相同的，即使是同一点，不同截面上的应力一般也是不同的。所谓"一点的应力状态"就是指过一点各个方位截面上应力的变化规律。为了研究受力构件内一点处的应力状态，可围绕该点取出一个边长为微分量的正六面体——单元体，并分析单元体六个面上的应力。如果知道了单元体的三对相互垂直平面上的应力，其它任意截面上的应力都可以通过截面法求得，则该点处的应力状态就可以确定了。因此，可用单元体的三个互相垂直平面上的应力来表示一点处的应力状态。

13.2　平面应力状态问题

当有一个主应力为零时，此单元体就成为平面应力状态。一般已知单元体上相互垂直的两个平面上的应力，根据解析法公式可以求任意斜截面上的应力。

$$\sigma_\alpha = \frac{\sigma_x + \sigma_y}{2} + \frac{\sigma_x - \sigma_y}{2}\cos 2\alpha - \tau_x \sin 2\alpha$$

$$\tau_\alpha = \frac{\sigma_x - \sigma_y}{2}\sin 2\alpha + \tau_x \cos 2\alpha$$

也可以利用应力圆来求任意斜截面上的应力，只要根据 x、y 面的应力作出应力圆，再根据点面对应关系，在应力圆上确定所求截面的点，然后根据该点的坐标值即可计算出该斜面上的应力。利用解析法和图解法也可计算出主应力、主切应力，并确定主平面位置。

主应力：

$$\sigma_1 = \frac{\sigma_x + \sigma_y}{2} + \sqrt{\left(\frac{\sigma_x - \sigma_y}{2}\right)^2 + \tau_x^2}$$

$$\sigma_3 = \frac{\sigma_x + \sigma_y}{2} - \sqrt{\left(\frac{\sigma_x - \sigma_y}{2}\right)^2 + \tau_x^2}$$

切应力：

$$\tau_{max} = \sqrt{\left(\frac{\sigma_x - \sigma_y}{2}\right)^2 + \tau_x^2}$$

$$\tau_{min} = -\sqrt{\left(\frac{\sigma_x - \sigma_y}{2}\right)^2 + \tau_x^2}$$

主应力 σ_1 和 σ_3 分别是构件中某点处的最大正应力和最小正应力。在该点其他任何方位的截面上的正应力数值一定都在 σ_1 和 σ_3 之间。

13.3 广义胡克定律

广义胡克定律建立了单元体中应力与应变之间的关系,利用这种关系,可以通过应力求应变,也可以通过应变求应力。

13.4 常用的 4 种强度理论及相当应力

$$\sigma_{xd1} = \sigma_1, \qquad \sigma_{xd2} = \sigma_1 - \mu(\sigma_2 + \sigma_3)$$

$$\sigma_{xd3} = \sigma_1 - \sigma_3, \sigma_{xd4} = \sqrt{\frac{1}{2}\left[(\sigma_1 - \sigma_2)^2 + (\sigma_2 - \sigma_3)^2 + (\sigma_3 - \sigma_1)^2\right]}$$

13.5 强度理论的适用范围

不仅取决于材料的性质,而且还与危险点处的应力状态有关。一般情况下,脆性材料选用关于脆断的强度理论,塑性材料选用关于屈服的强度理论。材料的破坏形式还与应力状态有关。例如,无论是塑性或脆性材料,在三向拉应力情况下将以断裂形式破坏,此时宜采用最大拉应力理论。在三向压应力情况下将发生塑性变形,此时宜采用第三或第四强度理论。

 复习思考题

13.1 何谓一点的应力状态? 为何要研究一点的应力状态?

13.2 什么叫主平面和主应力? 主应力和正应力有什么区别?

13.3 平面应力状态的单元体与相应的应力圆有哪些对应关系?

13.4 平面和空间应力状态中,最大切应力发生在哪些平面? 最大切应力数值与主应力关系如何?

13.5 二向应力状态的最大切应力按什么公式计算? 利用二向应力状态的应力圆可以求出最大切应力,它是单元体真正的最大切应力吗?

13.6 受力杆件内的某点处若在一个方向上的线应变为零,那么该点处沿这个方向上的正应力为零;若沿某个方向上的正应力为零,那么该点处在这个方向上的线应变为零。这种说法对吗? 为什么。

13.7 脆性材料的破坏一定是脆性断裂,塑性材料的破坏一定是塑性屈服,对吗?

13.8 工程常用的强度理论有几个? 指出它们的应用范围。

13.9 直径 $d = 25$ mm 的拉伸试件,当与杆轴线成 $45°$ 的斜截面上的切应力 $\tau = 150$ MPa 时,试件所受拉力 F 为多少?

13.10　应力单元体分别如题 13.10 图所示。试求指定截面上的应力，并标注在单元体上。

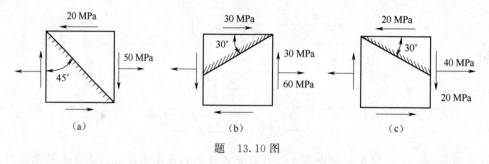

题　13.10 图

13.11　已知如题 13.11 图所示各单元体的应力状态（应力单位为 MPa），试求：

(1)主应力之值及其方向，并画在单元体上；

(2)最大切应力之值。

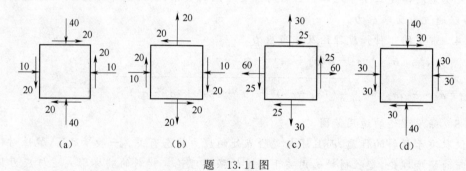

题　13.11 图

13.12　试求题 13.12 图所示各应力状态的主应力和最大切应力（应力单位为 MPa）。

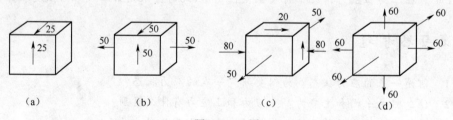

题　13.12 图

13.13　一圆轴受力如题 13.13 图所示，已知固定端截面上最大弯曲应力为 40 MPa，最大扭转切应力为 30 MPa，不考虑剪力引起的切应力。

(1)试用单元体表示 A、B、C、D 点的应力状态。

(2)求 A 点的主应力和最大切应力。

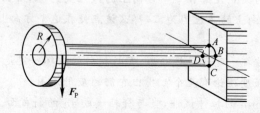

题　13.13 图

13.14　试用应力圆求题13.14图示各单元体指定斜截面上的应力及正应力极值(图中应力单位为 MPa)。

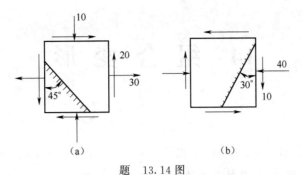

（a）　　　　　　　　　（b）

题　13.14 图

13.15　如题 13.15 图所示钢制圆筒形薄壁容器,内径为 800 mm,壁厚 $t=4$ mm, $[\sigma]=$ 120 MPa。试用第三和第四强度理论确定允许承受的内压强 p。

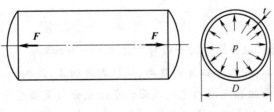

题　13.15 图

14 组合变形

本章描述

本章阐述了组合变形的概念,介绍了几种常见组合变形的分析思路,及各种组合变形的危险截面、危险点的应力分析、强度计算方法等。

教学目标

1. 知识目标

(1)组合变形的概念及组合变形的一般计算方法——叠加法;

(2)斜弯曲的应力计算、中性轴位置的确定、危险点的确立、强度计算、变形计算;

(3)拉伸(压缩)和弯曲组合变形的危险截面和危险点分析及强度计算;

(4)偏心拉伸(压缩)组合变形的危险截面和危险点分析、应力计算、强度计算;

(5)截面核心的概念和计算。

2. 能力目标

通过学习本章,掌握组合变形问题的强度分析计算思路,能剖析出组合变形中的基本变形,能够解决简单的组合变形强度计算问题。

3. 素质目标

养成严谨求实的科学作风。

相关案例——工程中的组合变形

组合变形的工程实例是很多的,例如图 14.1(a)所示屋架上檩条的变形,是由 y、z 二方向的平面弯曲变形所组合成的斜弯曲;图 14.1(b)表示一悬臂吊车,当在横梁 AB 跨中的任一点处起吊重物时,梁 AB 中不仅有弯矩作用,而且还有轴向压力作用,从而使梁处在压缩和弯曲的组合变形情况下;图 14.1(c)所示的空心桥墩(或渡槽支墩),图 14.1(d)所示的厂房支柱,在偏心力作用下,也都会发生压缩和弯曲的组合变形;图 14.1(e)所示的卷扬机机轴,在力 F 作用下,则会发生弯曲和扭转的组合变形。本章重点讨论常见组合变形的强度问题。

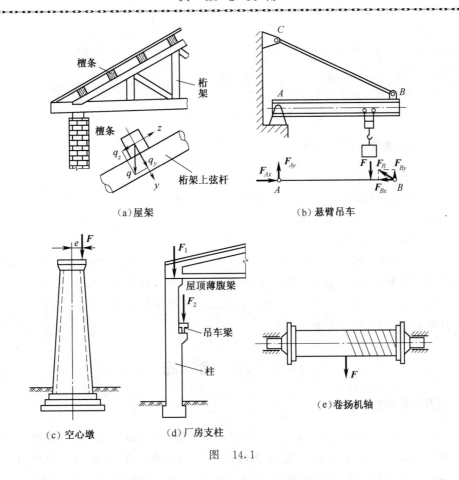

（a）屋架　　　　　　　（b）悬臂吊车

（c）空心墩　　　（d）厂房支柱

（e）卷扬机轴

图 14.1

14.1　组合变形的概念

14.1.1　组合变形的概念

前面各章已研究了轴向拉伸（压缩）、剪切、扭转、平面弯曲等几种基本变形形式的应力及强度计算。但在实际工程中不少构件在荷载作用下产生的变形往往是两种或两种以上基本变形形式的组合。例如，图 14.2（a）所示的桥墩，除自重引起的轴向压缩外，还有因水平方向的风力、列车制动力引起的弯曲。当梁传来的竖直荷载的合力不通过桥墩截面的形心时，也会引起轴向压缩变形和弯曲变形。图 14.2（b）所示的挡土墙，竖直荷载 G 不通过基础截面的形心时，除引起轴向压缩外，还产生弯曲，同时水平方向的土压力也使挡土墙产生弯曲。上述这些构件在荷载作用下，同时产生两种或两种以上基本变形形式的情况，通常称为组合变形。

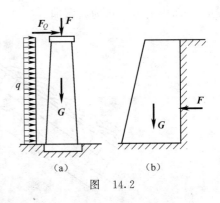

（a）　　　　　（b）

图 14.2

14.1.2　工程中常见的组合变形

工程中常见的组合变形有以下几种：

(1)斜弯曲;

(2)拉伸(或压缩)与弯曲的组合;

(3)偏心压缩;

(4)弯曲与扭转的组合。

本章着重讨论前三种组合变形时的应力和强度计算。

14.1.3 组合变形强度计算的方法

组合变形强度计算的步骤为:

(1)将荷载简化、分解,使每一分荷载仅产生一种基本变形;

(2)同截面的同一点处应力叠加;

(3)判断危险截面、危险点;

(4)建立强度条件。危险点处于单向应力状态,可进行应力的代数值叠加,用单向应力状态下的强度条件计算;危险点处于复杂应力状态,可根据强度理论建立强度条件。

这里用到了叠加原理,可参见 10.5 节。只要材料在线弹性范围工作,且符合小变形条件,即可按杆件的原始形状、尺寸计算。

14.2 斜 弯 曲

14.2.1 受力特点和变形特点

当荷载作用在梁的纵向对称平面内,且垂直于梁的轴线时,梁变形后的轴线仍位于荷载所在的平面内(即纵向对称平面内),这种变形属于平面弯曲。但在实际工程中有的梁,如图 14.3 所示为屋架上的矩形截面檩条,它所承受的荷载虽垂直并通过檩条的轴线,但不作用在纵向对称平面内,檩条变形后的轴线也就不再位于荷载所在的平面内,这种弯曲变形属于**斜弯曲**。斜弯曲分为两类:一类为梁在空间一般力系作用下,挠曲线不为平面曲线;另一类为挠曲线虽为平面曲线,但不在梁的形心主平面内(纵向对称面内)。一般而言,挠曲线不在梁的形心主平面内的弯曲称为斜弯曲。

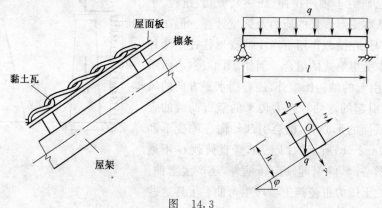

图 14.3

14.2.2 荷载分解

现以矩形截面梁为例,讨论斜弯曲时的应力和强度计算。梁自由端作用一集中力 F,它垂

直于 x 轴并与形心主轴 y 成 φ 角,如图 14.4 所示。
将力 F 沿截面的两根对称轴(形心主轴)y 与 z 进行
分解,得

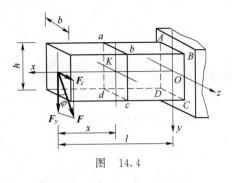

图 14.4

$$F_y = F\cos\varphi, \qquad F_z = F\sin\varphi$$

F_y 使梁在 xOy 平面内产生平面弯曲。F_z 使梁
在 xOz 平面内产生平面弯曲。所以斜弯曲可分解为
两个在相互垂直平面内的平面弯曲。

14.2.3 内力计算

由 F_y 单独作用时,产生的是以 z 轴为中性轴的弯曲,任一横截面 $abcd$ 上的弯矩为
$$M_z = F_y \cdot x = F\cos\varphi \cdot x$$
其计算数值取绝对值,弯曲方向可直观判断(后继组合变形计算同此)。
由 F_z 单独作用时,产生的是以 y 轴为中性轴的弯曲,任一横截面 $abcd$ 的弯矩为
$$M_y = F_z \cdot x = F\sin\varphi \cdot x$$

14.2.4 正应力计算

设 $abcd$ 截面上任一点 K 的坐标为 y、z 。由 M_z 产生的 K 点处的正应力为
$$\sigma_{M_z} = \frac{M_z}{I_z} \cdot y$$
由 M_y 产生的 K 点处的正应力为
$$\sigma_{M_y} = \frac{M_y}{I_y} \cdot z$$
根据叠加原理可得 K 点的应力为
$$\sigma_K = \sigma_{M_z} + \sigma_{M_y} = \frac{M_z \cdot y}{I_z} + \frac{M_y \cdot z}{I_y}$$
$$= \frac{F\cos\varphi \cdot x}{I_z}y + \frac{F\sin\varphi \cdot x}{I_y}z \tag{14.1}$$

式中,σ_{M_z}、σ_{M_y} 的正负号可根据观察变形情况来判断确定。拉应力取正值,压应力取负值。

14.2.5 强度计算

首先确定危险截面及危险点的位置,然后计算出危险点处的应力。危险点处的应力不超
过材料的许用应力时,整个梁就满足了正应力强度条件,即梁的强度足够。
由式(14.1)可知,$x = l$ 时,M_y 和 M_z 同时达到最大值,因此梁的固定端是危险截面。该
截面的弯矩分别为
$$M_{z\max} = Fl\cos\varphi$$
$$M_{y\max} = Fl\cos\varphi$$

在 $M_{z\max}$ 作用下,最大拉应力在截面的 AB 边上,最大压应力在 CD 边上。在 $M_{y\max}$ 作用
下,最大拉应力在截面的 AD 边上,最大压应力在 BC 边上。所以在 $M_{y\max}$ 和 $M_{z\max}$ 共同作用
时,最大拉应力在 AD 边与 AB 边的交点 A 处,最大压应力在 BC 与 CD 的交点 C 处。正应力
强度条件为

$$\frac{\sigma_{max}}{\sigma_{min}} = \pm\frac{M_{z\,max}\cdot y_{max}}{I_z} \pm \frac{M_{y\,max}\cdot z_{max}}{I_y} = \pm\frac{M_{z\,max}}{W_z} \pm \frac{M_{y\,max}}{W_y}$$

$$\sigma_{l\,max} = \sigma_{max} \leqslant [\sigma_l] \tag{14.2}$$

$$\sigma_{y\,max} = |\sigma_{min}| \leqslant [\sigma_y]$$

式中，$[\sigma_l]$ 为材料的许用拉应力，$[\sigma_y]$ 为材料的许用压应力。

当梁为塑性材料制成时，强度条件可写为

$$\sigma_{max} = \frac{M_{z\,max}}{W_z} + \frac{M_{y\,max}}{W_y} \leqslant [\sigma] \tag{14.3}$$

根据强度条件，可进行强度校核，确定许用荷载和设计截面。但在设计截面时，因 W_y 和 W_z 均为未知量。为计算方便，可将式（14.3）改写为

$$\sigma_{max} = \frac{1}{W_z}\left(M_{z\,max} + M_{y\,max}\frac{W_z}{W_y}\right) \leqslant [\sigma] \tag{14.4}$$

计算时采用试算法。即先设一个 W_z/W_y 的比值，代入式（14.4）中得出 W_z 值，初步确定截面的形状和尺寸，然后进行强度校核。若 σ 与 $[\sigma]$ 相差较大，需根据 σ_{max} 与 $[\sigma]$ 的比较，重选一个较大（或较小）的截面再进行校核，直至 σ_{max} 与 $[\sigma]$ 接近并满足强度条件。通常：

对于矩形截面设　$W_z/W_y = (bh^2/6)/(b^2h/6) = h/b = 1.2 \sim 2$；

对工字形截面设　$W_z/W_y = 8 \sim 10$；

对槽形截面设　$W_z/W_y = 6 \sim 8$。

【例 14.1】　如图 14.4 所示木悬臂梁，跨度 $l = 2$ m，截面尺寸 $b = 6$ cm，$h = 18$ cm，$[\sigma] = 10$ MPa，荷载 $F = 500$ N，$\varphi = 30°$。试校核该梁的强度。

【解】　（1）荷载分解

将力 F 沿 y 轴和 z 轴分解为两个产生平面弯曲的分力 F_y 和 F_z：

$$F_y = F\cos\varphi = 500 \times 0.866 = 433(\text{N})$$

$$F_z = F\sin\varphi = 500 \times 0.5 = 250(\text{N})$$

F_y 产生平面弯曲，中性轴为 z 轴。F_z 产生平面弯曲，中性轴为 y 轴。

（2）内力计算

F_y 作用下各横截面的弯矩不相同，最大弯矩在固定端截面上。F_z 作用下各横截面的弯矩也不相同，最大弯矩也在固定端截面上。所以固定端截面为危险截面，危险截面上的弯矩为

$$M_{y\,max} = F_z \cdot l = 250 \times 2 = 500(\text{N}\cdot\text{m})$$

$$M_{z\,max} = F_y \cdot l = 433 \times 2 = 866(\text{N}\cdot\text{m})$$

（3）强度校核

抗弯截面模量

$$W_z = \frac{60 \times 180^2}{6} = 324 \times 10^3(\text{mm}^3), \quad W_y = \frac{180 \times 60^2}{6} = 108 \times 10^3(\text{mm}^3)$$

根据强度条件进行校核

$$\sigma_{max} = \frac{M_{y\,max}}{W_y} + \frac{M_{z\,max}}{W_z} = \frac{500 \times 10^3}{108 \times 10^3} + \frac{866 \times 10^3}{324 \times 10^3}$$

$$= 7.3(\text{MPa}) < [\sigma] = 10 \text{ MPa}$$

故该梁的强度足够。

【例 14.2】　如图 14.3 所示的木檩条，跨度（屋架间距）$l = 3.6$ m，屋面倾角 $\varphi = 26°34'$，檩条截面尺寸 $b = 90$ mm，$h = 120$ mm。材料的许用应力 $[\sigma] = 10$ MPa。试求许用荷载 $[q]$。

【解】 (1)荷载分解

将 q 力沿 y 轴和 z 轴分解为

$$q_y = q\cos\varphi = q\cos 26°34' = 0.894q$$

$$q_z = q\sin\varphi = q\sin 26°34' = 0.447q$$

(2)内力计算

q_y 和 q_z 单独作用时,最大弯矩都在檩条跨度正中间处,所以檩条的跨中截面为危险截面。其最大弯矩为

$$M_{y\max} = \frac{q_z l^2}{8} = \frac{0.447q \, (3.6\times10^3)^2}{8} = 0.724\times10^6 q \,(\text{N}\cdot\text{mm})$$

$$M_{z\max} = \frac{q_y l^2}{8} = \frac{0.894q \, (3.6\times10^3)^2}{8} = 1.45\times10^6 q \,(\text{N}\cdot\text{mm})$$

(3)求许用荷载

首先计算抗弯截面系数:

$$W_y = \frac{hb^2}{6} = \frac{120\times90^2}{6} = 0.162\times10^6 \,(\text{mm}^3)$$

$$W_z = \frac{bh^2}{6} = \frac{90\times120^2}{6} = 0.216\times10^6 \,(\text{mm}^3)$$

根据强度条件求许用荷载:

$$\frac{M_{y\max}}{W_y} + \frac{M_{z\max}}{W_z} < [\sigma]$$

代入有关数据:

$$\frac{0.724\times10^6 q}{0.162\times10^6} + \frac{1.45\times10^6 q}{0.216\times10^6} \leqslant 10$$

得

$$q \leqslant 0.894 \text{ N/mm} = 0.894 \text{ kN/m}$$

取

$$[q] = 0.89 \text{ kN/m}$$

【例 14.3】 如图 14.5 所示吊车梁由两根槽钢焊在一起,其跨度 $l=4$ m ,荷载 $F=40$ kN,因安装问题使梁的纵向对称面偏斜了一个角度 $\varphi=4°$。材料的许用应力 $[\sigma]=160$ MPa。试选择槽钢型号。

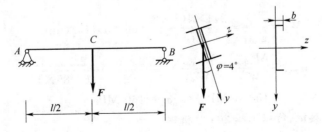

图 14.5

【解】 (1)荷载分解

将力 F 沿 y 轴和 z 轴分解为

$$F_y = F\cos\varphi = 40\cos4° = 39.9 \,(\text{kN})$$

$$F_z = F\sin\varphi = 40\sin4° = 2.79 \,(\text{kN})$$

(2)计算内力

F_y 和 F_z 分别单独作用时，最大弯矩都在梁中间的 C 截面。所以吊车梁在力 F 作用下的危险截面在 C 截面。截面上最大弯矩为

$$M_{y\max}=\frac{F_z l}{4}=\frac{2.79\times4}{4}=2.79(\text{kN}\cdot\text{m})$$

$$M_{z\max}=\frac{F_y l}{4}=\frac{39.9\times4}{4}=39.9(\text{kN}\cdot\text{m})$$

（3）选择截面

设 $W_z/W_y=7$。根据强度条件选择截面：

$$\frac{1}{W_z}\left(M_{z\max}+M_{y\max}\frac{W_z}{W_y}\right)\leqslant[\sigma]$$

$$W_z\geqslant\frac{M_{z\max}+M_{y\max}\dfrac{W_z}{W_y}}{[\sigma]}=\frac{39.9\times10^6+2.79\times10^6\times7}{160}$$

$$=371.4\times10^3\ \text{mm}^3$$

则每根槽钢的

$$W_z\geqslant\frac{371.4\times10^3}{2}=185.7\times10^3(\text{mm}^3)=185.7(\text{cm}^3)$$

查型钢表，选 20 号槽钢，其 $I_y=268.4\ \text{cm}^4$，$W_z=191.4\ \text{cm}^3$，$b=75\ \text{mm}$。

（4）强度校核

组合截面：
$$W_z=2\times191.4=382.8(\text{cm}^3)$$

$$W_y=\frac{2I_y}{z_{\max}}=\frac{268.4\times10^4\times2}{75}=71.57\times10^3(\text{mm}^3)$$

$$\sigma_{\max}=\frac{M_{z\max}}{W_z}+\frac{M_{y\max}}{W_y}=\frac{39.9\times10^6}{382.8\times10^3}+\frac{2.79\times10^6}{71.57\times10^3}$$

$$=143.2(\text{MPa})<[\sigma]=160\ \text{MPa}$$

由于 $\sigma_{\max}$ 与 $[\sigma]$ 相差较大，改选 20a 号槽钢，$W_z=178\ \text{cm}^3$，$I_y=244\ \text{cm}^4$，$b=73\ \text{mm}$，重新进行强度校核。

组合截面：
$$W_z=2\times178=356(\text{cm}^3)$$

$$W_y=\frac{2I_y}{z_{\max}}=\frac{244\times10^4\times2}{73}=66.85\times10^3(\text{mm}^3)$$

$$\sigma_{\max}=\frac{M_{z\max}}{W_z}+\frac{M_{y\max}}{W_y}=\frac{39.9\times10^6}{356\times10^3}+\frac{2.79\times10^6}{66.85\times10^3}$$

$$=153.8(\text{MPa})<[\sigma]=160\ \text{MPa}$$

$\sigma_{\max}$ 与 $[\sigma]$ 比较接近，所以选择 20a 号槽钢。

14.3　拉伸（压缩）与弯曲的组合变形

构件上有轴向力及横向力共同作用时，则构件产生轴向拉伸（压缩）与弯曲的组合变形。拉伸（压缩）与弯曲组合变形是工程中常见的组合变形，如图 14.2（b）及图 14.6（a）所示。

图 14.6（a）所示为矩形截面悬臂梁，截面面积为 $A=b\cdot h$，荷载 F 作用在梁的纵向对称面内并通过截面形心，与 x 轴成 φ 角，现讨论其强度计算。

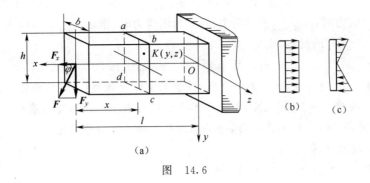

图 14.6

14.3.1 荷载分解

将力 F 沿 x 轴及 y 轴分解为 F_x、F_y,有

$$F_x = F\cos\varphi, \qquad F_y = F\sin\varphi$$

F_x 为轴向拉力,产生轴向拉伸。F_y 作用在 xOy 平面内,并与轴线垂直,产生平面弯曲。所以构件变形为轴向拉伸与弯曲的组合变形。

14.3.2 内力计算

纵向分力 F_x 使任一横截面上产生的轴力为一常量,即 $F_N = F_x = F\cos\varphi$。

横向分力 F_y 使任一横截面上产生的弯矩为

$$M_z = F_y x = F\sin\varphi \cdot x$$

14.3.3 正应力计算

设梁任一横截面 $abcd$ 上任一点 K 的坐标为 y、z。由轴力 F_N 产生的应力:

$$\sigma_N = \frac{F_N}{A}$$

由弯矩 M_z 产生的应力 $\qquad \sigma_{M_z} = \dfrac{M_z}{I_z}y$

根据叠加法可求得 K 点的应力为

$$\sigma = \sigma_N + \sigma_{M_z} = \frac{F_N}{A} + \frac{M_z}{I_z}y$$

14.3.4 强度计算

F_y 单独作用时,最大弯矩在固定端处,F_x 单独作用时各个横截面上的内力都相等。所以在力 F 作用(F_x 与 F_y 共同作用)下危险截面在固定端处。

F_N 产生的应力:

$$\sigma_N = \frac{F_N}{A}$$

σ_N 在横截面上均匀分布,如图 14.6(b)所示。

M_z 产生的应力沿梁截面成线性分布,最大拉应力发生在固定端截面的上边缘处,最大压应力发生在固定端截面的下边缘处,在横截面上的应力分布如图 14.6(c)所示。

强度条件为

$$\sigma_{\max} = |\sigma_N + \sigma_{M_z\,\max}| \leqslant [\sigma] \tag{14.5}$$

式中当 σ_N 为拉应力时，$\sigma_{M_z\,\max}$ 为拉应力。σ_N 为压应力时，则 $\sigma_{M_z\,\max}$ 为压应力。

对于 $[\sigma_l] \neq [\sigma_y]$ 的材料，则为

$$\sigma_{l\,\max} \leqslant [\sigma_l], \qquad \sigma_{y\,\max} \leqslant [\sigma_y]$$

【例 14.4】 图 14.7(a)所示为一桥墩，桥墩承受的荷载为：上部结构传给桥墩的压力 $F = 1\,900$ kN，桥墩自重 $G = 1\,800$ kN，列车的水平制动力 $F_Q = 300$ kN。基础底面为矩形，试求基础底面 AD 边与 BC 边处的正应力，并绘基础底面的正应力分布图。

【解】 （1）内力计算

$$F_N = -(F + G) = -(1\,900 + 1\,800)$$
$$= -3\,700(\text{kN})$$
$$M_z = 6F_Q = 6 \times 300 = 1\,800(\text{kN} \cdot \text{m})$$

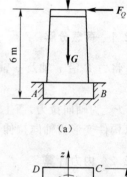

（2）应力计算

基础底面面积：

$$A = 8 \times 3.6 = 28.8(\text{m}^2)$$

基底抗弯截面系数：

$$W_z = \frac{8 \times 3.6^2}{6} = 17.3(\text{m}^3)$$

（a）

F_N、M_z 产生的基底截面应力：

$$\sigma_N = \frac{F_N}{A} = \frac{-3\,700 \times 10^3}{28.8 \times 10^6} = -0.128(\text{MPa})$$

$$\sigma_{M_z} = \pm \frac{M_z}{W_z} = \pm \frac{1\,800 \times 10^6}{17.3 \times 10^9} = \pm 0.104(\text{MPa})$$

（3）基底截面上 AD 边、BC 边处的正应力及截面上的正应力分布图

$$\sigma_{AD} = -0.128 - 0.104 = -0.232(\text{MPa})$$
$$\sigma_{BC} = -0.128 + 0.104 = -0.024(\text{MPa})$$

基底截面正应力分布图如图 14.7(b)所示。

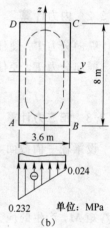

【例 14.5】 试作图 14.8 所示斜梁的轴力图及弯矩图，并求出此梁的最大拉应力和最大压应力。

图 14.7

【解】 （1）外力分解

荷载、支反力沿斜梁的纵向、横向分解，形成纵向外力、横向外力两组，每组外力仅产生一种基本变形。

$$F_x = F \sin \alpha = 3 \times \frac{2}{2.5} = 2.4(\text{kN})$$

$$F_y = F \cos \alpha = 3 \left(\frac{\sqrt{2.5^2 - 2^2}}{2.5} \right) = 1.8(\text{kN})$$

（2）绘轴力图及弯矩图

F_x 单独作用时，AC 段产生轴向压缩，BC 段不变形。各段轴力为

$$F_{AC} = -2.4\text{kN}, \qquad F_{BC} = 0$$

F_y 单独作用时，产生平面弯曲，其弯矩最大值为

$$M_{max} = M_C = \frac{F_y l}{4} = \frac{1.8 \times 2.5}{4} = 1.125 (kN \cdot m)$$

轴力图与弯矩图如图 14.8(b)、(c)所示。

(3)求梁内的最大拉应力及最大压应力

最大拉应力发生在 $C_{右}$ 截面的下边缘处,其值为

$$\sigma_{l max} = \frac{M_{max}}{W_z} = \frac{1.125 \times 10^6}{\dfrac{100 \times 100^2}{6}} = 6.75 (MPa)$$

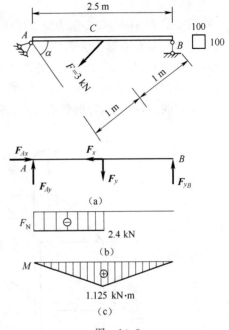

最大压应力发生在 $C_{左}$ 截面的上边缘处,其值为

$$\sigma_{y max} = |\sigma_N + \sigma_M| = \left| -\frac{2.4 \times 10^3}{100 \times 100} - \frac{1.125 \times 10^6}{\dfrac{100 \times 100^2}{6}} \right|$$

$$= |-0.24 - 6.75| = 6.99 (MPa)$$

讨论:

$$\frac{|\sigma_N|}{\sigma_{y max}} \times 100\% = \frac{0.24}{6.99} \times 100\% = 3.43\%$$

可见,斜梁中轴力产生的应力所占的比例相当小。

图　14.8

【例 14.6】　图 14.9 所示一基础,已知地基的许用承载力 $[\sigma_y] = 0.2 MPa$,试问地基承载能力是否满足要求。

【解】　(1)求基底处的内力

$$F_N = -(30 + 150) = -180 (kN)$$

$$M = 5 \times 3.6 + 150 = 168 (kN \cdot m)$$

(2)校核承载力

$$\sigma_{max} = |\sigma_N + \sigma_{M max}|$$

$$= \left| -\frac{180 \times 10^3}{3 \times 1.2 \times 10^6} - \frac{168 \times 10^6}{\dfrac{1\,200 \times 3\,000^2}{6}} \right|$$

$$= |-0.05 - 0.093\,31| = 0.143\,MPa < [\sigma_y]$$

$$= 0.2\,MPa$$

故地基承载力足够。

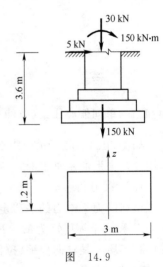

图　14.9

14.4　偏心压缩(拉伸)

当杆受到与杆轴线平行但不通过其截面形心的集中压力 F 作用时,杆处在偏心压缩的情况下。图 14.1(c)、(d)中所示的空心墩与厂房支柱就是偏心受压杆。偏心受压杆的受力情况一般可抽象为如图 14.10(a)、(b)所示的两种偏心受压情况(当 F 向上时为偏心受拉。)

在图 14.10(a)中,偏心压力 F 的作用点 P 是在截面的形心主轴 Oy 上,即它只在轴 Oy 的方向上偏心,这种情况在工程实际中是最常见的。若通过力的平移规则将偏心压力 F 简化为作用在截面形心 O 上的轴心压力 F 和对形心主轴 Oz 的弯曲力偶 $M = Fe$(这里的 e 称为**偏心**

距），则不难看出，偏心压力 F 对杆的作用就相当于轴心压力 F 对杆的轴心压缩作用和弯曲力偶 M 对杆的纯弯曲作用的组合。由截面法可知，在这种杆的横截面上，同时存在轴向压力 $F_N = F$ 和弯矩 $M = Fe$。

在图 14.10(b) 中，偏心压力 F 的作用点 P 既不在截面的形心主轴 Oy 上，也不在 Oz 上，即它对于两个形心主轴来说都是偏心的。同样，可将这种偏心压力平移为作用在截面形心 O 上的轴心压力 F、对形心主轴 Oy 的弯曲力偶 M_y 和对形心主轴 Oz 的弯曲力偶 M_z。故在杆的横截面上，同时存在轴向压力 $F_N = F$、弯矩 $M_z = Fe_y$ 和弯矩 $M_y = Fe_z$。

从上面的分析可见，杆的偏心压缩，即相当于杆的轴心压缩和弯曲的组合。

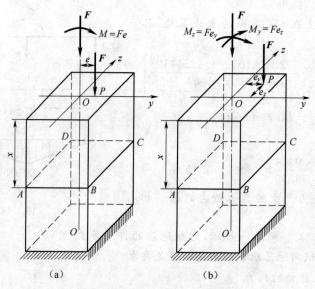

图 14.10　偏心受压的两种情况

14.4.1　单向偏心压缩（拉伸）时的强度计算

如图 14.11(a) 所示的矩形截面杆，截面的形心主轴分别为 y 轴和 z 轴，当压力（拉力）F 作用在一根形心主轴上时，所产生的偏心压缩（拉伸）称为**单向偏心压缩（拉伸）**。

1. 荷载分析

根据静力学中力的平移定理，将力 F 平行移动到截面形心，则得到一个通过形心的轴向压力 F 和一个力偶矩为 $M = Fe$ 的力偶，如图 14.11(b) 所示。从简化结果可得，单向偏心压缩（拉伸）实质上是轴向压缩（拉伸）和一个平面弯曲变形的组合。

2. 内力计算

在这种受力情况下，显然构件上各个横截面上的内力都是相等的。运用截面法可求得任意截面 $abcd$ 上的内力，其值为

轴力　　　　　　　　　　　　　　$F_N = -F$

弯矩　　　　　　　　　　　　　　$M_z = Fe$

3. 应力分布

任一横截面 $abcd$ 上任一点 K（坐标为 y、z ）处的应力，是由 F_N 单独作用时产生的正应力 σ_N 和由 M_z 单独作用时产生的应力 σ_{M_z} 的叠加：

$$\sigma = \sigma_N + \sigma_{M_z} \tag{14.6}$$

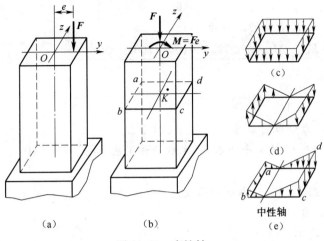

图 14.11 中性轴

内力 F_N 和 M_z 在横截面处产生的正应力分布如图 14.11(c)、(d)所示。叠加后横截面上总的正应力分布如图 14.11(e)所示。从应力分布图可见,最大拉应力和最大压应力分别发生在横截面的 ab 边缘和 cd 边缘处。

4. 强度条件

通过上面分析可知,单向偏心压缩(拉伸)时的强度条件为:

$$\sigma_{l\max}=\sigma_N+\sigma_{M_zl\max}\leqslant[\sigma_l] \tag{14.7}$$

$$\sigma_{y\max}=|\sigma_N+\sigma_{M_zy\min}|\leqslant[\sigma_y] \tag{14.8}$$

【例 14.7】 挡土墙如图 14.12(a)所示,材料的容重 $\gamma=22$ kN/m³,试计算挡土墙没填土时底截面 AB 上的正应力(计算时挡土墙长度取 1 m)。

【解】 挡土墙受重力作用,为了便于计算,将挡土墙按图 14.12(c)中画的虚线分成两部分,这两部分的自重分别为

$$G_1=\gamma\cdot V_1=22\times1.2\times6\times1=158.4(\text{kN})$$

$$G_2=\gamma\cdot V_2=22\times\frac{1}{2}(3-1.2)\times6\times1=118.8(\text{kN})$$

(1)内力计算

挡土墙基底处的内力为

$$F_N=-(G_1+G_2)=-(158.4+118.8)$$
$$=-277.2(\text{kN})$$

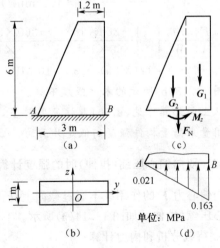

图 14.12

$$M_z=G_1\left(\frac{3}{2}-\frac{1.2}{2}\right)-G_2\left[\frac{3}{2}-(3-1.2)\frac{2}{3}\right]$$

$$=158.4\times0.9-118.8\times0.3=106.9(\text{kN}\cdot\text{m})$$

(2)计算应力

基底截面面积 $\qquad A=3\times1=3(\text{m}^2)$

抗弯截面系数 $\qquad W_z = \dfrac{1 \times 3^2}{6} = 1.5 (\text{m}^3)$

基底截面上 A 点、B 点处的应力为

$$\begin{aligned}\sigma_A \\ \sigma_B\end{aligned} = \frac{F_N}{A} \pm \frac{M_z}{W_z} = \frac{-277.2 \times 10^3}{3 \times 10^6} \pm \frac{106.9 \times 10^6}{1.5 \times 10^9} = -0.092 \pm 0.071$$

$$= \begin{aligned}-0.021 \\ -0.163\end{aligned} (\text{MPa})$$

基底截面的正应力分布图如图 14.12(d)所示。

【例 14.8】 图 14.13 为两个短木柱,木柱的许用应力 $[\sigma] = 10\ \text{MPa}$。试校核两个木柱的强度,并比较之。

【解】 (1)校核图 14.13(a)木柱的强度

该木柱属轴向压缩,所以

$$\sigma = \left| \frac{F}{A} \right| = \left| -\frac{360 \times 10^3}{200 \times 200} \right| = 9(\text{MPa}) < [\sigma]$$

说明该木柱强度够。

(2)校核图 14.13(b)所示的木柱强度

木柱上半段与图(a)相同,属轴向压缩。木柱下半段,属偏心压缩,偏心距 $e = 300/2 - 200/2 = 50(\text{mm})$。

柱下半段部分横截面面积:

$$A = 200 \times 300 = 60 \times 10^3 (\text{mm}^2)$$

抗弯截面模量:

$$W_x = \frac{200 \times 300^2}{6} = 3 \times 10^6 (\text{mm}^3)$$

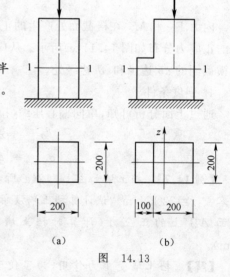

图　14.13

$$\sigma = \left| \frac{F}{A} - \frac{M_x}{W_x} \right| = \left| \frac{-360 \times 10^3}{60 \times 10^3} - \frac{-360 \times 50 \times 10^3}{3 \times 10^6} \right|$$

$$= |-6 - 6| = 12(\text{MPa}) > [\sigma] = 10\ \text{MPa}$$

所以图 14.13(b)所示的木柱强度不够。

从上面计算可见,图(b)木柱虽用料多,但由于产生偏心压缩,强度反而不够。说明单从材料用量来衡量构件强度高低是片面的。

14.4.2　双向偏心压缩(拉伸)时的强度计算

当偏心力 F 的作用线不通过截面上任何一根形心主轴时,此时的偏心压缩(拉伸)称为**双向偏心压缩(拉伸)**,如图 14.14(a)所示。

1. 荷载分析和内力计算

先将偏心力 F 平行移到 y 轴,然后再平行移到截面形心,得到一个轴向压力 F 和两个力偶矩分别为 $M_y = Fe_z$、$M_z = Fe_y$ 的力偶,如图 14.14(b)上半部分所示,从而可得出,双向偏心压缩(拉伸)实质上是轴向压缩(拉伸)和两个平面弯曲的组合,如图 14.14(c)、(d)、(e)上半部分所示。

任一截面 $abcd$ 上的内力为

轴力 $\qquad\qquad\qquad\qquad\qquad F_N = -F$

弯矩 $\qquad\qquad\qquad\qquad M_y = Fe_z, \quad M_z = Fe_y$

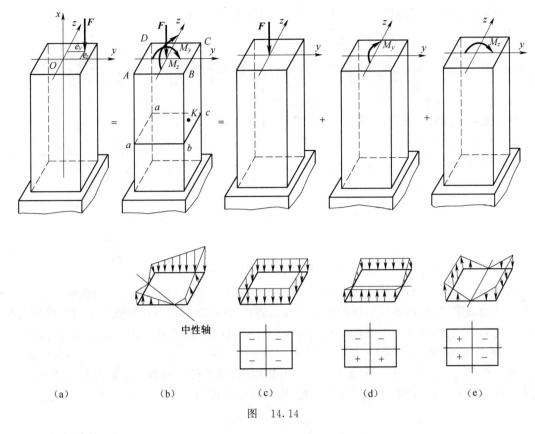

（a）　　　　（b）　　　　（c）　　　　（d）　　　　（e）

图　14.14

2. 应力计算

截面 $abcd$ 上有三个内力,故截面上的应力,可由这三个内力分别产生的应力叠加得总的应力,如图 14.14(b)、(c)、(d)、(e)下半部分所示。

$abcd$ 横截面上任一点 K(坐标为 y,z)的应力:

由轴力产生的正应力
$$\sigma_N = \frac{F_N}{A} = -\frac{F}{A}$$

由 M_y 产生的正应力
$$\sigma_{M_y} = \pm\frac{M_y z}{I_y}$$

由 M_z 产生的正应力
$$\sigma_{M_z} = \pm\frac{M_z y}{I_z}$$

K 点处的应力为

$$\sigma = \sigma_N + \sigma_{M_y} + \sigma_{M_z} = -\frac{F}{A} \pm \frac{M_y z}{I_y} \pm \frac{M_z y}{I_z}$$

计算应力时,式中 F、M_z、M_y、y、z 均用绝对值代入。式中等号右边各项前的正负号可观察变形确定。

对图示的双向偏心压缩(拉伸)的情况,根据判断不难得到,最大拉应力 $\sigma_{l\max}$ 发生在截面上的 a 点处,最大压应力 $\sigma_{y\max}$ 发生在截面上的 c 点处。

如果截面为一般形式,如图 14.15 所示,要确定最大应力在截面上的位置,必须要确定中性轴的位置。设截面的形心主轴为 y 轴、z 轴,偏心力 F 作用点的坐标为 e_y、e_z,设中性轴上任一点的坐标为 y_0,z_0。因中性轴上各点的应力值为零,所以又称为零应力线。将上述数值代

入应力计算公式，并令应力等于零，从而可得出中性轴方程为（具体推导从略）

$$1+\frac{e_z}{i_y^2}z_0+\frac{e_y}{i_z^2}y_0=0 \qquad (14.9)$$

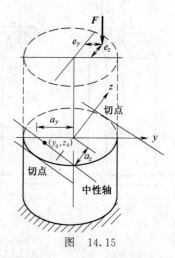

图　14.15

由式(14.9)可知，中性轴是一根不通过横截面形心的直线。中性轴在截面上的位置与偏心力 F 的作用点位置(e_y、e_z)有关。若将 $y_0=0$、$z_0=0$ 分别代入式(14.9)，可得到中性轴在坐标轴上的截距 a_y 和 a_z。

由 $\qquad 1+\dfrac{e_y a_y}{i_z^2}=0 \qquad$ 得 $\qquad a_y=-\dfrac{i_z^2}{e_y} \qquad$ (14.10a)

由 $\qquad 1+\dfrac{e_z a_z}{i_y^2}=0 \qquad$ 得 $\qquad a_x=-\dfrac{i_y^2}{e_x} \qquad$ (14.10b)

由于 e_y、e_z 与 a_y、a_z 正负号相反，故中性轴和荷载作用点位于截面形心的两侧，中性轴将截面分成两部分，一部分为拉应力，一部分为压应力。

中性轴确定后，作两条与中性轴平行且与截面相切的直线，切点就是截面上最大拉应力和最大压应力的位置，将切点的坐标代入应力计算公式，即可得最大拉应力和最大压应力的值。

3. 强度条件

构件在偏心压缩下，各个横截面上的应力都相等，因此任一横截面上最大拉应力 $\sigma_{l\max}$ 和最大压应力 $\sigma_{y\max}$ 的位置也就是危险点位置，所以强度条件为

$$\sigma_{l\max}=-\frac{F}{A}+\frac{M_y z}{I_y}+\frac{M_z y}{I_z}\leqslant[\sigma_l]$$

$$\sigma_{y\max}=\left|-\frac{F}{A}-\frac{M_y z}{I_y}-\frac{M_z y}{I_z}\right|\leqslant[\sigma_y]$$

14.4.3 截面核心

在上一节中讨论中谈到，当中性轴将横截面分为两部分时，截面上的应力有一部分为拉应力，另一部分为压应力。工程上所用的一些材料抗拉强度很低(如砖、石、混凝土或铸铁等)，用这些材料制成的构件在承受偏心压缩时，截面上只容许产生压应力，这就要求中性轴不在横截面范围内，以防截面上同时存在拉和压两种应力。由式(14.10a)和式(14.10b)可知，荷载作用点离截面形心越近，则中性轴距截面形心越远。因此，当荷载作用在截面形心周围的一个区域内时，截面上只产生一种符号的应力，即全部为压应力(或拉应力)。工程上把截面上的这个区域称为截面核心。

工程中几种常见截面的截面核心如图 14.16 所示，式中的 i_z、i_y 分别为截面对形心主惯性轴 z、y 的惯性半径。

$$i_z=\sqrt{\frac{I_z}{A}}, \qquad i_y=\sqrt{\frac{I_y}{A}}$$

14.4.4 确定截面核心的方法

由截面核心定义可知，当荷载作用在截面核心的边界上时，中性轴就正好与截面的周边相切。偏心压力的作用点在截面核心的边界上移动时，相应的中性轴位置也随之变化，但总是与截面的周边相切。因此，我们可利用中性轴与截面相切的位置求偏心力作用点的位置，从而确

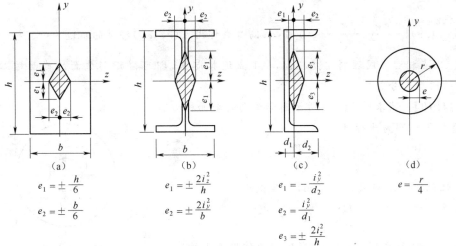

$$e_1 = \pm \frac{h}{6}$$

$$e_2 = \pm \frac{b}{6}$$

$$e_1 = \pm \frac{2i_z^2}{h}$$

$$e_2 = \pm \frac{2i_y^2}{b}$$

$$e_1 = -\frac{i_y^2}{d_2}$$

$$e_2 = \frac{i_y^2}{d_1}$$

$$e_3 = \pm \frac{2i_z^2}{h}$$

$$e = \frac{r}{4}$$

图 14.16

定截面核心的边界线。

【例 14.9】 试确定图 14.17 所示矩形截面的截面核心。

【解】 选截面形心主轴 y、z 为坐标轴。

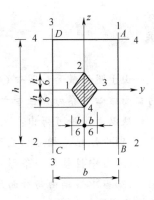

图 14.17

$$i_y^2 = \frac{I_y}{A} = \frac{\frac{bh^3}{12}}{bh} = \frac{h^2}{12}, \quad i_z^2 = \frac{I_z}{A} = \frac{\frac{hb^3}{12}}{bh} = \frac{b^2}{12}$$

作中性轴①—①与 AB 边相切,在坐标轴上的截距为

$$a_{y1} = \frac{b}{2}, \qquad a_{z1} = \infty$$

代入式(14.10a)和式(14.10b),计算出偏心力 F 作用点 1 的坐标值:

$$e_{y1} = -\frac{i_z^2}{a_{y1}} = -\frac{\frac{b^2}{12}}{\frac{b}{2}} = -\frac{b}{6}, \quad e_{z1} = -\frac{i_y^2}{a_{z1}} = -\frac{\frac{h^2}{12}}{\infty} = 0$$

作中性轴②—②与截面 BC 边相切,截距为

$$a_{y2} = \infty, \qquad a_{z2} = -\frac{h}{2}$$

计算偏心力作用点 2 的坐标:

$$e_{y2} = -\frac{i_z^2}{a_{y2}} = -\frac{\frac{b^2}{12}}{\infty} = 0, \quad e_{z2} = -\frac{i_y^2}{a_{z2}} = -\frac{\frac{h^2}{12}}{-\frac{h}{2}} = \frac{h}{6}$$

同理,作中性轴③—③、④—④分别与截面 CD、DA 相切,通过计算得出偏心压力作用点 3、4 的坐标为

$$\begin{cases} e_{y3} = \dfrac{b}{6} \\ e_{z3} = 0 \end{cases}, \qquad \begin{cases} e_{y4} = 0 \\ e_{z4} = -\dfrac{h}{6} \end{cases}$$

当中性轴由①—①绕 B 点转到②—②,各条中性轴上都含 B 点的坐标,即 y_0、z_0 为一

常数。

由式(14.9)$1+\dfrac{e_y}{i_z^2}y_0+\dfrac{e_z}{i_y^2}z_0=0$ 可知,偏心力作用点(e_y,e_z)移动的轨迹为一直线,所以可直接将 1 、2 点相连。同理将 2、3,3、4,4、1 点连接起来,即可得矩形截面的截面核心,如图 14.17 中的阴影部分。

【例 14.10】 试求图 14.18 所示圆形截面的截面核心。

【解】 设 y、z 为坐标轴。

$$i_z=i_y=\frac{D}{4}$$

作中性轴①—①与截面周边相切,其截距为

$$a_{y1}=\frac{D}{2},\qquad a_{z1}=\infty$$

代入式(14.10a)和式(14.10b),得偏心力作用点 1 的坐标

$$e_{y1}=-\frac{i_z^2}{a_{y1}}=-\frac{\left(\dfrac{D}{4}\right)^2}{\dfrac{D}{2}}=-\frac{D}{8},\quad e_{z1}=0$$

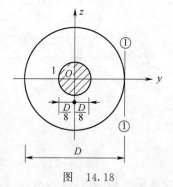

图　14.18

由于圆形截面对圆心 O 是极对称的,所以截面核心的边界也是一个圆。故得该圆形截面的截面核心边界为直径等于 $D/4$ 的圆,如图 14.18 所示。

从以上讨论可得出:

(1)中性轴与相应的截面核心周边的点分别在截面形心的两侧。

(2)当中性轴与一条形心主轴平行时,则截面核心周边上相应的点在另一条形心主轴上。

(3)当中性轴由与截面周边相切绕一点转到与截面另一周边相切时,对应的截面核心边界为一直线。

(4)当截面的周边有一部分或全部为曲线时,则对应的截面核心的边界也有一部分或全部为曲线。

(5)形心主轴为横截面的对称轴时,则截面核心边界也对称于形心主轴。

【例 14.11】 如图 14.19 的半圆形截面图形,其直径 $D=400$ mm,试画出其截面核心。

【解】 (1)作中性轴①—①与截面相切(与 z 轴平行),则截面核心周边上相应的 1 点在 y 轴上,并位于形心 O 的左侧,具体数值可根据公式算出,$e_{y1}=-50$ mm。

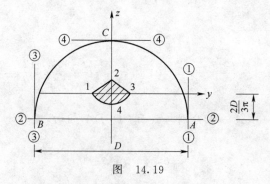

图　14.19

(2)因截面图形与 z 轴对称,所以与截面相切的中性轴③—③相对应的 3 点一定和 1 点对称,并在形心 O 点右侧,$e_{y3}=50$ mm。

（3）同理可分别得出截面核心周边上的 2、4 点。其 $e_{z2}=33$ mm、$e_{z4}=-24$ mm。

（4）因①—①绕 A 点转到②—②，故截面核心边界为一直线，连 1、2 点即可。同理连 2、3 点得一直线。

（5）因截面周边 ACB 为一圆弧，所以截面核心相应的边界为对应的曲线，故将 1、4、3 点用曲线连接，即得截面核心。

本章小结

14.1 组合变形

杆件上同时有两种或两种以上基本变形时，称为组合变形。如两个相互垂直平面内弯曲的组合；偏心拉、压；拉（压）与弯曲的组合；弯曲与扭转的组合等。要解决组合变形的问题，首先要掌握前面学过的四种基本变形的知识；其次要能将杆件上的任意荷载分解或简化成若干与基本变形受力特点相对应的简单荷载，然后按各种基本变形下的结果叠加起来（代数叠加或几何叠加），即可得到组合变形的应力及变形。

14.2 斜弯曲

将杆件上作用的外荷载沿着横截面两个形心主惯性轴 z、y 分解后，其中任一个分力均在各自平面内产生平面弯曲，两个平面弯曲产生的正应力分别为

$$\sigma_{M_z}=\frac{M_z}{I_z}\cdot y, \qquad \sigma_{M_y}=\frac{M_y}{I_y}\cdot z$$

同截面上同一点的正应力为两个正应力代数和的叠加。

$$\sigma_K=\sigma_{M_z}+\sigma_{M_y}=\frac{M_z\cdot y}{I_z}+\frac{M_y\cdot z}{I_y}=\frac{F\cos\varphi\cdot x}{I_z}y+\frac{F\sin\varphi\cdot x}{I_y}z$$

强度条件为

$$\sigma_{max}=\frac{M_{z\,max}}{W_z}+\frac{M_{y\,max}}{W_y}\leqslant[\sigma]$$

14.3 拉（压）与弯曲的组合

构件上有轴向力及横向力共同作用时，则构件产生轴向压缩（拉伸）与弯曲的组合变形。

梁上任一横截面中 K 点的应力如下：

由轴力 F_N 产生的应力 $\qquad\qquad \sigma_N=\dfrac{F_N}{A}$

由弯矩 M_z 产生的应力 $\qquad\qquad \sigma_{M_z}=\dfrac{M_z}{I_z}y$

应用叠加法求得 K 点的应力为

$$\sigma=\sigma_N+\sigma_{M_z}=\frac{F_N}{A}+\frac{M_z}{I_z}y$$

强度条件为：

$$\sigma_{max}=|\sigma_N+\sigma_{M_z\,max}|\leqslant[\sigma]$$

14.4 偏心压缩（拉伸）

构件受到压力（或拉力）F 作用，其作用线平行于构件轴线，但不通过形心时称为偏心压缩（拉伸）。该力 F 称为偏心力，力作用线偏离构件轴线的距离 e 称为偏心距。

（1）单向偏心压缩

任一横截面中 K 点的应力，可根据叠加原理求得：$\sigma = \sigma_N + \sigma_{M_z}$。

强度条件为：

$$\sigma_{l\max} = \sigma_N + \sigma_{M_z l\max} \leqslant [\sigma_l]$$

$$\sigma_{y\max} = |\sigma_N + \sigma_{M_z y\min}| \leqslant [\sigma_y]$$

（2）双向偏心压缩

当偏心力 F 的作用线不通过截面上任何一根形心主轴时，此时的偏心压缩（拉伸），称为双向偏心压缩（拉伸）。

任一截面上 K 点处的应力叠加为

$$\sigma = \sigma_N + \sigma_{M_y} + \sigma_{M_z} = -\frac{F}{A} \pm \frac{M_y z}{I_y} \pm \frac{M_z y}{I_z}$$

强度条件为

$$\sigma_{l\max} = -\frac{F}{A} + \frac{M_y z}{I_y} + \frac{M_z y}{I_z} \leqslant [\sigma_l]$$

$$\sigma_{y\max} = \left| -\frac{F}{A} - \frac{M_y z}{I_y} - \frac{M_z y}{I_z} \right| \leqslant [\sigma_y]$$

14.5 截面核心

偏心受压柱的中性轴是一条不过形心的斜直线。中性轴将截面分成两个区域，一个是受压区，另一边是受拉区。若力的作用点往截面形心移动，则中性轴向截面外面移动。当中性轴正好与截面周边相切时，力作用点连成的包括形心在内的一个区域，称为截面核心。当偏心外力作用点在截面核心内或边界上时，截面上只有一种应力（偏心受压时只有压应力，偏心受拉时只产生拉应力）。矩形截面 $(b \times h)$ 的截面核心是对角线长为 $b/3$ 和 $h/3$ 的菱形。图形截面（直径为 d）的截面核心是直径为 $d/4$ 的小圆。

建筑工程中的偏心受压柱往往是用抗压性能好，而抗拉性能差的材料（如砖、石、混凝土等）制成的，希望在偏心压力作用下截面上不要出现拉应力或拉应力很小（在允许的范围内）。这时就要用到截面核心的概念。

我们可利用中性轴与截面相切的位置求偏心力作用点的位置，从而确定截面核心的边界线。

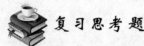 复习思考题

14.1 简述用叠加原理解决组合变形强度问题的步骤。

14.2 试判别题 14.2 图示曲杆 $ABCD$ 上，杆 AB、BC、CD 将产生何种变形？

14.3 如题 14.3 图所示，正方形和圆形截面的弯矩均为 M_y、M_z，它们的最大正应力是否都可用 $\sigma_{\max} = \dfrac{M_y}{W_y} + \dfrac{M_z}{W_z}$ 公式计算？为什么？

14.4 拉（压）与弯曲组合变形与偏心拉（压）有何区别？

14.5 斜弯曲梁的挠曲线平面与荷载作用平面是否重合？

14.6 拉（压）弯组合杆件危险点的位置如何确定？建立强度条件时为什么不必利用强度理论？

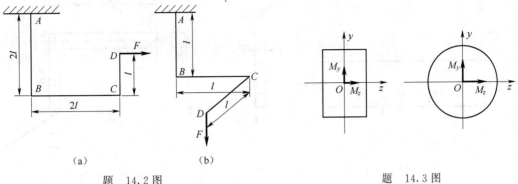

（a）　　　　　　（b）

题　14.2 图　　　　　　　　　　题　14.3 图

14.7　圆截面杆发生弯扭组合变形,在建立强度条件时,为什么要用强度理论?

14.8　当圆轴处于拉(压)与弯曲组合变形时,横截面上存在哪些内力? 应力如何分布? 危险点处于何种应力状态? 如何根据强度理论建立相应的强度条件?

14.9　什么叫截面核心? 它在工程中有什么用途?

14.10　梁的截面为 $100 \text{ mm} \times 100 \text{ mm}$ 的正方形,若 $F = 3 \text{ kN}$,约束及几何长度如题 14.10 图所示,求梁内最大拉应力和最大压应力。

14.11　如题 14.11 图所示构架的立柱用 No.25a 工字钢制成,已知 $F = 20 \text{ kN}$,$[\sigma] = 160 \text{ MPa}$。试求立柱内力图,并校核其强度。

14.12　如题 14.12 图所示,起重机的最大起重力 $F = 40 \text{ kN}$,横梁 AB 由两根 No.18 槽钢组成,材料的 $[\sigma] = 120$ MPa,试校核 AB 梁的强度。

14.13　一开口链环如题 14.13 图所示,试求链环中段的最大拉应力。

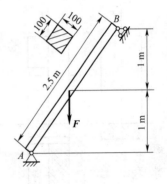

题　14.10 图

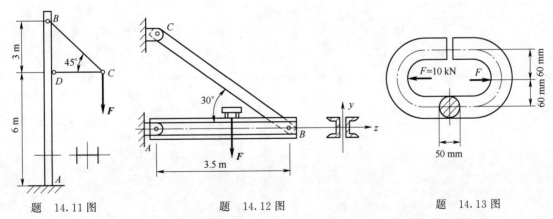

题　14.11 图　　　　　题　14.12 图　　　　　题　14.13 图

14.14　如题 14.14 图所示板件,$F = 12 \text{ kN}$,$[\sigma] = 100 \text{ MPa}$,试求切口的允许深度 x。

14.15　如题 14.15 图所示为一边长为 60 mm 的正方形截面折杆,外力通过 A、B 两截面的形心连线方向作用于 A 点。若 $F = 10 \text{ kN}$,求杆内最大正应力。

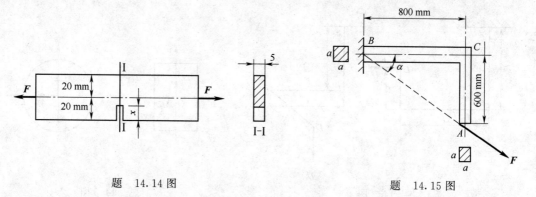

题 14.14 图　　　　　　　　　　　　　　题 14.15 图

14.16　如题 14.16 图所示,若在正方形截面短柱的中间处开一切槽,其截面积为原来的一半,问最大压应力增加几倍?

14.17　一铸铁的螺旋夹具如题 14.17 图所示,单位 mm。等直段 AB 的横截面尺寸如题 14.17(b) 所示。夹紧力 $F = 300$ N,材料许用拉应力 $[\sigma_t] = 30$ MPa,许用压应力 $[\sigma_c] = 60$ MPa。试校核该段的强度。

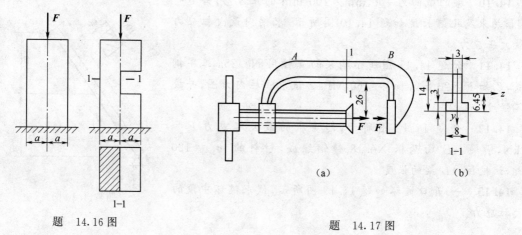

题 14.16 图　　　　　　　　　　　题 14.17 图

15 压杆稳定

本章描述

本章阐述了受压杆件不能保持原来的直线形状而突然弯曲失稳,从而丧失工作能力的问题。同时介绍了细长压杆临界力计算、压杆的稳定计算及提高压杆抵抗失稳的措施。

教学目标

1. 知识目标

(1)压杆稳定的概念;

(2)细长压杆的临界力;

(3)临界力的欧拉公式;

(4)压杆的稳定计算;

(5)提高压杆稳定性的措施。

2.能力目标

通过压杆稳定的学习,了解工程构件中存在压杆失稳破坏的现象,并能对简单的压杆稳定性问题进行分析计算。

3.素质目标

培养学生分析问题的能力和学习能力。

相关案例——压杆失稳破坏实例

案例 1.1907 年,享有盛誉的美国桥梁学家库柏(Theodore Cooper)在加拿大圣劳伦斯河上建造魁北克铁桥(Quebec Bridge),因桁架中一根受压杆件突然弯曲,发生稳定性破坏,使这座尚未竣工的大桥倒塌[图 15.1(a)],数十位工人死亡。被称为 20 世纪科技史上的十大悲剧之一。

案例 2.1995 年 6 月 29 日下午,韩国汉城三丰百货大楼,由于盲目扩建、加层[图 15.1(b)],致使大楼四五层立柱不堪重负而产生失稳破坏,大楼倒塌,死伤上千人。

案例 3. 在 2000 年 10 月 25 日上午 10 时,南京电视台演播中心由于脚手架失稳[图 15.1(c)],造成屋顶模板倒塌,死伤数十人。

从以上案例可看出,压杆稳定对建筑结构的重要性,本章将介绍压杆稳定的相关内容。

(a)

(b)

(c)

图　15.1

15.1　压杆稳定的概念

在第 6 章中,我们研究等直杆受轴向压力时认为,只要压杆满足强度条件

$$\sigma = \frac{F}{A} \leqslant [\sigma]$$

压杆就能正常工作。但在工程实际中发现这一结论对于粗短的压杆是正确的;对于细长的压杆,将导致错误的结果。

为了说明这一问题,我们做一个实验。取两根截面相同的木条,截面积 $A = 20$ mm $\times 5$ mm,一根长为 40 mm,另一根长为 800 mm,如图 15.2 所示。对短的木条,若要用手将它压坏,显然是很困难的;但对长的木条,情况就很不一样,在不大的压力作用下,木条就会突然发生弯曲,当力继续增加,木条弯曲程度将逐渐增大,直至折断。上述现象说明细长的压杆丧失工作能力不是因强度不够,而是压杆不能保持原来的直线形状而突然弯曲的缘故。这种破坏现象称为压杆**丧失稳定**,简称为**失稳**。

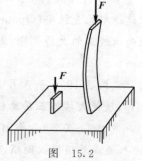

图　15.2

构件除了强度、刚度失效外,还可能发生稳定失效。由于压杆丧失稳定是骤然发生的,事先难以觉察,往往造成严重的事故。所以研究压杆稳定有重要意义。

取一根下端固定,上端自由的等直细长压杆作实验,如图 15.3(a)所示。杆在轴向压力 **F** 作用下处于直线的平衡状态。此时,如果给杆以微小的侧向干扰力,使杆发生微小的弯曲,然后撤去干扰力,则当杆承受的轴向压力数值不同时,其结果也截然不同。如压力 **F** 小于某一数值 F_{cr} 时,杆在微小的横向干扰力作用下发生微小的弯曲,当干扰力去掉后,压杆经过几次摆动,仍然回到原来的直线平衡位置,如图 15.3(b)所示,因此说原来的直线平衡状态是稳定的。若压力 **F** 增大到某一数值 F_{cr} 时,横向干扰力使压杆弯曲。当把干扰力去掉后,压杆仍停留在弯曲状态,再也回不到原来的直线平衡位置,则压杆原来的直线平衡状态就是不稳定的了,如图 15.3(c)所示。当压力 **F** 大于某一数值 F_{cr} 时,在干扰力去掉后,压杆的弯曲仍继续增加,直至折断,如图 15.3(d)所示。

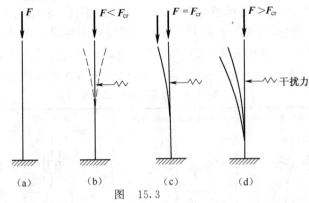

图　15.3

可见压杆失稳破坏的实质是丧失保持原来直线平衡状态的能力。在实际工程中压杆如处于不稳定的直线平衡状态,一旦在干扰力作用下,压杆就会产生突然弯曲直至破坏。

从上面情况可得出,压杆原来的直线平衡状态是否稳定与压力 **F** 的大小有关。当力 **F** 小于临界值时,压杆原来的直线平衡状态是稳定的;当力 **F** 达到临界值时,压杆原来的直线形状的平衡处于由稳定过渡到不稳定的状态,该状态称为临界状态,这个临界值 F_{cr} 习惯称为**临界压力**或**临界力**。所以,中心受压直杆维持稳定平衡的条件为 $F < F_{cr}$。对于压杆稳定性的研究,关键在于确定压杆的临界力 F_{cr}。

压杆经常被应用于各种工程实际中,例如内燃机的连杆和液压装置的活塞杆,此时必须考虑其稳定性,以免引起压杆失稳破坏。工程中的柱、桁架中的压杆、薄壳结构及薄壁容器等,有压力存在时,都可能发生失稳。

15.2　细长压杆的临界力·欧拉公式

15.2.1　两端铰支压杆的临界力

图 15.4 为两端铰支的受压杆。通过对不同杆长、不同截面形状及不同材料压杆的试验,发现有下列规律:

(1)压杆越长,越容易丧失稳定。即压杆越长,临界力 F_{cr} 越小。

(2)压杆的截面越大,越不容易丧失稳定。在截面面积相等的情况下,压杆截面的惯性矩越大,稳定性就越好,临界力 F_{cr} 也就越大。

(3)在压杆的几何尺寸和支承条件相同的情况下,木杆的临界力远小于钢杆的临界力,即临界力 F_{cr} 与压杆的材料有关。

上述关系反映在临界力的计算公式中：

$$F_{cr} = \frac{\pi^2 EI}{l^2} \qquad (15.1)$$

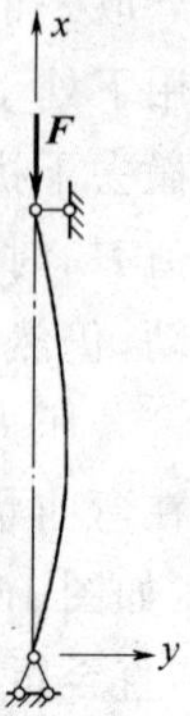

式(15.1)由科学家欧拉依据压杆在临界状态时微弯形状下的挠曲线，经理论分析得出，故该式称为计算临界力的**欧拉公式**。适用于应力不超过比例极限的两端铰支压杆。

15.2.2 不同杆端约束下压杆的临界力

在工程实际中，会遇到不同形式的杆端约束。由试验得知：对几何尺寸相同、材料相同的压杆，如两端支承情况不同，临界力也就不同。杆端约束越强，压杆越不容易丧失稳定，临界力就越大。对各种杆端约束情况下压杆的临界力，我们可通过压杆在临界状态时的挠曲线形状的比较而直接得出。表 15.1 所示分别为两端铰支、一端固定一端自由、两端固定、一端固定一端铰支的压杆在临界状态时的挠曲线形状。

图 15.4

表 15.1 常见压杆的长度系数 μ

杆端弯矩	两端铰支	一端固定、一端自由	两端固定	一端固定、一端铰支
失稳时挠曲线的形状	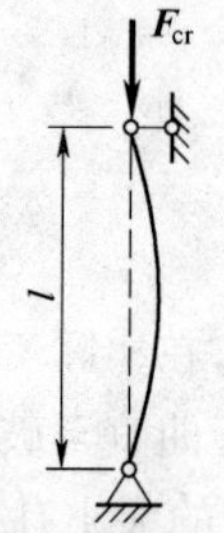	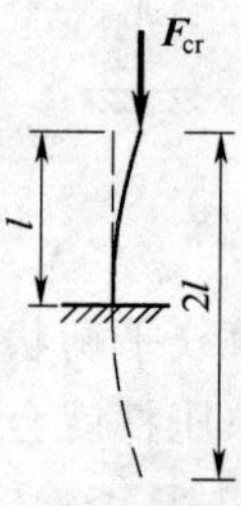	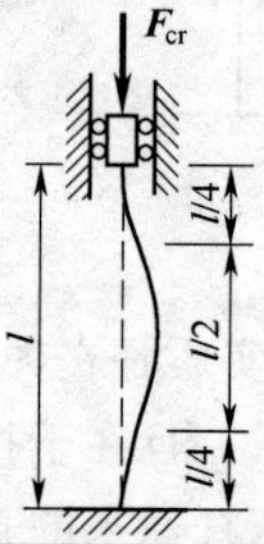	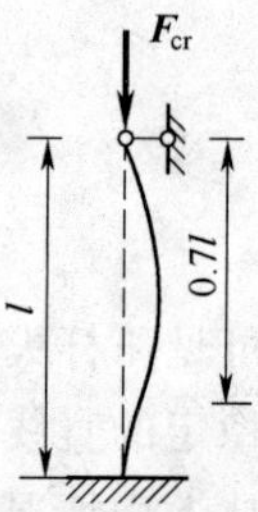
临界力	$F_{cr} = \dfrac{\pi^2 EI}{l^2}$	$F_{cr} = \dfrac{\pi^2 EI}{(2l)^2}$	$F_{cr} = \dfrac{\pi^2 EI}{(0.5l)^2}$	$F_{cr} = \dfrac{\pi^2 EI}{(0.7l)^2}$
长度系数	$\mu = 1$	$\mu = 2$	$\mu = 0.5$	$\mu = 0.7$

由表 15.1 看出，长为 l，一端固定一端自由的压杆在临界状态时的挠曲线形状与长度为 $2l$ 的两端铰支压杆的挠曲线的上半段完全相同。因此其临界力与相当于长度为 $2l$ 的两端铰支压杆的临界力相同，即得一端固定一端自由压杆的临界力计算公式：

$$F_{cr} = \frac{\pi^2 EI}{(2l)^2}$$

同理，两端固定的压杆，其临界力与长度为 $0.5l$ 的两端铰支压杆的临界力相等，即

$$F_{cr} = \frac{\pi^2 EI}{(0.5l)^2}$$

同理，一端固定一端铰支的压杆的临界力等于长度为 $0.7l$ 的两端铰支压杆的临界力，即

$$F_{cr} = \frac{\pi^2 EI}{(0.7l)^2}$$

综合起来，可得到欧拉公式的一般形式为

$$F_{cr} = \frac{\pi^2 EI}{(\mu l)^2} \qquad (15.2)$$

式中，μ 称为**长度系数**，它反映了各种不同约束对临界力的影响。(μl) 称为压杆的**计算长度**或相当长度。常见的几种杆端约束情况的 μ 列于表 15.1 中。

15.3 欧拉公式的适用范围

15.3.1 临界应力・柔度

在未失稳的状态下,压杆产生的是轴向压缩变形,所以在临界力作用下压杆横截面上的应力,可用临界力 F_{cr} 除以压杆的横截面面积 A 而得到,这时的应力称为压杆的**临界应力**,以 σ_{cr} 表示

$$\sigma_{cr} = \frac{F_{cr}}{A}$$

将公式(15.2)代入上式得

$$\sigma_{cr} = \frac{\pi^2 EI}{(\mu l)^2 A} \tag{15.3}$$

式中的 I 和 A 都是与截面有关的几何量。而

$$\frac{I}{A} = i^2$$

i 是截面的惯性半径。这样

$$\sigma_{cr} = \frac{\pi^2 E i^2}{(\mu l)^2} = \frac{\pi^2 E}{\left(\dfrac{\mu l}{i}\right)^2}$$

令

$$\lambda = \frac{\mu l}{i} \tag{15.4}$$

得

$$\sigma_{cr} = \frac{\pi^2 E}{\lambda^2} \tag{15.5}$$

式(15.5)称为压杆临界应力的**欧拉公式**。λ 为压杆的计算长度 μl 与惯性半径 i 的比值,称为压杆的**柔度**或**长细比**,是无量纲的量。由公式(15.4)和式(15.5)可看出,如压杆越细长,柔度 λ 则越大,临界应力 σ_{cr} 就越小,说明压杆越容易丧失稳定。反之,若为短粗的压杆,柔度就小,σ_{cr} 就较大,压杆就不容易失稳。所以柔度 λ 是压杆稳定计算中的一个重要参数。

15.3.2 欧拉公式的适用范围

欧拉公式是在压杆的应力不超过材料的比例极限这一条件下得出的,所以欧拉公式的适用条件为

$$\sigma_{cr} = \frac{\pi^2 E}{\lambda^2} \leqslant \sigma_p$$

或写成

$$\lambda \geqslant \sqrt{\frac{\pi^2 E}{\sigma_p}} = \pi\sqrt{\frac{E}{\sigma_p}}$$

令

$$\lambda_p = \pi\sqrt{\frac{E}{\sigma_p}}$$

λ_p 是对应于材料比例极限时的柔度值。于是欧拉公式的适用范围为

$$\lambda \geqslant \lambda_p \tag{15.6}$$

工程中把 $\lambda \geqslant \lambda_p$ 的压杆称为**细长杆**或**大柔度杆**。上式说明,只有细长杆才能应用欧拉公式计算压杆的临界力和临界应力。

λ_p 大小与材料的力学性能有关，不同材料的 λ_p 不同。例如 Q235 钢，若取 $E=2.1\times10^5$ MPa，$\sigma_p=200$ MPa，则得 $\lambda_p\approx100$。这就是说，用 Q235 钢制成的压杆，只有当 $\lambda\geqslant100$ 时才能运用欧拉公式。对于铸铁，λ_p 大约在 80 左右；对于松木，λ_p 大约为 110 左右。

【例 15.1】 有一长 $l=3$ m 的压杆，截面为 20a 号工字钢，两端铰支，材料为 Q235 钢，$E=2.1\times10^5$ MPa，如图 15.5 所示。试计算压杆的临界力和临界应力。

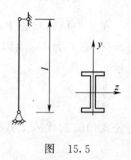

图　15.5

【解】 压杆两端为铰支，$\mu=1$。I_y、I_z 为形心主惯性矩，$I_{\min=I_y}$。压杆失稳则绕 y 轴发生弯曲变形。查型钢表得：

$$i_y=2.12 \text{ cm}, \quad I_y=158 \text{ cm}^4, \quad A=35.5 \text{ cm}^2$$

$$\lambda=\frac{\mu l}{i}=\frac{1\times300}{2.12}=142>\lambda_p=100$$

压杆为细长杆，可用欧拉公式计算临界力：

$$F_{cr}=\frac{\pi^2 EI}{(\mu l)^2}=\frac{\pi^2\times2.1\times10^5\times158\times10^4}{(1\times3\times10^3)^2}=363.9\times10^3(\text{N})$$

临界应力：

$$\sigma_{cr}=\frac{F_{cr}}{A}=\frac{363.9\times10^3}{35.5\times10^2}=102.5(\text{MPa})$$

【例 15.2】 图 15.6 为一轴向受压杆，杆长 $l=8$ m，矩形截面，$b\times h=120$ mm$\times200$ mm，材料为松木，$E=10$ GPa，$\lambda_p=110$。其支承情况是：在 xOz 平面内失稳时（绕中性轴 y 轴弯曲），两端为铰支，如图 15.6(a) 所示。在 xOy 平面内失稳时（绕中性轴 z 弯曲），两端视为固定端，如图 15.6(b) 所示。试求木柱的临界力，并从稳定性方面进行分析，该柱的截面尺寸怎样才合理。

【解】 因该柱在两个方向的支承情况不同，所以需计算出该压杆分别绕两个中性轴 y 和 z 弯曲失稳时的临界力，然后进行比较，确定木柱的临界力。

(1)计算木柱绕 y 轴在 xOz 平面内失稳时的临界力。

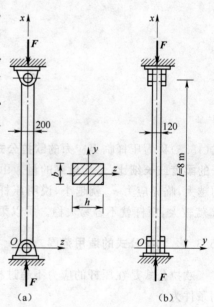

图　15.6

$$I_y=\frac{bh^3}{12}=\frac{120\times200^3}{12}=8\times10^7 \text{ (mm}^4)$$

$$i_y=\sqrt{\frac{I_y}{A}}=\sqrt{\frac{bh^3}{12bh}}=\frac{h}{\sqrt{12}}=\frac{200}{\sqrt{12}}=57.7(\text{mm})$$

$$\mu=1, \quad \lambda=\frac{\mu l}{i_y}=\frac{1\times8\,000}{57.7}=139>\lambda_p=110$$

压杆为细长杆，则

$$F_{cr}=\frac{\pi^2 EI_y}{(\mu l)^2}=\frac{\pi^2\times10\times10^3\times8\times10^7}{(1\times8\times10^3)^2}=123.4\times10^3(\text{N})=123.4(\text{kN})$$

(2)计算柱绕 z 轴在 xOy 平面内弯曲失稳时的临界力。

$$I_z=\frac{bh^3}{12}=\frac{200\times120^3}{12}=288\times10^5 \text{ (mm}^4)$$

$$i_z = \frac{b}{\sqrt{12}} = \frac{120}{\sqrt{12}} = 34.6(\text{mm})$$

$$\mu = 0.5, \qquad \lambda = \frac{\mu l}{i_z} = \frac{0.5 \times 8\,000}{34.6} = 116 > \lambda_p = 110$$

压杆为细长杆,则

$$F_{cr} = \frac{\pi^2 E I_z}{(\mu l)^2} = \frac{\pi^2 \times 10 \times 10^3 \times 288 \times 10^5}{(0.5 \times 8 \times 10^3)^2} = 177.7 \times 10^3(\text{N}) = 177.7(\text{kN})$$

(3)计算结果表明,木柱如果失稳,是绕 y 轴在 xOz 平面内弯曲,其临界力 $F_{cr} = 123$ kN。这里需指出,当压杆在两个方向的支承情况不同时,不能只以 $I_{\min}$ 判断失稳方向。

(4)讨论:

①如果压杆在两个方向的支承情况相同时,由 $I_{\min}$ 判断失稳方向。

②如果压杆在两个方向的支承情况不同时,则需分别计算在两个方向失稳时的临界力,然后取其中一个小的值作为压杆的临界力,这样计算较繁琐。由

$$\sigma_{cr} = \frac{\pi^2 E}{\lambda^2}$$

可知,压杆的柔度 λ 大,则抵抗失稳的能力弱,即 σ_{cr} 小,F_{cr} 小。所以,可先分别计算出两个方向的柔度值,确定压杆失稳弯曲的方向。

由 $$\lambda_y = \frac{\mu l}{i_y} \quad 得 \quad \lambda_y = 139$$

由 $$\lambda_z = \frac{\mu l}{i_z} \quad 得 \quad \lambda_z = 116$$

$$\lambda_y > \lambda_z$$

从而判断,压杆首先在 xOz 平面内绕 y 轴弯曲失稳。所以只须计算出 $F_{cr} = 123.4$ kN,即为该压杆的临界力。

(5)要使压杆的截面尺寸比较合理,即压杆在两个方向的 σ_{cr} 相同,有 $\lambda_y = \lambda_z$,即

$$\frac{1 \times l\sqrt{12}}{h} = \frac{0.5l\sqrt{12}}{b}$$

$$\frac{1}{h} = \frac{0.5}{b}$$

整理后得 $h/b = 2$。在本例的条件下,截面尺寸的比例关系以 $h : b = 2$ 为合理。

15.4　中长杆的临界力计算

15.4.1　中长杆的临界力计算——经验公式

上面指出,欧拉公式只适用于较细长的大柔度杆,即临界应力不超过材料的比例极限(处于弹性稳定状态)。当临界应力超过比例极限时,材料处于弹塑性阶段,此类压杆的稳定属于弹塑性稳定(非弹性稳定)问题,此时,欧拉公式不再适用。对这类压杆各国大都采用经验公式计算临界力或临界应力,经验公式是在试验和实践资料的基础上,经过分析、归纳而得到的。各国采用的经验公式多以本国的试验为依据,因此计算不尽相同。我国比较常用的经验公式有直线公式和抛物线公式等,本书只介绍直线公式,其表达式为:

$$\sigma_{cr} = a - b\lambda \tag{15.7}$$

式中 a 和 b 是与材料有关的常数，其单位为 MPa。一些常用材料的 a、b 值可见表 15.2 所列。

表 15.2　几种常用材料的 a、b 值

材　　料	a（MPa）	b（MPa）	λ_p	λ_p'
Q235 钢	304	1.12	100	62
硅钢	577	3.74	100	60
铬钼钢	980	5.29	55	0
硬铝	372	2.14	50	0
铸铁	331.9	1.453	—	—
松木	39.2	0.199	59	0

应当指出，经验公式（15.7）也有其适用范围，它要求临界应力不超过材料的受压极限应力。这是因为当临界应力达到材料的受压极限应力时，压杆已因为强度不足而破坏。因此，对于由塑性材料制成的压杆，其临界应力不允许超过材料的屈服应力 σ_s，即：

$$\sigma_{cr} = a - b\lambda \leqslant \sigma_s$$

或

$$\lambda \geqslant \frac{a - \sigma_s}{b}$$

令

$$\lambda_p' = \frac{a - \sigma_s}{b} \tag{15.8}$$

得

$$\lambda \geqslant \lambda_p'$$

式中，λ_p' 表示当临界应力等于材料的屈服点应力时压杆的柔度值。与 λ_p 一样，它也是一个与材料的性质有关的常数。因此，直线经验公式的适用范围为：

$$\lambda_p' < \lambda < \lambda_p$$

计算时，一般把柔度值介于 λ_p' 与 λ_p 之间的压杆称为**中长杆**或**中柔度杆**，而把柔度小于 λ_p' 的压杆称为**短粗杆**或**小柔度杆**。对于柔度小于 λ_p' 的短粗杆或小柔度杆，其破坏则是因为材料的抗压强度不足而造成的，如果将这类压杆也按照稳定问题进行处理，则对塑性材料制成的压杆来说，可取临界应力 $\sigma_{cr} = \sigma_s$。

15.4.2　临界应力总图

由上述可知，可以把压杆分为三类，即细长杆（$\lambda \geqslant \lambda_p$），中长杆（$\lambda_p' \leqslant \lambda < \lambda_p$）和短粗杆（$\lambda < \lambda_p'$）。实际压杆的柔度值不同，临界应力的计算公式将不同。为了直观地表达这一点，可以绘出临界应力随柔度的变化曲线，如图15.7 所示。这种图线称为压杆的**临界应力总图**。

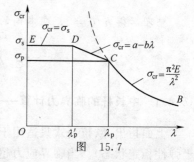

图　15.7

【例 15.3】　图 15.8 所示压杆的截面为矩形，$h = 82$ mm，$b = 50$ mm，杆长 $l = 2$ m，材料为 Q235 钢，$\sigma_s = 235$ MPa，$\sigma_p = 200$ MPa，$E = 200$ GPa。在图 15.8（a）平面内，杆端约束为两端铰支；在图 15.8（b）平面内，杆端约束为两端固定。求此压杆的临界应力。

【解题分析】　求解稳定问题时，首先要判断压杆的失稳平面。因为压杆在两个纵向平面内的杆端约束和抗弯刚度都不同，故需计算压杆在两个形心主惯性平面内的柔度值。压杆将在柔度较大的平面内失稳。其次,还要确定压杆的类型,注意欧拉公式、经验公式的使用范围,压杆的柔度值不同,临界应力的计算公式将不同。

【解】 (1)判断压杆的失稳平面。压杆在 xOy 平面内的杆端约束为两端铰支,$\mu=1$。惯性半径为:

$$i_z = \sqrt{\frac{I_z}{A}} = \sqrt{\frac{\frac{bh^3}{12}}{A}} = \frac{h}{\sqrt{12}} = \frac{82}{\sqrt{12}} = 23.67(\text{mm})$$

由式(15.4)知柔度为:

$$\lambda_z = \frac{\mu l}{i_z} = \frac{1 \times 2 \times 10^3}{23.67} = 84.50$$

压杆在 xOz 平面内的杆端约束为两端固定,$\mu=0.5$,惯性半径为:

$$i_y = \sqrt{\frac{I_y}{A}} = \sqrt{\frac{\frac{hb^3}{12}}{A}} = \frac{b}{\sqrt{12}} = \frac{50}{\sqrt{12}} = 14.43(\text{mm})$$

由式(15.4)知柔度为:

$$\lambda_y = \frac{\mu l}{i_y} = \frac{0.5 \times 2 \times 10^3}{14.43} = 69.30$$

由于 $\lambda_z > \lambda_y$,故压杆将在 xOy 平面内失稳。

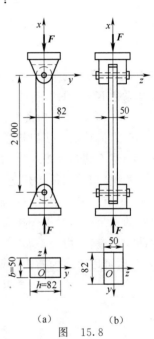

图 15.8

(2)确定压杆类型的临界应力。由式 $\lambda_p = \pi\sqrt{\frac{E}{\sigma_p}}$ 可得:

$$\lambda_p = \pi\sqrt{\frac{E}{\sigma_p}} = \pi\sqrt{\frac{200 \times 10^3}{200}} = 99.3 > \lambda_z = 84.50$$

查表 15.2 可知 $a = 304$ MPa,$b = 1.12$ MPa,又由式(15.8)得:

$$\lambda_p' = \frac{a - \sigma_s}{b} = \frac{304 - 235}{1.12} = 61.61 < \lambda_z = 84.50$$

因为 $\lambda_p' < \lambda_z < \lambda_p$,压杆在 xOy 平面内为中柔度杆。

(3)计算压杆的临界应力。根据上述计算结果,应采用经验公式计算其临界应力。利用直线公式(15.7)可得:

$$\sigma_{cr} = a - b\lambda_z = 209.36(\text{MPa})$$

15.5 压杆的稳定计算——折减系数法

15.5.1 压杆的稳定条件

要保证压杆在荷载作用下不发生失稳且有一定的安全储备,其条件是

$$F \leqslant \frac{F_{cr}}{K_w}$$

式中 F —— 实际作用在压杆上的力;

F_{cr} ——压杆的临界力;

K_w ——稳定安全系数。一般比强度安全系数取得大。

和强度计算一样,在实用计算时采用应力的形式表达压杆的稳定条件:

$$\sigma = \frac{F}{A} \leqslant \frac{F_{cr}}{A K_w} = \frac{\sigma_{cr}}{K_w}$$

或写成

$$\sigma \leqslant [\sigma_w] \tag{15.9}$$

式中 $[\sigma_w]$ 称为稳定许用应力。因为临界应力 σ_{cr} 和稳定安全系数 K_w 都随压杆的柔度 λ 变化，所以 $[\sigma_w]$ 也是随 λ 变化的量，这与计算强度时的许用应力 $[\sigma]$ 不同。

15.5.2　折减系数

工程中对压杆的稳定计算通常采用折减系数法。就是将材料的轴向许用应力 $[\sigma]$ 乘以一个折减系数 φ（也称为稳定系数）作为压杆的稳定许用应力 $[\sigma_w]$，即

$$[\sigma_w] = \varphi[\sigma] \tag{15.10}$$

则

$$\varphi = \frac{[\sigma_w]}{[\sigma]} = \frac{\dfrac{\sigma_{cr}}{K_w}}{\dfrac{\sigma_{jx}}{K}} = \frac{\sigma_{cr} K}{\sigma_{jx} K_w}$$

式中，压杆稳定的临界应力 σ_{cr} 小于材料强度的极限应力 σ_{jx}，而强度安全系数 K 也小于稳定安全系数 K_w，因此，折减系数 φ 是一个小于 1 的系数。式中还表明，对于同种材料同一类型压杆，σ_{jx}、K 与 K_w 为常数，φ 则与 σ_{cr} 成正比。临界应力 σ_{cr} 随压杆的柔度 λ 改变，柔度越大，临界应力值越低。所以折减系数 φ 也随压杆的柔度而变化，柔度越大，φ 值越小。因此，工程计算中将不同柔度 λ 对应的 φ 值算出，列成折减系数表供实际计算查用。

我国《钢结构设计规范》（GB 500017—2003）给出了钢材在不同柔度下的 φ 值。材质不同，φ 值有区别。将压杆截面分成 a、b、c 三类（表 15.3），考虑了截面形状、尺寸和加工条件所决定的残余应力对压杆临界应力的影响。计算时，先算压杆柔度 λ 值，再根据截面形式和失稳弯曲的对应轴，由表 15.3 查出属于哪类截面，然后查表 15.4，找出 λ 对应的 φ 值。对表中未列部分，可用直线内插法计算。

表 15.3　轴心受压构件的截面分类（板厚 $t < 40$ mm）

截面形式		对 x 轴	对 y 轴
轧制		a 类	a 类
轧制，$b/h \leqslant 0.8$		a 类	b 类
轧制，$b/h > 0.8$　焊接，翼缘为焰切边　焊接		b 类	b 类

续上表

截　面　形　式			对 x 轴	对 y 轴
轧制		轧制等边角钢		
轧制,焊接(板件宽厚比＞20)	轧制或焊接		b 类	b 类
焊接		轧制截面和翼缘为焰切边的焊接截面		

注:此表摘自《钢结构设计规范》(GB 500017—2003)。

表 15.4(1)　a 类截面轴心受压构件的折减系数 φ

$\lambda\sqrt{\dfrac{f_y}{235}}$	0	1	2	3	4	5	6	7	8	9
0	1.000	1.000	1.000	1.000	0.999	0.999	0.998	0.998	0.997	0.996
10	0.995	0.994	0.993	0.992	0.991	0.989	0.988	0.986	0.985	0.983
20	0.981	0.979	0.977	0.976	0.974	0.972	0.970	0.968	0.966	0.964
30	0.963	0.961	0.959	0.957	0.955	0.952	0.950	0.948	0.946	0.944
40	0.941	0.939	0.937	0.934	0.932	0.929	0.927	0.924	0.921	0.919
50	0.916	0.913	0.910	0.907	0.904	0.900	0.897	0.894	0.890	0.886
60	0.883	0.879	0.875	0.871	0.867	0.863	0.858	0.854	0.849	0.844
70	0.839	0.834	0.829	0.824	0.818	0.813	0.807	0.801	0.795	0.789
80	0.783	0.776	0.770	0.763	0.757	0.750	0.743	0.736	0.728	0.721
90	0.714	0.706	0.699	0.691	0.684	0.676	0.668	0.661	0.653	0.645
100	0.638	0.630	0.622	0.615	0.607	0.600	0.592	0.585	0.577	0.570
110	0.563	0.555	0.548	0.541	0.534	0.527	0.520	0.514	0.507	0.500

$\lambda\sqrt{\dfrac{f_y}{235}}$	0	1	2	3	4	5	6	7	8	9
120	0.494	0.488	0.481	0.475	0.469	0.463	0.457	0.451	0.445	0.440
130	0.434	0.429	0.423	0.418	0.412	0.407	0.402	0.397	0.392	0.387
140	0.383	0.378	0.373	0.369	0.364	0.360	0.356	0.351	0.347	0.343
150	0.339	0.335	0.331	0.327	0.323	0.320	0.316	0.312	0.309	0.305
160	0.302	0.298	0.295	0.292	0.289	0.285	0.282	0.279	0.276	0.273
170	0.270	0.267	0.264	0.262	0.259	0.256	0.253	0.251	0.248	0.246
180	0.243	0.241	0.238	0.236	0.233	0.231	0.229	0.226	0.224	0.222
190	0.220	0.218	0.215	0.213	0.211	0.209	0.207	0.205	0.203	0.201
200	0.199	0.198	0.196	0.194	0.192	0.190	0.189	0.187	0.185	0.183
210	0.182	0.180	0.179	0.177	0.175	0.174	0.172	0.171	0.169	0.168
220	0.166	0.165	0.164	0.162	0.161	0.159	0.158	0.157	0.155	0.154
230	0.153	0.152	0.150	0.149	0.148	0.147	0.146	0.144	0.143	0.142
240	0.141	0.140	0.139	0.138	0.136	0.135	0.134	0.133	0.132	0.131
250	0.130	—	—	—	—	—	—	—	—	—

注：摘自《钢结构设计规范》（GB 500017—2003）。材料为 Q235 钢时，λ 直接取其值，因 $f_y=235$；其他钢号时，例如 Q215 钢，λ 取值为 $\lambda\sqrt{\dfrac{215}{235}}$。

表 15.4(2)　b 类截面轴心受压构件的折减系数 φ

$\lambda\sqrt{\dfrac{f_y}{235}}$	0	1	2	3	4	5	6	7	8	9
0	1.000	1.000	1.000	0.999	0.999	0.998	0.997	0.996	0.995	0.994
10	0.992	0.991	0.989	0.987	0.985	0.983	0.981	0.978	0.976	0.973
20	0.970	0.967	0.963	0.960	0.957	0.953	0.950	0.946	0.943	0.939
30	0.936	0.932	0.929	0.925	0.922	0.918	0.914	0.910	0.906	0.903
40	0.899	0.895	0.891	0.887	0.882	0.878	0.874	0.870	0.865	0.861
50	0.856	0.852	0.847	0.842	0.838	0.833	0.828	0.823	0.818	0.813
60	0.807	0.802	0.797	0.791	0.786	0.780	0.774	0.769	0.763	0.757
70	0.751	0.745	0.739	0.732	0.726	0.720	0.714	0.707	0.701	0.694
80	0.688	0.681	0.675	0.668	0.661	0.655	0.648	0.641	0.635	0.628
90	0.621	0.614	0.608	0.601	0.594	0.588	0.581	0.575	0.568	0.561
100	0.555	0.549	0.542	0.536	0.529	0.523	0.517	0.511	0.505	0.449
110	0.493	0.487	0.481	0.475	0.470	0.464	0.458	0.453	0.447	0.442
120	0.437	0.432	0.426	0.421	0.416	0.411	0.406	0.402	0.397	0.392
130	0.387	0.383	0.378	0.374	0.370	0.365	0.361	0.357	0.353	0.349

$\lambda\sqrt{\dfrac{f_y}{235}}$	0	1	2	3	4	5	6	7	8	9
140	0.345	0.341	0.337	0.333	0.329	0.326	0.322	0.318	0.315	0.311
150	0.308	0.304	0.301	0.298	0.295	0.291	0.288	0.285	0.282	0.279
160	0.276	0.273	0.270	0.267	0.265	0.262	0.259	0.256	0.254	0.251
170	0.249	0.246	0.244	0.241	0.239	0.236	0.234	0.232	0.229	0.227
180	0.225	0.223	0.220	0.218	0.216	0.214	0.212	0.210	0.208	0.206
190	0.204	0.202	0.200	0.198	0.197	0.195	0.193	0.191	0.190	0.188
200	0.186	0.184	0.183	0.181	0.180	0.178	0.176	0.175	0.173	0.172
210	0.170	0.169	0.167	0.166	0.165	0.163	0.162	0.160	0.159	0.158
220	0.156	0.155	0.154	0.153	0.151	0.150	0.149	0.148	0.146	0.145
230	0.144	0.143	0.142	0.141	0.140	0.138	0.137	0.136	0.135	0.134
240	0.133	0.132	0.131	0.130	0.129	0.128	0.127	0.126	0.125	0.124
250	0.123	—	—	—	—	—	—	—	—	—

注:摘自《钢结构设计规范》(GB 500017—2003)。

15.5.3　稳定性计算

将式(15.10)代入式(15.9)中,即得压杆用折减系数表示的稳定条件:

$$\sigma=\frac{F}{A}\leqslant\varphi[\sigma] \tag{15.11}$$

因表中包括了细长杆及中长杆的 φ 值,所以用式(15.11)进行压杆稳定性计算时,不需先区分压杆是属中长杆还是细长杆。

根据压杆的稳定条件,可解决压杆稳定的三方面的问题。

1. 校核压杆的稳定性

首先按压杆的支承情况确定 μ 值。然后由已知的截面形状和尺寸,计算截面面积 A、惯性矩 I、惯性半径 i、柔度 λ。再依据压杆的材料及求得的 λ 值,从表15.4中查出相应的 φ 值,最后验算是否满足条件。

2. 确定许用荷载

首先根据压杆的支承情况、截面形状和尺寸,确定 μ 值,并计算出截面面积 A、惯性矩 I、惯性半径 i 和 λ 值,然后再依据压杆的材料和 λ 值查表15.4得出 φ 值。最后按稳定条件 $\sigma=F/A\leqslant\varphi[\sigma]$ 解不等式,得 $F\leqslant\varphi A[\sigma]$,取 F 的限值为 $[F]$。

3. 选择截面

$$A\geqslant\frac{F}{\varphi[\sigma]}$$

上式表明,要计算 A,需要知道 φ,但 φ 与 λ 有关,λ 与 i 有关,i 又与 A 有关。所以当 A 是未知时,λ 值就不能求得,φ 也就不能确定。因此,工程上多采用试算法(或称逐次渐近法),其步骤如下：

(1)先假设一个 φ_1 值(一般取 0.5)，由此计算得 A_1。

(2)依据初选的截面尺寸算 i，计算出 λ 值，查表 15.3、表 15.4 得 φ_1'，然后将 φ_1' 与 φ_1 进行比较，如两者数值比较接近(一般相差在 0.01 左右)，则可用选择的截面进行稳定校核，必要时再进行强度校核。

(3)如 φ_1 与 φ_1' 相差较大，则再设 $\varphi_2=\dfrac{\varphi_1+\varphi_1'}{2}$ 重复上述的计算，直至 φ_n' 与 φ_n 接近为止。

【例 15.4】 千斤顶如图 15.9 所示。已知丝杆长 $l=48.5$ cm，$h=10$ cm，丝杆内径 $d=4$ cm，材料为 Q235 钢，最大起重量要求 $F=70$ kN，许用应力 $[\sigma]=80$ MPa。试校核丝杆的稳定性。

【解】 丝杆的工作长度为：$l-h=48.5-10=38.5$ cm。

丝杆可看作 A 端为自由、B 端为固定，故 $\mu=2$。

$$i=\frac{d}{4}=\frac{40}{4}=10(\text{mm}), \qquad A=\frac{\pi d^2}{4}=\frac{\pi\times 40^2}{4}=1\,257\,(\text{mm})^2$$

$$\lambda=\frac{\mu l}{i}=\frac{2\times 385}{10}=77$$

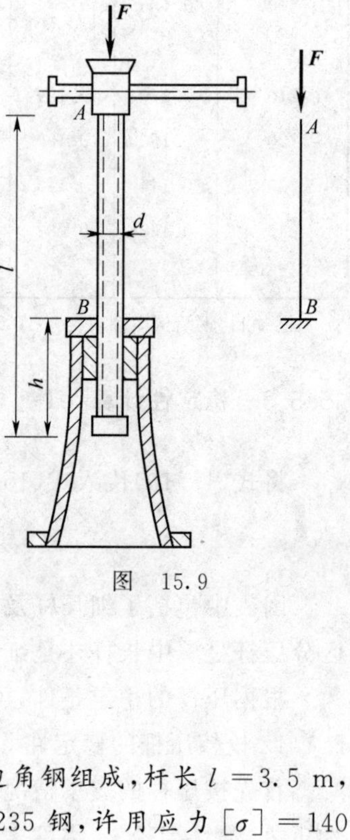

根据表 15.3 可查得压杆属 a 类，材料为 Q235 钢，查表 15.4(1)中 Q235 钢 a 类的 φ 值：$\lambda=70,\varphi=0.839$；$\lambda=80,\varphi=0.783$。$\lambda=77$ 时，内插得：

$$\varphi=0.839-\frac{0.839-0.783}{80-70}(77-70)=0.799\,8$$

$$\left(\text{或 }\varphi=0.783+\frac{0.839-0.783}{80-70}(80-77)=0.799\,8\right)$$

$$\varphi[\sigma]=0.799\,8\times 80=63.98(\text{MPa})$$

校核稳定性：

$$\sigma=\frac{F}{A}=\frac{70\times 10^3}{1257}=55.7(\text{MPa})<\varphi[\sigma]$$

所以丝杆满足稳定条件。

【例 15.5】 图 15.10(a)所示桁架，其上弦杆 CD 由两根等边角钢组成，杆长 $l=3.5$ m，两端用直径 $d=20$ mm 的铆钉与结点板连接。已知材料为 Q235 钢，许用应力 $[\sigma]=140$ MPa，试选择角钢的型号。

图 15.9

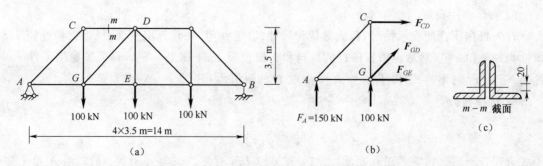

(a)　　　　　　　　(b)　　　　　　(c)

图　15.10

【解】 (1)先求 CD 杆所受的内力 F_{CD}

A、B 支座反力为

$$F_A = F_B = 150 \text{ kN}$$

用截面法将桁架假想地截开,取左半桁架为研究对象,如图 15.10(b)所示。

$$\sum M_G = 0, \qquad F_{CD} \times 3.5 + F_{RA} \times 3.5 = 0$$

$$F_{CD} = -F_{RA} = -150(\text{kN})$$

CD 杆为压杆。在稳定计算中轴力取绝对值。

(2)设计截面

①设 $\varphi_1 = 0.5$

$$A_1 \geqslant \frac{F_{CD}}{\varphi_1[\sigma]} = \frac{150 \times 10^3}{0.5 \times 140} = 2\ 143\ (\text{mm})^2$$

查附录型钢表初选 80 mm×80 mm×7 mm 等边角钢。

CD 杆的两端有铆钉孔,但因压杆的稳定性取决于整个杆件的抗弯刚度,故在稳定计算中不考虑局部的削弱,而按截面的毛面积计算。

$$A_1 = 2 \times 1\ 086 = 2\ 172(\text{mm}^2), \qquad i_{1\min} = 24.6 \text{ mm}$$

则

$$\lambda_1 = \frac{\mu l}{i_{1\min}} = \frac{1 \times 3\ 500}{24.6} = 142.3$$

由表 15.3 查得压杆的截面属于 b 类,查表 15.4(2)得

$$\lambda = 140, \varphi = 0.345; \qquad \lambda = 150, \varphi = 0.308$$

用内插法计算 $\lambda_1 = 142.3$ 对应的 φ 值:

$$\varphi_1' = 0.345 - \frac{0.345 - 0.308}{150 - 140}(142.3 - 140) = 0.336$$

φ_1' 与 $\varphi_1 = 0.5$ 相差较大,需重设 φ 值。

②重设 φ_2

$$\varphi_2 = \frac{\varphi_1 + \varphi_1'}{2} = \frac{0.5 + 0.336}{2} = 0.418$$

$$A_2 \geqslant \frac{F_{CD}}{\varphi_2[\sigma]} = \frac{150 \times 10^3}{0.418 \times 140} = 2\ 563(\text{mm}^2)$$

查附录型钢表选 90 mm×90 mm×8 mm 等边角钢:

$$A_2 = 2 \times 1\ 394.4 = 2\ 788.8(\text{mm}^2), \qquad i_{2\min} = 27.6 \text{ mm}$$

则

$$\lambda_2 = \frac{\mu l}{i_{2\min}} = \frac{1 \times 3\ 500}{27.6} = 126.8$$

查表 15.4(2),用内插法计算 λ_2 对应的 φ 值:

$$\varphi_2 = 0.437 - \frac{0.437 - 0.387}{130 - 120}(126.8 - 120) = 0.403$$

φ_2' 与 $\varphi_2 = 0.418$ 接近,则按 90 mm×90 mm×8 mm 等边角钢进行稳定性校核。

③稳定性校核

$$\varphi[\sigma] = \varphi_2'[\sigma] = 0.403 \times 140 = 56.4(\text{MPa})$$

$$\sigma = \frac{F_{CD}}{A_2} = \frac{150 \times 10^3}{2\ 788.8} = 53.8(\text{MPa}) < \varphi[\sigma]$$

压杆的稳定性足够。

（3）强度校核

压杆 CD 的两端有钉孔，横截面被削弱，需对危险截面进行强度校核。在强度计算中，危险截面的面积采用净面积。

$$A_净 = 2\,788.8 - 2 \times 20 \times 8 = 2\,468.8(\text{mm}^2)$$

$$\sigma = \frac{F_{CD}}{A_净} = \frac{150 \times 10^3}{2\,468.8} = 60.8(\text{MPa}) < [\sigma] = 140(\text{MPa})$$

强度足够。故桁架的上弦杆 CD 选用 90 mm×90 mm×8 mm 的等边角钢。

15.6　提高压杆稳定性的措施

由以上各节的讨论可知，影响压杆稳定性的因素有：压杆的截面形状及尺寸、压杆的长度、压杆两端的支承情况及材料的性质等。因此研究如何提高压杆的稳定性时，也从这几方面进行分析。

15.6.1　选择合理的截面形状

（1）提高压杆的稳定性，也就是提高压杆的临界力、临界应力。如压杆为细长杆，根据计算临界力的欧拉公式（15.2）可知，压杆截面的惯性矩越大，则临界力 F_{cr} 也就越大。如压杆属中长杆，其临界应力 σ_{cr} 是随柔度 λ 的减小而增大，而 λ 又与惯性半径 i 成反比，$i = \sqrt{I/A}$ 。因此要提高压杆的稳定性，应尽量使 i 大些，也就是尽量增大截面的惯性矩。故无论压杆是细长杆还是中长杆，在一定的截面面积的情况下，应设法增加惯性矩 I、惯性半径 i，减小柔度。在工程上常采用空心截面，将材料尽量布置在远离截面形心主轴处，如将图 15.11(a)、(b) 实心截面改为空心截面(c)、(d) 的形式。在采用组合截面时，如图 15.12 所示由四根角钢组成的立柱，角钢材料应布置在截面的四周，如图 15.12(a)，而不是集中地布置在截面形心主轴的附近，如图 15.12(b) 所示。

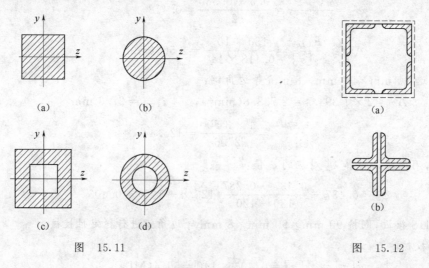

图　15.11　　　　　　　　　　　　　　图　15.12

（2）当压杆两端在各个方向的支承情况相同时，即 μ 值相同，压杆总是绕 I 小的形心主轴弯曲失稳。因此当截面面积一定时，尽量使截面对两个形心主轴的惯性矩相等（即 $I_y = I_z$）或接近，如采用圆形、正方形一类的截面。又如图 15.13 所示，由两根槽钢组成的压杆，图(b)的截面布置比图(a)好,而在图(b)的布置形式下,调整两根槽钢间距离使其达到 $I_y = I_z$,则压杆在两个方向的稳定性相同。

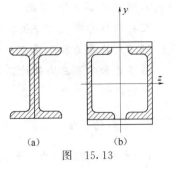

(3)当压杆两端的支承情况在两个方向不同时,即 μ 值不相同,则采用 I_y 和 I_z 不等的截面与相应的约束条件配合。如采用矩形或工字形截面,使得在两个相互垂直方向的柔度尽可能相等或接近,从而达到在两个方向上抵抗失稳的能力相等或接近的目的。

图 15.13

15.6.2 减小压杆的长度

在其他条件相同情况下,杆长 l 越小,则 λ 越小,临界应力就越大,抵抗失稳的能力越高。因此压杆应尽量避免又细又长。为减小压杆的长度,如图 15.14(a)所示两端铰支的压杆,在不防碍其工作的情况下,可在杆中间增加一个链杆支座,如图 15.14(b)所示,这样就缩短了压杆长度,增加了稳定性,如所加的支座在杆长的中点,则长度为原来的一半,柔度为原来的一半,而临界应力是原来的 4 倍。

15.6.3 改善支承情况

因压杆两端约束得越牢,μ 值越小,计算长度 μl 就越小,它的临界力和临界应力就越大。故采用 μ 值小的支承形式,如图 15.15(a)所示,这样可有力地提高压杆的稳定性,或增加杆下端的约束长度尺寸 h,也可起到加强杆端约束增加压杆稳定性的作用,如图 15.15(b)。

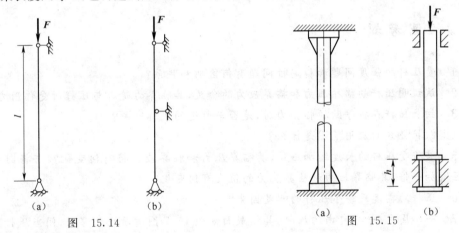

图 15.14   图 15.15

15.6.4 材料方面

对于 $\lambda \geqslant \lambda_p$ 的细长杆,临界应力 $\sigma_{cr} = \pi^2 E / \lambda^2$。从式中可知,压杆材料的弹性模量 E 大,则压杆的临界应力 σ_{cr} 越大,故可选用 E 值较大的材料提高压杆的稳定性。对于 E 值大致相同的材料,如合金钢与低碳钢,就没有必要选用高强度材料了,否则造成浪费。

 本章小结

15.1 压杆稳定的概念
压杆稳定是杆件承载能力研究的一个方面。为保证压杆能安全可靠的工作,除必须满足强度与刚度的要求外,还必须保证压杆在工作时的稳定性要求。

压杆保持原有直线平衡状态的能力称为压杆的稳定性。

15.2　临界力和临界应力

临界力和临界应力的计算是研究压杆稳定性问题的关键。一般分为细长杆、中长杆、短粗杆三种情况进行计算。

(1)压杆的柔度
$$\lambda = \frac{\mu l}{i} \,, \qquad i = \sqrt{\frac{I}{A}}$$

(2)大柔度杆临界应力和临界压力计算的欧拉公式

$$\sigma \leqslant \sigma_{\mathrm{p}}, \qquad \lambda \geqslant \lambda_{\mathrm{p}}, \qquad \sigma_{\mathrm{cr}} = \frac{\pi^2 E}{\lambda^2}, \qquad F_{\mathrm{cr}} = \frac{\pi^2 EI}{(\mu l)^2}$$

(3)中小柔度杆临界应力和临界压力计算的经验公式

$$\sigma > \sigma_{\mathrm{p}}, \qquad \lambda'_{\mathrm{p}} \leqslant \lambda < \lambda_{\mathrm{p}}, \qquad \sigma_{\mathrm{cr}} = a - b\lambda^2, \qquad F_{\mathrm{cr}} = \sigma_{\mathrm{cr}} A$$

15.3　压杆稳定条件的校核步骤

(1)根据压杆的支承情况和实际尺寸计算出各个弯曲平面内的柔度,从而得到最大柔度;

(2)根据最大柔度确定该压杆的临界应力的计算公式,计算临界应力和临界力;

(3)根据压杆稳定条件校核压杆的稳定性。

折减系数稳定条件:

$$\sigma = \frac{F}{A} \leqslant \varphi [\sigma]$$

 复习思考题

15.1　受压杆的强度问题和稳定性问题有何区别和联系?

15.2　试说明压杆的临界压力和临界应力的含义,其临界力是否与压杆所受作用力有关?

15.3　细长压杆在推导欧拉临界力时,是否与所选的坐标有关?

15.4　欧拉公式的应用范围是什么?

15.5　若将受压杆的长度增加一倍,其临界压力和临界应力将有何变化? 若将圆截面压杆的直径增加一倍,其临界压力和临界应力的值又有何变化?

15.6　压杆的柔度反映了压杆的哪些因素?

15.7　一端固定、一端自由的压杆,其横截面如题15.7图所示几种形状,问当压杆失稳时其横截面会绕哪一根轴转动?

题　15.7 图

15.8　如果压杆横截面 $I_y > I_z$,那么杆件失稳时,横截面一定绕 z 轴转动而失稳吗?

15.9　如题15.9图所示各压杆,直径均为 d,材料都是 Q235 钢,$E = 200\,\mathrm{GPa}$。试判断哪一压杆的临界力 F_{cr} 最大? 若 $d = 16\,\mathrm{cm}$,求该杆的临界力 F_{cr}。

15.10　如题15.10图所示细长压杆,其两端为球形铰支座,杆材料的弹性模量 $E = 200\,\mathrm{GPa}$,试用欧拉公式计算下列三种情况的临界力:

（1）圆形截面：$d=25$ mm，$l=1$ m；

（2）矩形截面：$h=2b=40$ mm，$l=1$ m；

（3）No.16 工字钢：$l=2$ m。

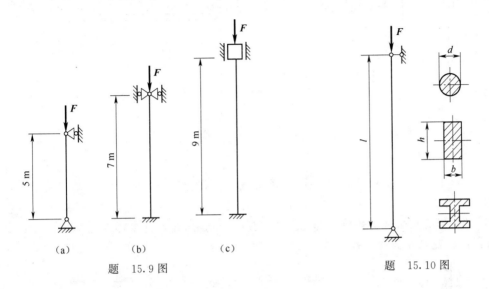

题 15.9 图　　　　　　　　题 15.10 图

15.11 如题 15.11 图所示压杆，制成四种不同的截面形状，它们的截面积均为 3.2×10^3 mm²，试计算它们的临界力，并进行比较。已知：材料为 Q235 钢，$E=200$ GPa。

15.12 松木柱高 7 m，截面为 12 cm×20 cm，$E=10$ GPa，柱在最小刚度平面内两端固定，在最大刚度平面内两端铰支，如题 15.12 图所示。试求此木柱的临界应力和临界力。

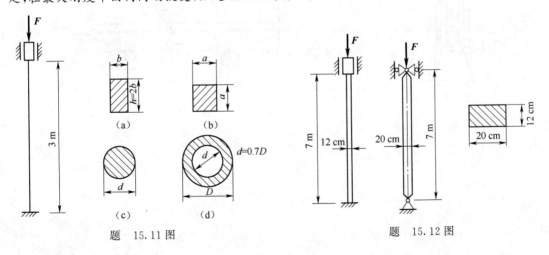

题 15.11 图　　　　　　　　题 15.12 图

15.13 截面为工字形的蒸汽机连杆如题 15.13 图所示。已知：材料为 Q235 钢，两端约束为柱形铰，试求连杆的临界力。

15.14 如题 15.14 图所示，托架中的 AB 杆直径 $d=4$ cm，长度 $l=80$ cm，两端可认为铰支，材料为 Q235 钢。试求：（1）AB 杆的临界力；（2）若已知工作载荷 $F=70$ kN，材料许用应力 $[\sigma]=140$ MPa，问此托架是否安全？（注：不考虑 CD 梁的强度）

15.15 如题 15.15 图所示，千斤顶的最大起重重力 $F=110$ kN，若已知丝杠内径 $d=52$ mm，$l=600$ mm，$h=100$ mm，材料许用应力 $[\sigma]=100$ MPa，试校核千斤顶丝杠的稳定性。

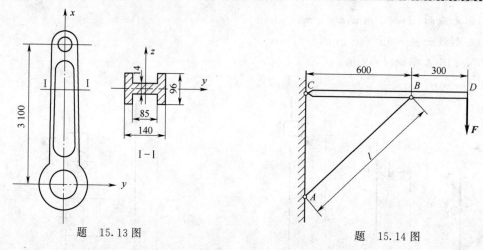

题　15.13 图　　　　　　　　　　题　15.14 图

15.16　如题 15.16 图所示结构中，AB 为圆形截面杆，直径 $d = 80$ mm，A 端固定，B 端为球铰，BC 为正方形截面杆，边长 $a = 70$ mm，C 端亦为球铰。AB 和 BC 杆可以各自独立发生弯曲变形（互不影响），两杆材料均为 Q235 钢。已知 $l = 3$ m，材料许用应力 $[\sigma] = 140$ MPa，$E = 200$ GPa，试求此结构的许可载荷 F。

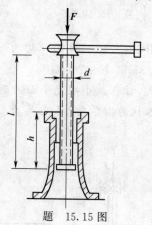

题　15.15 图

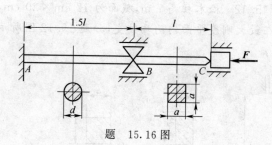

题　15.16 图

参 考 文 献

[1] 杜建根.建筑力学[M].北京:中国铁道出版社,2002.

[2] 于呈兴,刚宪亮,任庆春.静力学[M].成都:西南交通大学出版社,2003.

[3] 徐广民.工程力学[M].成都:西南交通大学出版社,2004.

[4] 张勤.工程力学[M].北京:高等教育出版社,2007.

[5] 史艺农.工程力学[M].西安:西安电子科技大学出版社,2004.

[6] 卢光斌,马仲达,李秀菊.材料力学[M].成都:西南交通大学出版社,1993.

[7] 刘鸿文.材料力学[M].4版.北京:高等教育出版社,2004.

[8] 顾致平.工程力学[M].4版.西安:西北工业大学出版社,2005.

[9] 罗迎社.工程力学[M].4版.北京:北京大学出版社,2006.

[10] 聂毓琴.材料力学[M].北京:机械工业出版社,2004.

[11] 王建中,王秀丽.工程力学(上)[M].成都:西南交通大学出版社,2011.

附录 A　型钢规格表

表 1　热轧等过角钢(GB 9787—88)

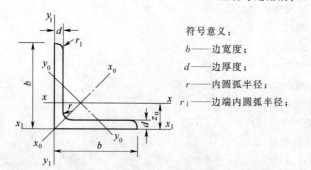

符号意义：

b——边宽度；　　　　　　　　　　I——截面二次轴矩；

d——边厚度；　　　　　　　　　　i——惯性半径；

r——内圆弧半径；　　　　　　　　W——截面系数；

r_1——边端内圆弧半径；　　　　　　z_0——重心距离。

角钢号数	尺寸 (mm)			截面面积 (cm^2)	理论重量 (kg/m)	外表面积 (m^2/m)	参 考 数 值											z_0 (cm)
							$x-x$			x_0-x_0			y_0-y_0			x_1-x_1		
	b	d	r				I_x (cm^4)	i_x (cm)	W_x (cm^3)	I_{x0} (cm^4)	i_{x0} (cm)	W_{x0} (cm^3)	I_{y0} (cm^4)	i_{y0} (cm)	W_{y0} (cm^3)	I_{x1} (cm^4)		
2	20	3	3.5	1.132	0.889	0.078	0.40	0.59	0.29	0.63	0.75	0.45	0.17	0.39	0.20	0.81		0.60
		4		1.459	1.145	0.077	0.50	0.58	0.36	0.78	0.73	0.55	0.22	0.38	0.24	1.09		0.64
2.5	25	3		1.432	1.124	0.098	0.82	0.76	0.46	1.29	0.95	0.73	0.34	0.49	0.33	1.57		0.73
		4		1.859	1.459	0.097	1.03	0.74	0.59	1.62	0.93	0.92	0.43	0.48	0.40	2.11		0.76
3	30	3	4.5	1.749	1.373	0.117	1.46	0.91	0.68	2.31	1.15	1.09	0.61	0.59	0.51	2.71		0.85
		4		2.276	1.786	0.117	1.84	0.90	0.87	2.92	1.13	1.37	0.77	0.58	0.62	3.63		0.89
3.6	36	3	4.5	2.109	1.656	0.141	2.58	1.11	0.99	4.09	1.39	1.61	1.07	0.71	0.76	4.68		1.00
		4		2.756	2.163	0.141	3.29	1.09	1.28	5.22	1.38	2.05	1.37	0.70	0.93	6.25		1.04
		5		3.382	2.654	0.141	3.95	1.08	1.56	6.24	1.36	2.45	1.65	0.70	1.09	7.84		1.07
4.0	40	3	5	2.359	1.852	0.157	3.59	1.23	1.23	5.69	1.55	2.01	1.49	0.79	0.96	6.41		1.09
		4		3.086	2.422	0.157	4.60	1.22	1.60	7.29	1.54	2.58	1.91	0.79	1.19	8.56		1.13
		5		3.791	2.976	0.156	5.53	1.21	1.96	8.76	1.52	3.01	2.30	1.78	1.39	10.74		1.17
4.5	45	3	5	2.659	2.088	0.177	5.17	1.40	1.58	8.20	1.76	2.548	2.14	0.90	1.24	9.12		1.22
		4		3.486	2.736	0.177	6.65	1.38	2.05	10.56	1.74	3.32	2.75	0.89	1.54	12.18		1.26
		5		4.292	3.369	0.176	8.04	1.37	2.51	12.74	1.72	4.00	3.33	0.88	1.81	15.25		1.30
		6		5.076	3.985	0.176	9.33	1.36	2.95	14.76	1.70	4.64	3.89	0.88	2.06	18.36		1.33
5	50	3	5.5	2.971	2.332	0.197	7.18	1.55	1.96	11.37	1.96	3.22	2.98	1.00	1.57	12.50		1.34
		4		3.897	3.059	0.197	9.26	1.54	2.56	14.70	1.94	4.16	3.82	0.99	1.96	16.60		1.38
		5		4.803	3.770	0.196	11.21	1.53	3.13	17.79	1.92	5.03	4.64	0.98	2.31	20.90		1.42
		6		5.688	4.465	0.196	13.05	1.52	3.68	20.68	1.91	5.85	5.42	0.98	2.63	25.14		1.46
5.6	56	3	6	3.343	2.624	0.221	10.19	1.75	2.48	16.14	2.20	4.08	4.24	1.13	2.02	17.56		1.48
		4		4.390	3.446	0.220	13.18	1.73	3.24	20.92	2.18	5.28	5.46	1.11	2.52	23.43		1.53
		5		5.415	4.251	0.220	16.02	1.72	3.97	25.42	2.17	6.42	6.61	1.10	2.98	29.33		1.57
		8		8.367	6.568	0.219	23.63	1.68	6.03	37.37	2.11	9.44	9.89	1.09	4.16	47.24		1.68
6.3	63	4	7	4.978	3.907	0.248	19.03	1.96	4.13	30.17	2.46	6.78	7.89	1.26	3.29	33.35		1.70
		5		6.143	4.822	0.248	23.17	1.94	5.08	36.77	2.45	8.25	9.57	1.25	3.90	41.73		1.74
		6		7.288	5.721	0.247	27.12	1.93	6.00	43.03	2.43	9.66	11.20	1.24	4.46	50.14		1.78
		8		9.515	7.469	0.247	34.46	1.90	7.75	54.56	2.40	12.25	14.33	1.23	5.47	67.11		1.85
		10		11.657	9.151	0.246	41.09	1.88	9.39	64.85	2.36	14.56	17.33	1.22	6.36	84.31		1.93

续上表

角钢号数	尺寸(mm) b	尺寸(mm) d	尺寸(mm) r	截面面积 (cm²)	理论重量 (kg/m)	外表面积 (m²/m)	I_x (cm⁴)	i_x (cm)	W_x (cm³)	I_{x0} (cm⁴)	i_{x0} (cm)	W_{x0} (cm³)	I_{y0} (cm⁴)	i_{y0} (cm)	W_{y0} (cm³)	I_{x1} (cm⁴)	z_0 (cm)
7	70	4	8	5.570	4.372	0.275	26.39	2.18	5.14	41.80	2.74	8.44	10.99	1.40	4.17	435.74	1.86
		5		6.875	5.397	0.275	32.21	2.16	6.32	51.08	2.73	10.32	13.34	1.39	4.95	57.21	1.91
		6		8.160	6.406	0.275	37.77	2.15	7.48	59.93	2.71	12.11	15.61	1.38	5.67	68.73	1.95
		7		9.424	7.398	0.275	43.09	2.14	8.59	68.35	2.69	13.81	17.82	1.38	6.34	80.29	1.99
		8		10.677	8.373	0.274	48.17	2.12	9.68	76.37	2.68	15.43	19.98	1.37	6.98	91.92	2.03
7.5	75	5	9	7.367	5.818	0.295	39.97	2.33	7.32	63.30	2.92	11.94	16.63	1.50	5.77	70.56	2.04
		6		8.797	6.905	0.294	46.95	2.31	8.64	74.38	2.90	14.02	19.51	1.49	6.67	84.55	2.07
		7		10.160	7.976	0.294	53.57	2.30	9.93	84.96	2.89	16.02	22.18	1.48	7.44	98.71	2.11
		8		11.503	9.030	0.294	59.96	2.28	11.20	95.07	2.88	17.93	24.86	1.47	8.19	112.97	2.15
		10		14.126	11.089	0.293	71.98	2.26	13.64	113.92	2.84	21.48	30.05	1.46	9.56	141.71	2.22
8	80	5	9	7.912	6.211	0.315	48.79	2.48	8.34	77.33	3.13	13.67	20.25	1.60	6.66	85.36	2.15
		6		9.397	7.376	0.314	57.35	2.47	9.87	90.98	3.11	16.08	23.72	1.59	7.65	102.50	2.19
		7		10.860	8.525	0.314	65.58	2.46	11.37	104.07	3.10	18.04	27.09	1.58	8.58	119.70	2.23
		8		12.303	9.658	0.314	73.49	2.44	12.83	116.60	3.08	20.61	30.39	1.57	9.46	136.97	2.27
		10		15.126	11.874	0.313	88.43	2.42	15.64	140.09	3.04	24.76	36.77	1.56	11.08	171.74	2.35
9	90	6	10	10.637	8.350	0.354	82.77	2.79	12.61	131.26	3.51	20.63	34.28	1.80	9.95	145.87	2.44
		7		12.301	9.656	0.354	94.83	2.78	15.54	150.47	3.50	23.64	39.18	1.78	11.19	170.30	2.48
		8		13.944	10.946	0.353	106.47	2.76	16.42	168.97	3.48	26.55	43.97	1.78	12.35	194.80	2.52
		10		17.167	13.476	0.353	128.58	2.74	20.07	203.90	3.45	32.04	53.26	1.76	14.52	244.07	2.59
		12		20.306	15.940	0.352	149.22	2.71	23.57	236.21	3.41	37.12	62.22	1.75	16.49	293.76	2.67
10	100	6	12	11.932	9.366	0.393	114.95	3.01	15.68	181.98	3.90	25.74	47.92	2.00	12.69	200.07	2.67
		7		13.796	10.830	0.393	131.86	3.09	18.10	208.97	3.89	29.55	54.74	1.99	14.26	233.54	2.71
		8		15.638	12.276	0.393	148.24	3.08	20.47	235.07	3.88	33.24	61.41	1.98	15.57	267.09	2.76
		10		19.261	15.120	0.392	179.51	3.05	25.06	284.68	3.84	40.26	74.35	1.96	18.54	334.48	2.84
		12		22.800	17.898	0.391	208.90	3.03	29.48	330.95	3.81	46.80	86.84	1.95	21.08	402.34	2.91
		14		26.256	20.611	0.391	236.53	3.00	33.73	374.06	3.77	52.90	99.00	1.94	23.44	470.75	2.99
		16		29.627	23.257	0.390	262.53	2.98	37.82	414.16	3.74	58.57	110.89	1.94	25.63	539.80	3.06
11	110	7	12	15.196	11.928	0.433	177.16	3.41	22.05	280.94	4.30	36.12	73.38	2.20	17.51	310.64	2.96
		8		17.238	13.532	0.433	199.46	3.40	24.95	316.49	4.28	40.69	82.42	2.19	19.39	355.20	3.01
		10		21.261	16.690	0.432	242.19	3.38	30.60	384.39	4.25	49.42	99.98	2.17	22.91	444.65	3.09
		12		25.200	19.782	0.431	282.55	3.35	36.05	448.17	4.22	57.62	116.93	2.15	26.15	634.60	3.16
		14		29.056	22.809	0.431	320.71	3.32	41.31	508.01	4.18	65.31	133.40	2.14	29.14	625.16	3.24
12.5	125	8	14	19.750	15.504	0.492	297.03	3.88	32.52	470.89	4.88	53.28	123.16	2.50	25.86	521.01	3.37
		10		24.373	19.133	0.491	361.67	3.85	39.97	573.89	4.85	64.93	149.46	2.48	30.62	651.93	3.45
		12		28.912	22.696	0.491	423.16	3.83	41.17	671.44	4.82	75.96	174.88	2.46	35.03	783.42	3.53
		14		33.67	26.193	0.490	481.65	3.80	54.16	763.73	4.78	86.41	199.57	2.45	39.13	915.61	3.61
14	140	10	14	27.373	21.488	0.551	514.65	4.34	50.58	817.27	5.46	82.56	212.04	2.78	39.20	915.11	3.82
		12		32.512	25.522	0.551	603.68	4.31	59.80	958.79	5.43	96.85	248.57	2.76	45.02	1 099.28	3.90
		14		37.567	29.490	0.550	688.81	4.28	68.75	1 093.56	5.40	110.47	284.06	2.75	50.45	1 284.22	3.98
		16		42.539	33.393	0.549	770.24	4.26	77.46	1 221.81	5.36	123.42	318.67	2.74	55.55	1 470.07	4.06
16	160	10	16	31.502	24.729	0.630	779.53	4.98	66.70	1 237.30	6.27	109.36	321.76	3.20	52.76	1 365.33	4.31
		12		37.441	29.391	0.630	916.58	4.95	78.98	1 455.68	6.24	128.67	377.49	3.18	60.74	1 639.57	4.39
		14		43.296	33.987	0.629	1 048.36	4.92	90.95	1 665.02	6.20	147.17	43.70	3.16	68.24	1 914.68	4.47
		16		49.067	38.518	0.629	1 175.08	4.89	102.63	1 865.57	6.17	164.89	484.59	3.14	75.30	2 190.82	4.55
18	180	12	16	42.241	33.159	0.710	1 321.35	5.59	100.82	2 100.10	7.05	165.00	542.61	3.58	78.41	2 332.80	4.89
		14		48.896	38.388	0.709	1 514.48	5.56	116.25	2 407.42	7.02	189.14	625.53	3.56	88.38	2 723.48	4.97
		16		55.467	43.542	0.709	1 700.99	5.54	131.13	2 703.37	6.98	212.40	698.60	3.55	97.83	3 115.29	5.05
		18		61.955	48.634	0.708	1 875.12	5.50	145.64	2 988.24	6.94	234.78	762.01	3.51	105.14	3 502.43	5.13
20	200	14	18	54.642	42.894	0.788	2 103.55	6.20	144.70	3 343.26	7.82	236.40	863.83	3.98	111.82	3 734.10	5.46
		16		62.013	48.680	0.788	2 366.15	6.18	163.65	3 760.89	7.79	265.93	971.41	3.96	123.96	4 270.39	5.54
		18		69.301	54.401	0.787	2 620.64	6.15	182.22	4 164.54	7.75	294.48	1 076.74	3.94	135.52	4 808.13	5.62
		20		76.505	60.056	0.787	2 867.30	6.12	200.42	4 554.55	7.72	322.06	1 180.04	3.93	146.55	5 347.51	5.69
		24		90.661	71.168	0.785	2 338.25	6.07	236.17	5 294.97	7.64	374.41	1 381.53	3.90	166.55	6 457.16	5.87

注:截面图中的 $r_1 = d/3$ 及表中 r 值的数据用于孔型设计,不作交货条件。

表 2　热轧不等边角钢（GB 9788—88）

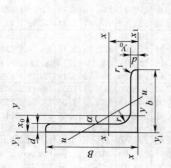

符号意义：
B——长边宽度；　　　　b——短边宽度；
d——边厚度；　　　　　r——内圆弧半径；
r_1——边端内圆弧半径；　I——截面二次轴矩；
i——惯性半径；　　　　W——截面系数；
x_0——重心距离；　　　　y_0——重心距离。

角钢号数	尺寸(mm)				截面面积 (cm²)	理论重量 (kg/m)	外表面积 (m²/m)	x—x			y—y			x₁—x₁		y₁—y₁		u—u			
	B	b	d	r				I_x (cm⁴)	i_x (cm)	W_x (cm³)	I_y (cm⁴)	i_y (cm)	W_y (cm³)	I_{x_1} (cm⁴)	y_0 (cm)	I_{y_1} (cm⁴)	x_0 (cm)	I_u (cm⁴)	i_u (cm)	W_u (cm³)	tan α
2.5/1.6	25	16	3	3.5	1.162	0.912	0.080	0.70	0.78	0.43	0.22	0.44	0.19	1.56	0.86	0.43	0.42	0.14	0.34	0.16	0.392
			4		1.499	1.176	0.079	0.88	0.77	0.55	0.27	0.43	0.24	2.09	0.90	0.59	0.46	0.17	0.34	0.20	0.381
3.2/2	32	20	3	3.5	1.492	1.171	0.102	1.53	1.01	0.72	0.46	0.55	0.30	3.27	1.08	0.82	0.49	0.28	0.43	0.25	0.382
			4		1.939	1.522	0.101	1.93	1.00	0.93	0.57	0.54	0.39	4.37	1.12	1.12	0.53	0.35	0.42	0.32	0.374
4/2.5	40	25	3	4	1.890	1.484	0.127	3.08	1.28	1.15	0.93	0.70	0.49	6.39	1.32	1.59	0.59	0.56	0.54	0.40	0.386
			4		2.467	1.936	0.127	3.93	1.26	1.49	1.18	0.69	0.63	8.53	1.37	2.14	0.63	0.71	0.54	0.52	0.381
4.5/2.8	45	28	3	5	2.149	1.687	0.143	4.45	1.44	1.47	1.34	0.79	0.62	9.10	1.47	2.23	0.64	0.80	0.61	0.51	0.383
			4		2.806	2.203	0.143	5.69	1.42	1.91	1.70	0.78	0.80	12.13	1.51	3.00	0.68	1.02	0.60	0.66	0.380
5/3.2	50	32	3	5.5	2.431	1.908	0.161	6.24	1.60	1.84	2.02	0.91	0.82	12.49	1.60	3.31	0.73	1.20	0.70	0.68	0.404
			4		3.177	2.494	0.160	8.02	1.59	2.39	2.58	0.90	1.06	16.65	1.65	4.45	0.77	1.53	0.69	0.87	0.402
5.6/3.6	56	36	3	6	2.743	2.153	0.181	8.88	1.80	2.32	2.92	1.03	1.05	17.54	1.78	4.70	0.80	1.73	0.79	0.87	0.408
			4		3.590	2.818	0.180	11.45	1.79	3.03	3.76	1.02	1.37	23.39	1.82	6.33	0.85	2.23	0.79	1.13	0.408
			5		4.415	3.466	0.180	13.86	1.77	3.71	4.49	1.01	1.65	29.25	1.87	7.94	0.88	2.67	0.78	1.36	0.404

续上表

角钢号数	尺寸 (mm) B	b	d	r	截面面积 (cm²)	理论重量 (kg/m)	外表面积 (m²/m)	I_x (cm⁴)	i_x (cm)	W_x (cm³)	I_y (cm⁴)	i_y (cm)	W_y (cm³)	I_{x1} (cm⁴)	y_0 (cm)	I_{y1} (cm⁴)	x_0 (cm)	I_u (cm⁴)	i_u (cm)	W_u (cm³)	$\tan \alpha$
6.3/4	63	40	4	7	4.058	3.185	0.202	16.49	2.02	3.87	5.23	1.14	1.70	33.30	2.04	8.63	0.92	3.12	0.88	1.40	0.398
			5		4.993	3.920	0.202	20.02	2.00	4.74	6.31	1.12	2.71	41.63	2.08	10.86	0.95	3.76	0.87	1.71	0.396
			6		5.908	4.638	0.201	23.36	1.96	5.59	7.29	1.11	2.43	49.98	2.12	13.12	0.99	4.34	0.86	1.99	0.393
			7		6.802	5.339	0.201	26.53	1.98	6.40	8.24	1.10	2.78	58.07	2.15	15.47	1.03	4.97	0.86	2.29	0.389
7/4.5	70	45	4	7.5	4.547	3.570	0.226	23.17	2.26	4.86	7.55	1.29	2.17	45.92	2.24	12.26	1.02	4.40	0.98	1.77	0.410
			5		5.609	4.403	0.225	27.95	2.23	5.92	9.13	1.28	2.65	57.10	2.28	15.39	1.06	5.40	0.98	2.19	0.407
			6		6.647	5.218	0.225	32.54	2.21	6.95	10.62	1.26	3.12	68.35	2.32	18.58	1.09	6.35	0.98	2.59	0.404
			7		7.567	6.011	0.225	37.22	2.20	8.03	12.01	1.25	3.57	79.99	2.36	21.84	1.13	7.16	0.97	2.94	0.402
(7.5/5)	75	50	5	8	6.125	4.808	0.245	34.86	2.39	6.83	12.61	1.44	3.30	70.00	2.40	21.04	1.17	7.41	1.10	2.74	0.435
			6		7.260	5.699	0.245	41.12	2.38	8.12	14.70	1.42	3.88	84.30	2.44	25.37	1.21	8.54	1.08	3.19	0.435
			8		9.467	7.431	0.245	52.39	2.35	10.52	18.53	1.40	4.99	112.50	2.52	34.23	1.29	10.87	1.07	4.10	0.429
			10		11.590	9.098	0.244	62.71	2.33	12.79	21.96	1.38	6.04	140.80	2.60	43.43	1.36	13.10	1.06	4.99	0.423
8/5	80	50	5	8	6.375	5.005	0.255	41.96	2.56	7.78	12.82	1.42	3.32	85.21	2.60	21.06	1.14	7.66	1.10	2.74	0.388
			6		7.560	5.935	0.255	49.49	2.56	9.25	14.95	1.41	3.91	102.53	2.65	25.41	1.18	8.5	1.08	3.32	0.387
			7		8.724	6.848	0.255	56.16	2.54	10.58	16.96	1.39	4.48	119.33	2.69	29.82	1.21	10.18	1.08	3.70	0.384
			8		9.867	7.745	0.254	62.83	2.52	11.92	18.85	1.38	5.03	136.41	2.73	34.32	1.25	11.38	1.07	4.16	0.381
9/5.6	90	56	5	9	7.212	5.661	0.287	60.45	2.90	9.92	18.32	1.59	4.21	121.32	2.91	29.53	1.25	10.98	1.23	3.49	0.385
			6		8.557	6.717	0.286	71.03	2.88	11.74	21.42	1.58	4.96	145.59	2.95	35.58	1.29	12.90	1.23	4.18	0.384
			7		9.880	7.756	0.286	81.01	2.86	13.49	24.36	1.57	5.70	169.66	3.00	41.71	1.33	14.67	1.22	4.72	0.382
			8		11.183	8.779	0.286	91.03	2.85	15.27	27.15	1.56	6.41	194.17	3.04	47.93	1.36	16.34	1.21	5.29	0.380
10/6.3	100	63	6	10	9.617	7.550	0.320	99.06	3.21	14.64	30.94	1.79	6.35	199.71	3.24	50.50	1.43	18.42	1.38	5.25	0.394
			7		11.111	8.722	0.320	113.45	3.29	16.88	35.26	1.78	7.29	233.00	3.28	59.14	1.47	21.00	1.38	6.02	0.393
			8		12.584	9.878	0.319	127.37	3.18	19.08	39.39	1.77	8.21	266.32	3.32	67.88	1.50	23.50	1.37	6.78	0.391
			10		15.467	12.142	0.319	153.81	3.15	23.32	47.12	1.74	9.98	333.06	3.40	85.73	1.58	28.33	1.35	8.24	0.387
10/8	100	80	6	10	10.637	8.350	0.354	107.04	3.17	15.19	61.24	2.40	10.16	199.83	2.95	102.68	1.97	31.65	1.72	8.37	0.627
			7		12.301	9.656	0.354	122.73	3.16	17.52	70.08	2.39	11.71	233.20	3.00	119.98	2.01	36.17	1.72	9.60	0.626
			8		13.944	10.946	0.353	137.92	3.14	19.81	78.58	2.37	13.21	266.61	3.04	137.37	2.05	40.58	1.71	10.80	0.625
			10		17.167	13.476	0.353	166.87	3.12	24.24	94.65	2.35	16.12	333.63	3.12	172.48	2.13	49.10	1.69	13.12	0.622

参考数值：x—x，y—y，x1—x1，y1—y1，u—u

续上表

角钢号数	B	b	d	r	截面面积 (cm²)	理论重量 (kg/m)	外表面积 (m²/m)	I_x (cm⁴)	i_x (cm)	W_x (cm³)	I_y (cm⁴)	i_y (cm)	W_y (cm³)	I_{x1} (cm⁴)	y_0 (cm)	I_{y1} (cm⁴)	x_0 (cm)	I_u (cm⁴)	i_u (cm)	W_u (cm³)	$\tan\alpha$
11/7	110	70	6	10	10.637	8.350	0.354	133.37	3.54	17.85	42.92	2.01	7.90	265.78	3.53	69.08	1.57	25.36	1.54	6.53	0.403
			7		12.301	9.656	0.354	153.00	3.53	20.60	49.01	2.00	9.09	310.07	3.57	80.82	1.61	28.95	1.53	7.50	0.402
			8		13.944	10.946	0.353	172.04	3.51	23.30	54.87	1.98	10.25	354.39	3.62	92.70	1.65	32.45	1.53	8.45	0.401
			10		17.167	13.476	0.353	208.39	3.48	28.54	65.88	1.96	12.48	443.13	3.70	116.83	1.72	39.20	1.51	10.29	0.397
12.5/8	125	80	7	11	14.096	11.066	0.403	277.98	4.02	26.86	74.42	2.30	12.01	454.99	4.01	120.32	1.80	43.81	1.76	9.92	0.408
			8		15.989	12.551	0.403	256.77	4.01	30.41	83.49	2.28	13.56	519.99	4.06	137.85	1.84	49.15	1.75	11.18	0.407
			10		19.712	15.474	0.402	312.04	3.98	37.33	100.67	2.26	16.56	650.09	4.14	173.40	1.92	59.45	1.74	13.64	0.404
			12		23.351	18.330	0.402	364.41	3.95	44.01	116.67	2.24	19.43	780.39	4.22	209.67	2.00	69.35	1.72	16.01	0.400
14/9	140	90	8	12	18.038	14.160	0.453	365.64	4.50	38.48	120.69	2.59	17.34	730.53	4.50	195.79	2.04	70.83	1.98	14.31	0.411
			10		22.261	17.475	0.452	445.50	4.47	47.31	146.03	2.56	21.22	913.20	4.58	245.92	2.12	85.82	1.96	17.48	0.409
			12		26.400	20.724	0.451	521.59	4.44	55.87	169.79	2.54	24.95	1096.09	4.66	296.89	2.19	100.21	1.95	20.54	0.406
			14		30.456	23.908	0.451	594.10	4.42	64.18	192.10	2.51	28.54	1279.26	4.74	348.82	2.27	114.13	1.94	23.52	0.403
16/10	160	100	10	13	25.315	19.872	0.512	668.69	5.14	62.13	205.03	2.85	26.56	1362.89	5.24	336.59	2.28	121.74	2.19	21.92	0.390
			12		30.054	23.592	0.511	784.91	5.11	73.49	239.06	2.82	31.28	1635.56	5.32	405.94	2.36	142.33	2.17	25.79	0.388
			14		34.709	27.247	0.510	896.30	5.08	84.56	271.20	2.80	35.83	1908.50	5.40	476.42	2.43	162.23	2.16	29.56	0.385
			16		39.281	30.835	0.510	1003.04	5.05	95.33	301.60	2.77	40.24	2181.79	5.48	548.22	2.51	182.57	2.16	33.44	0.382
18/11	180	110	10	14	28.373	22.273	0.571	956.25	5.80	78.96	278.11	3.13	32.49	1940.40	5.89	447.22	2.44	166.50	2.42	26.88	0.376
			12		33.712	26.464	0.571	1124.72	5.78	93.53	325.03	3.10	38.32	2328.38	5.98	538.94	2.52	197.87	2.40	31.66	0.374
			14		38.967	30.589	0.570	1286.91	5.75	107.76	369.55	3.08	43.97	2716.60	6.06	631.95	2.59	222.30	2.39	36.32	0.372
			16		44.139	34.649	0.569	1443.06	5.72	121.64	411.85	3.06	49.44	3105.15	6.14	726.46	2.67	248.94	2.38	40.87	0.369
20/12.5	200	125	12	14	37.912	29.761	0.641	1570.90	9.44	116.73	483.16	3.57	49.99	3193.85	6.54	787.74	2.83	285.79	2.74	41.23	0.392
			14		43.867	34.436	0.640	1800.97	6.41	134.65	550.83	3.54	57.44	3726.17	6.02	922.47	2.91	326.58	2.73	47.34	0.390
			16		49.739	39.045	0.639	2023.35	6.38	152.18	615.44	3.52	64.69	4258.86	6.70	1058.86	2.99	366.21	2.71	53.32	0.388
			18		55.526	43.588	0.639	2238.30	6.35	169.33	677.19	3.49	71.74	4792.00	6.78	1197.13	3.06	404.83	2.70	59.18	0.385

注:1. 括号内型号不推荐使用。 2. 截面图中的 $r_1 = d/3$ 及表中 r 的数据用于孔型设计，不作交货条件。

表 3　热轧工字钢(GB 706—88)

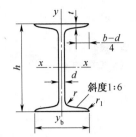

符号意义

h——高度；	r_1——腿端圆弧半径；
b——腿宽度；	I——截面二次轴矩；
d——腰厚度；	W——截面系数；
t——平均腿厚度；	i——惯性半径；
r——内圆弧半径；	S——半截面的静矩。

斜度1:6

型号	尺 寸 (mm) h	b	d	t	r	r_1	截面面积 (cm²)	理论重量 (kg/m)	参 考 数 值 x—x I_x (cm⁴)	W_x (cm³)	i_x (cm)	$I_x:S_x$ (cm)	y—y I_y (cm⁴)	W_y (cm³)	i_x (cm)
10	100	68	4.5	7.6	6.5	3.3	14.3	11.2	245	49	4.14	8.59	33	9.72	1.52
12.6	126	74	5	8.4	7	3.5	18.1	14.2	488.43	77.529	5.195	10.85	46.906	12.677	1.609
14	140	80	5.5	9.1	7.5	3.8	21.5	16.9	712	102	5.76	12	64.4	16.1	1.75
16	160	88	6	9.9	8	4	26.1	20.5	1 130	141	6.58	13.8	93.1	21.2	1.89
18	180	94	6.5	10.7	8.5	4.3	30.6	24.1	1 660	185	7.36	15.4	122	26	2
20a	200	100	7	11.4	9	4.5	35.5	27.9	2 370	237	8.15	17.2	158	31.5	2.12
20b	200	102	9	11.4	9	4.5	39.5	31.1	2 500	250	7.96	16.9	169	33.1	2.06
22a	220	110	7.5	12.3	9.5	4.8	42	33	3 400	309	8.99	18.9	225	40.9	2.31
22b	220	112	9.5	12.3	9.5	4.8	46.4	36.4	3 570	325	8.78	18.7	239	42.7	2.27
25a	250	116	8	13	10	5	48.5	38.1	5 023.54	401.88	10.18	21.58	280.046	48.283	2.403
25b	250	118	10	13	10	5	53.5	42	5 283.96	422.72	9.938	21.27	309.297	52.423	2.404
28a	280	122	8.5	13.7	10.5	5.3	55.45	43.4	7 114.14	508.15	11.32	24.62	345.051	56.565	2.495
28b	280	124	10.5	13.7	10.5	5.3	61.05	47.9	7 480	534.29	11.08	24.24	379.496	61.209	2.493
32a	320	130	9.5	15	11.5	5.8	67.05	52.7	11 075.5	692.2	12.84	27.46	459.93	70.758	2.619
32b	320	132	11.5	15	11.5	5.8	73.45	57.7	11 621.4	726.33	12.85	27.09	501.53	75.989	2.614
32c	320	134	13.5	15	11.5	5.8	79.95	62.8	12 167.5	760.47	12.34	26.77	543.81	81.166	2.608
36a	360	136	10	15.8	12	6	76.3	59.9	15 760	875	14.4	30.7	552	81.2	2.69
36b	360	138	12	15.8	12	6	83.5	65.6	16 530	919	14.1	30.3	582	84.3	2.64
36c	360	140	14	15.8	12	6	90.7	71.2	17 310	962	13.8	29.9	612	87.4	2.6
40a	400	142	10.5	16.5	12.5	6.3	86.1	67.6	21 720	1 090	15.9	34.1	660	93.2	2.77
40b	400	144	12.5	16.5	12.5	6.3	94.1	73.8	22 780	1 140	15.6	33.6	692	96.2	5.71
40c	400	146	14.5	16.5	12.5	6.3	102	80.1	23 850	1 190	15.2	33.2	727	99.6	2.65
45a	450	150	11.5	18	13.5	6.8	102	80.4	32 240	1 430	17.7	38.6	855	114	2.89
45b	450	152	13.5	18	13.5	6.8	111	87.4	33 760	1 500	17.4	38	894	118	2.84
45c	450	154	15.5	18	13.5	6.8	120	94.5	35 280	1 570	17.1	37.6	938	122	2.79
50a	500	158	12	20	14	7	119	93.6	46 470	1 860	19.7	42.8	1 120	142	3.07
50b	500	160	14	20	14	7	129	101	48 560	1 940	19.4	42.4	1 170	146	3.01
50c	500	162	16	20	14	7	139	109	50 640	2 080	19	41.8	1 220	151	2.96
56a	560	166	12.5	21	14.5	7.3	135.25	106.2	65 585.6	2 342.31	22.02	47.73	1 370.16	165.08	3.182
56b	560	168	14.5	21	14.5	7.3	146.45	115	68 512.5	2 446.69	21.63	47.14	1 486.75	174.25	3.162
56c	560	170	16.5	21	14.5	7.3	157.85	123.9	71 439.4	2 551.41	21.27	46.66	1 558.39	183.34	3.158
63a	630	176	13	22	15	7.5	154.9	121.6	93 916.2	2 981.47	24.62	54.17	1 700.55	193.24	3.314
63b	630	178	15	22	15	7.5	167.5	131.5	98 083.6	3 163.38	24.2	53.51	1 812.07	203.6	3.289
63c	630	180	17	22	15	7.5	180.1	141	102 251.1	3 298.42	23.82	52.92	1 924.91	213.88	3.268

注：截面图和表中标注的圆弧半径 r、r_1 的数据用于孔型设计，不作交货条件。

表4　热轧槽钢(GB 707—88)

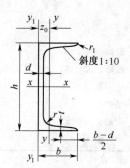

符号意义

h——高度；　　　　　r_1——腿端圆弧半径；

b——腿宽度；　　　　I——截面二次轴矩；

d——腰厚度；　　　　W——截面系数；

t——平均腿厚度；　　i——惯性半径；

r——内圆弧半径；　　z_0——y-y 轴与 y_1-y_1 轴间距。

型号	尺寸 (mm)						截面面积 (cm²)	理论重量 (kg/m)	x-x			y-y			y_1-y_1	z_0 (cm)
	h	b	d	t	r	r_1			W_x (cm³)	I_x (cm⁴)	i_x (cm)	W_y (cm³)	I_y (cm⁴)	i_y (cm)	I_{y1} (cm⁴)	
5	50	37	4.5	7	7	3.5	6.93	5.44	10.4	26	1.94	3.55	8.3	1.1	20.9	1.35
6.3	63	40	4.8	7.5	7.5	3.75	8.444	6.63	16.123	50.786	2.453	4.50	11.872	1.185	28.38	1.36
8	80	43	5	8	8	4	10.24	8.04	25.3	101.3	3.15	5.79	16.6	1.27	37.4	1.43
10	100	48	5.3	8.5	8.5	4.25	12.74	10	39.7	198.3	3.95	7.8	25.6	1.41	54.9	1.52
12.6	126	53	5.5	9	9	4.5	15.69	12.37	62.137	391.466	4.953	10.242	37.99	1.567	77.09	1.59
14a	140	58	6	9.5	9.5	4.75	18.51	14.53	80.5	563.7	5.52	13.01	53.2	1.7	107.1	1.71
14b	140	60	8	9.5	9.5	4.75	21.31	16.73	87.1	609.4	5.35	14.12	61.1	1.69	120.6	1.67
16a	160	63	6.5	10	10	5	21.95	17.23	108.3	866.2	6.28	16.3	73.3	1.83	144.1	1.8
16	160	65	8.5	10	10	5	25.15	19.74	116.8	934.5	6.1	17.55	83.4	1.82	160.8	1.75
18a	180	68	7	10.5	10.5	5.25	25.69	20.17	141.4	1 272.7	7.04	20.03	98.6	1.96	189.7	1.88
18	180	70	9	10.5	10.5	5.25	29.29	22.99	152.2	1 369.9	6.84	21.52	111	1.95	210.1	1.84
20a	200	73	7	11	11	5.5	28.83	22.63	178	1 780.4	7.86	24.2	128	2.11	244	2.01
20	200	75	9	11	11	5.5	32.83	25.77	191.4	1 913.7	7.64	25.88	143.6	2.09	268.4	1.95
22a	220	77	7	11.5	11.5	5.75	31.84	24.99	217.6	2 393.9	8.67	28.17	157.8	2.23	298.2	2.1
22	220	79	9	11.5	11.5	5.75	36.24	28.45	233.8	2 571.4	8.42	30.05	176.4	2.21	326.3	2.03
25a	250	78	7	12	12	6	34.91	27.47	269.597	3 369.62	9.823	30.607	175.529	2.243	322.256	2.065
25b	250	80	9	12	12	6	39.91	31.39	282.402	3 530.04	9.405	32.657	196.421	2.218	353.187	1.982
25c	250	82	11	12	12	6	44.91	35.32	295.236	3 690.45	9.065	35.926	218.415	2.206	384.133	1.921
28a	280	82	7.5	12.5	12.5	6.25	40.02	31.42	340.328	4 764.59	10.91	35.718	217.989	2.333	387.566	2.097
28b	280	84	9.5	12.5	12.5	6.25	45.62	35.81	366.46	5 130.45	10.6	37.929	242.144	2.304	427.589	2.016
28c	280	86	11.5	12.5	12.5	6.25	51.22	40.21	392.594	5 496.32	10.35	40.301	267.602	2.286	426.597	1.951
32a	320	88	8	14	14	7	48.7	38.22	474.879	7 598.06	12.49	46.473	304.787	2.502	552.31	2.242
32b	320	90	10	14	14	7	55.1	43.25	509.012	8 144.2	12.15	49.157	336.332	2.471	592.933	2.158
32c	320	92	12	14	14	7	61.5	48.28	543.145	8 690.33	11.88	52.642	374.175	2.267	643.299	2.092
36a	360	96	9	16	16	8	60.89	47.8	659.7	11 874.2	13.97	63.54	455	2.73	818.4	2.44
36b	360	98	11	16	16	8	68.09	53.45	702.9	12 651.8	13.63	66.85	496.7	2.7	880.4	2.37
36c	360	100	13	16	16	8	75.29	50.1	746.1	13 429.4	13.36	70.02	536.4	2.67	947.9	2.34
40a	400	100	10.5	18	18	9	75.05	58.91	878.9	17 577.9	15.30	78.83	592	2.81	1 067.7	2.49
40b	400	102	12.5	18	18	9	83.05	65.19	932.2	18 644.5	14.98	82.52	640	2.78	1 135.6	2.44
40c	400	104	14.5	18	18	9	91.05	71.47	985.6	19 711.2	14.71	86.19	687.8	2.75	1 220.7	2.42

注:截面图和表中标注的圆弧半径 r、r_1 的数据用于孔型设计,不作交货条件。

附录 B   正态分布数值表

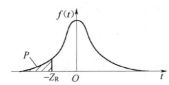

$$P(t < -Z_R) = \frac{1}{\sqrt{2\pi}} \int_{-\infty}^{-Z_R} e^{-\frac{t^2}{2}} dt$$

Z_R	0.00	0.01	0.02	0.03	0.04	0.05	0.06	0.07	0.08	0.09
0.0	0.500 0	0.496 0	0.492 0	0.488 0	0.484 0	0.480 1	0.476 1	0.472 1	0.468 1	0.464 1
0.1	0.460 2	0.466 2	0.452 2	0.448 3	0.444 3	0.440 4	0.436 4	0.432 0	0.428 6	0.424 7
0.2	0.420 7	0.416 8	0.412 9	0.409 0	0.405 2	0.401 3	0.397 4	0.393 6	0.380 7	0.385 9
0.3	0.382 1	0.378 3	0.374 6	0.370 7	0.366 9	0.363 2	0.359 4	0.355 7	0.352 0	0.348 3
0.4	0.344 6	0.340 9	0.337 2	0.333 6	0.330 0	0.326 4	0.322 8	0.319 2	0.315 6	0.312 1
0.5	0.308 5	0.305 0	0.301 5	0.298 1	0.294 6	0.291 2	0.287 7	0.284 3	0.281 0	0.277 6
0.6	0.274 3	0.270 9	0.267 6	0.264 3	0.261 1	0.257 8	0.254 6	0.251 4	0.248 3	0.245 1
0.7	0.242 0	0.238 9	0.235 8	0.232 7	0.229 6	0.226 6	0.223 6	0.220 6	0.217 7	0.214 8
0.8	0.211 9	0.209 0	0.206 1	0.203 3	0.200 5	0.197 7	0.194 9	0.192 2	0.189 4	0.186 7
0.9	0.184 1	0.181 4	0.178 8	0.176 2	0.173 6	0.171 1	0.168 5	0.166 0	0.163 5	0.161 1
1.0	0.158 7	0.156 2	0.153 9	0.151 5	0.149 2	0.146 9	0.144 6	0.142 3	0.140 1	0.137 9
1.1	0.135 7	0.133 5	0.131 4	0.129 2	0.127 1	0.125 1	0.123 0	0.121 0	0.119 0	0.117 0
1.2	0.115 1	0.113 1	0.111 2	0.109 3	0.107 6	0.105 6	0.103 8	0.102 0	0.100 3	0.098 5
1.3	0.096 8	0.095 1	0.093 4	0.091 8	0.090 1	0.088 5	0.086 9	0.085 3	0.083 8	0.082 3
1.4	0.080 8	0.079 8	0.077 8	0.076 4	0.074 9	0.073 5	0.072 1	0.070 8	0.069 4	0.068 1
1.5	0.066 8	0.065 5	0.064 3	0.063 0	0.061 8	0.060 6	0.059 4	0.058 2	0.057 1	0.055 9
1.6	0.054 8	0.053 7	0.052 6	0.051 6	0.050 5	0.049 5	0.048 5	0.047 6	0.046 5	0.045 5
1.7	0.044 6	0.043 6	0.042 7	0.041 8	0.040 9	0.040 1	0.039 2	0.038 4	0.037 5	0.036 7
1.8	0.035 9	0.035 1	0.034 4	0.033 6	0.032 9	0.032 2	0.031 4	0.030 7	0.030 1	0.029 4
1.9	0.028 7	0.028 1	0.027 4	0.026 8	0.026 2	0.025 6	0.025 0	0.024 4	0.023 9	0.023 3
2.0	0.022 8	0.022 2	0.021 7	0.021 2	0.020 7	0.020 2	0.019 7	0.019 2	0.018 8	0.018 3
2.1	0.017 9	0.017 4	0.017 0	0.016 6	0.016 2	0.015 8	0.015 4	0.015 0	0.014 6	0.014 3
2.2	0.013 9	0.013 6	0.013 2	0.012 9	0.012 5	0.012 2	0.011 9	0.011 6	0.011 3	0.011 0
2.3	0.001 07	0.010 4	0.010 2	0.009 90	0.009 84	0.009 39	0.009 14	0.008 89	0.008 66	0.008 42
2.4	0.008 20	0.007 98	0.007 76	0.007 55	0.007 34	0.007 14	0.006 95	0.006 76	0.006 57	0.006 39
2.5	0.006 21	0.006 04	0.005 87	0.005 70	0.005 54	0.005 39	0.005 23	0.005 08	0.004 94	0.004 80
2.6	0.004 66	0.004 53	0.004 40	0.004 27	0.004 15	0.004 02	0.003 91	0.003 79	0.003 68	0.003 57
2.7	0.003 47	0.003 36	0.003 26	0.003 17	0.003 07	0.002 93	0.002 89	0.002 80	0.002 72	0.002 64
2.8	0.002 56	0.002 48	0.002 40	0.002 33	0.002 26	0.002 19	0.002 12	0.002 05	0.001 99	0.001 93
2.9	0.001 87	0.001 81	0.001 75	0.001 69	0.001 64	0.001 59	0.001 54	0.001 49	0.001 44	0.001 39
Z_R	0.0	0.1	0.2	0.3	0.4	0.5	0.6	0.7	0.8	0.9
3	0.001 35	0.988×10^{-2}	0.687×10^{-3}	0.483×10^{-3}	0.337×10^{-3}	0.233×10^{-3}	0.169×10^{-3}	0.108×10^{-3}	0.723×10^{-4}	0.481×10^{-4}
4	0.317×10^{-4}	0.207×10^{-4}	0.133×10^{-4}	0.854×10^{-5}	0.541×10^{-5}	0.340×10^{-5}	0.211×10^{-5}	0.130×10^{-5}	0.793×10^{-6}	0.479×10^{-6}
5	0.287×10^{-6}	0.170×10^{-6}	0.996×10^{-7}	0.579×10^{-7}	0.333×10^{-7}	0.190×10^{-7}	0.107×10^{-7}	0.599×10^{-8}	0.332×10^{-8}	0.182×10^{-8}
6	0.987×10^{-9}	0.630×10^{-9}	0.282×10^{-9}	0.149×10^{-9}	0.777×10^{-10}	0.402×10^{-10}	0.206×10^{-10}	0.104×10^{-10}	0.623×10^{-11}	0.260×10^{-11}